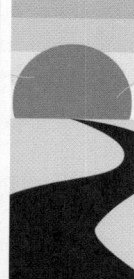

易盛 / 编著

从新手到高手

Illustrator CC
2018 从新手到高手

U0341665

清华大学出版社

北京

内 容 简 介

本书是一本详细讲解Adobe Illustrator CC 2018的完全学习手册，以通俗易懂的语言文字，循序渐进的内容讲解，全面细致的知识构造和经典实用的实战案例，深入讲解了Adobe Illustrator CC 2018的基本操作应用和矢量图形的制作技巧。

本书共有10章，从最基本的图形基础知识开始讲起，以循序渐进的方式详细讲解了Illustrator CC 2018的工作界面、文档操作、基础图形的绘制、高级绘图方法、上色以及上色工具、变形、图层、蒙版、画笔、图案、效果、图形样式、文字、图表、Web、动作、预设和打印等软件功能，最后通过12个综合案例进行知识巩固。本书主要以"理论知识讲解"＋"实例应用讲解"的形式进行教学，能让初学者更容易接受书中的内容，让有一定基础的读者更有效地掌握重点和难点，快速提升矢量图形制作的技能。

本书内容丰富，结构清晰，技术参考性强，涵盖面广又不失细节。非常适合喜爱矢量图形制作的初中级读者作为自学参考书，也可以作为有志于从事平面设计、插画设计、UI设计、动画设计和影视广告设计等工作的人员使用，还适合高等院校相关专业的学生和各类培训班的学员参考阅读。

图书在版编目(CIP)数据

Illustrator CC 2018从新手到高手 / 易盛编著. — 北京：清华大学出版社，2019
（从新手到高手）
ISBN 978-7-302-52966-8

Ⅰ.①I… Ⅱ.①易… Ⅲ.①图形软件 Ⅳ.①TP391.412

中国版本图书馆 CIP 数据核字（2019）第 085636 号

责任编辑：陈绿春　薛　阳
封面设计：潘国文
版式设计：方加青
责任校对：徐俊伟
责任印制：李红英

出版发行：清华大学出版社
　　　　网　　　址：http://www.tup.com.cn，http://www.wqbook.com
　　　　地　　　址：北京清华大学学研大厦 A 座　　　　邮　　　编：100084
　　　　社 总 机：010-62770175　　　　邮　　　购：010-62786544
　　　　投稿与读者服务：010-62776969，c-service@tup.tsinghua.edu.cn
　　　　质 量 反 馈：010-62772015，zhiliang@tup.tsinghua.edu.cn
印 装 者：三河市龙大印装有限公司
经　　销：全国新华书店
开　　本：188mm×260mm　　　印　　张：16.5　　　字　　数：463 千字
版　　次：2019 年 8 月第 1 版　　　印　　次：2019 年 8 月第 1 次印刷
定　　价：79.00 元

产品编号：073493-01

软件介绍

Adobe Illustrator简称"AI"，是一种应用于出版、多媒体和在线图像的工业标准矢量插画的软件。作为一款非常好用的矢量图形软件，该软件主要应用于印刷出版、海报书籍版面、专业插画、多媒体图像处理和互联网页面的制作等，也可以为线稿提供较高的精度和控制，适合制作任何小型或大型项目。在众多的平面矢量图形软件中，Adobe Illustrator以其丰富的特效、强大的平面编辑功能和良好的兼容性占据着矢量图形软件的主力地位。

本书内容安排

本书是一本详解Adobe Illustrator CC 2018的完全学习手册，以通俗易懂的语言文字，循序渐进的内容讲解，合理的知识结构和经典实用的实战案例，帮助读者轻松掌握软件的使用技巧和具体应用方法，带领读者由浅入深、由理论到实战、一步一步地领略Adobe Illustrator CC 2018的强大功能。

本书讲解了Adobe Illustrator CC 2018的各项功能，全书共分为10章，第1章介绍了图像的基础知识、Adobe Illustrator CC 2018的工作界面、工作区、图稿的新

建与查看、文件的保存与关闭和文档的编辑与管理；第2章讲解了图形的绘制技巧；第3章主要讲解了颜色的填充与描边；第4章主要讲解了图形对象的编辑；第5章讲解了文本的创建和编辑；第6章讲解了图层与蒙版的操作和编辑；第7章讲解了外观与效果的应用；第8章主要讲解了符号与图表的制作；第9章详细讲解了对象的导出和打印，第10章通过12个综合实战案例，详细讲解了前面所学章节的内容在实战案例中的灵活运用和在各个设计领域中的应用技巧。

本书编写特色

实用性强 针对面广	本书采用"理论知识讲解"＋"实例应用讲解"的形式进行教学，内容有基础型和实战型，有浅有深，方便不同阶段的读者进行选择性的学习，不论新手，初学者，还是中级读者都有可以学习的内容
知识全面 融会贯通	本书从软件操作基础、基础图形的绘制、图层蒙版的编辑到矢量图形的输出，全面讲解了平面绘图的全部过程。通过对应章节知识点的多个具体应用实例和12个实战案例让读者事半功倍地学习，掌握Adobe Illustrator CC 2018的应用方法和项目制作思路
由易到难 由浅入深	本书在内容安排上采用循序渐进的方式，由易到难、由浅入深，所有实例的操作步骤清晰、简明、通俗易懂，非常适合自学入门的读者使用
视频教学 轻松学习	本书实例步骤清晰，层次分明。配套素材中提供了长达660分钟的高清语音视频教学，读者可以在家享受专家课堂式的讲解，提高学习兴趣和效率

本书作者及技术支持

本书由易盛编著，在编写本书的过程中，作者以科学、严谨的态度，力求精益求精，但疏漏之处在所难免，如果有任何技术上的问题，请扫 描右侧的二维码，联系相关的技术人员进行解决。

技术支持

相关素材和视频教学

本书的相关素材和视频教学文件请扫描右侧的二维码进行下载。如果在相关素材下载过程中碰到问题，请联系陈老师，联系邮箱：chenlch@tup.tsinghua.edu.cn。

相关素材　　　　视频教学

编者
2019年5月

第3章 ► 颜色填充与描边编辑

第9章 ▶ Illustrator 导出与打印

第10章 ▶ 综合实战案例

Illustrator是由Adobe公司开发的一款优秀的图形软件，一经推出，便以强大的功能和人性化的界面深受用户的欢迎，并迅速占据了全球矢量插图软件市场的大部分份额，广泛应用于出版、多媒体和在线图像等领域。

本章重点

- ⊙ Illustrator CC 2018工作界面
- ⊙ 设置工作区
- ⊙ 使用缩放工具和抓手工具
- ⊙ 文件的基本操作

1.1 Illustrator CC 2018工作界面

Illustrator CC 2018的工作界面典雅而实用，工具的选取、面板的访问、工作区的切换都十分方便。不仅如此，用户还可以自定义工具面板，调整工作界面的亮度，以便凸显图稿，为用户提供了更加流畅和高效的编辑体验。

1.1.1 工作界面概述

Illustrator CC 2018的工作界面主要由菜单栏、标题栏、工具箱、页面区域、状态栏、滚动条和控制面板等部分组成，如图1-1所示。

图1-1

工作界面各组成部分说明如下。

①菜单栏：包括了Illustrator CC 2018所有的操作命令，主要包括9个菜单，每一个菜单又包括多个子菜单，通过应用这些命令可以完成各种操作。

②标题栏：标题栏左侧是当前运行程序的名字，右侧是窗口的控制按钮。

③工具箱：包括了Illustrator CC 2018所有的工具，大部分工具还有其他展开式工具栏，里面包括了与该工具功能类似的工具，可以更方便、快捷地进行绘图与编辑。

④页面区域：是指工作界面中黑色实线的矩形区域，这个区域的大小就是用户设置的页面大小。

⑤状态栏：显示当前文档视图的显示比例、当前正使用的工具和时间、日期等信息。

⑥滚动条：当屏幕内不能完全显示出整个文档的时候，通过对滚动条的拖动来实现对整个文档的浏览。

⑦控制面板：使用控制面板可以快速调出许多设置数值和调节功能的对话框，它是Illustrator CC 2018中最重要的组件之一。

1.1.2 实战——文档窗口

文档窗口是编辑和显示图稿的区域，下列案例中，主要讲解文档窗口的操作。

01 按下快捷键Ctrl+O，弹出"打开"对话框，打开相关素材中的"文档窗口1.jpg"和"文档窗口2.jpg"文件，将它们选中，如图1-2所示，单击"打开"按钮，在Illustrator中打开文件，如图1-3所示。文档窗口内的黑色矩形框是画板，画板内部是绘图区域，也是可以打印的区域，画板外是画布，画布可以绘图，但不能打印出来。

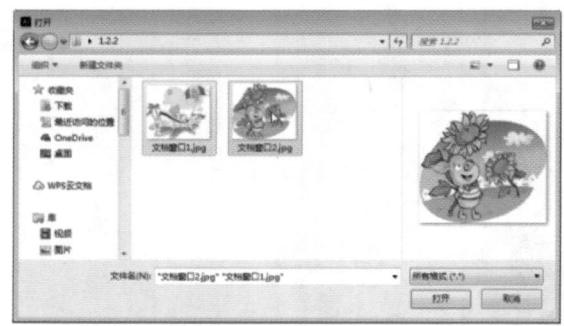

图1-2

02 当同时打开多个文档时，Illustrator会为每一个文档创建一个窗口。所有窗口都停放在选项卡中，单击一个文档的名称，即可将其设置

为当前操作的窗口，如图1-4所示。按下快捷键Ctrl+Tab，可以循环切换各个窗口。

图1-3

图1-4

03 在一个文档的标题栏上单击并向下拖动，可将其从选项卡中拖出，使其成为浮动窗口。拖动浮动窗口的标题栏可以移动窗口，拖动边框可以调整窗口的大小，如图1-5所示。将窗口拖回选项卡，可以将其停放回去。

04 如果打开的文档较多，选项卡中不能显示所有文档的名称，可单击选项卡右侧的按钮 >>，在下拉菜单中选择所需文档，如图1-6所示。如果要关闭一个窗口，可单击其右上角的按钮 ✕。如果要关闭所有窗口，可以在选项卡上右击，选择快捷菜单中的"关闭全部"命令，如图1-7所示。

图1-5

图1-6

图1-7

1.1.3 实战——工具面板

Illustrator的工具面板中包含用于创建和编辑

图形、图像和页面元素的工具，此面板是用户在制图过程中选择工具时不可缺少的一部分，因此，了解和熟悉工具面板，是非常有必要的。

01 Illustrator的工具面板中包含了非常多的工具选项，如图1-8所示。单击工具面板顶部的双箭头按钮 ，可将其切换为单排或双排显示，如图1-9所示。

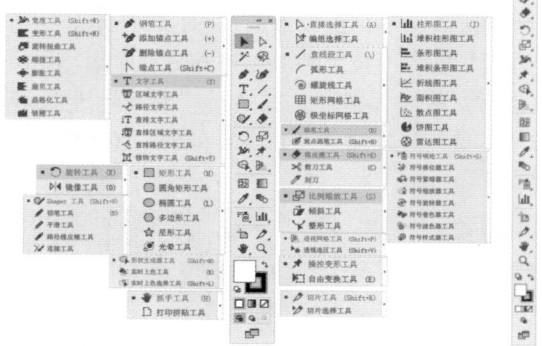

图1-8   图1-9

02 单击一个工具即可选择该工具，如图1-10所示。如果工具右下角有三角形图标，表示这是一个工具组，在这样的工具上单击可以显示隐藏的工具，如图1-11所示。按住鼠标左键，将光标移动到一个工具上，然后放开鼠标左键，即可选择隐藏的工具，如图1-12所示。按住Alt键单击一个工具组，可以循环切换各个隐藏的工具。

图1-10   图1-11   图1-12

03 单击工具组右侧的拖出按钮，如图1-13所示，会弹出一个独立的工具组面板，如图1-14所示。将光标放在面板的标题栏上，单击并向工具面板边界处拖动，可以将其与工具面板停放在一起（水平或垂直方向均可停靠），如图1-15所示。如果要关闭工具组，可以将其从面板中拖出，再单击面板组右上角的按钮。

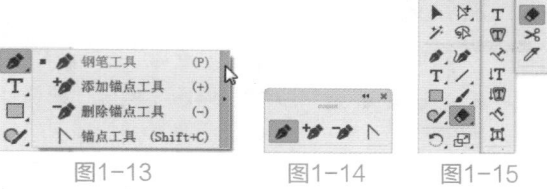

图1-13   图1-14   图1-15

1.1.4 实战——面板

Illustrator提供了众多工具面板，它们的功能各不相同，有的用于配合编辑图稿，有的用于设置工具参数和选项。用户可以根据使用需要对面板进行编组、堆叠和停放。如果要打开面板，执行"窗口"菜单中的命令即可。

01 默认情况下，面板组成如图1-16所示。执行"窗口"命令下拉至菜单可打开相关面板，调出需要用到的面板即可，或执行"窗口"|"工作区"|"传统基本功能"命令，如图1-16和图1-17所示。

图1-16 　　　　　　图1-17

02 单击画板中的"展开面板"按钮 ，可展开相关面板，如图1-18和图1-19所示。

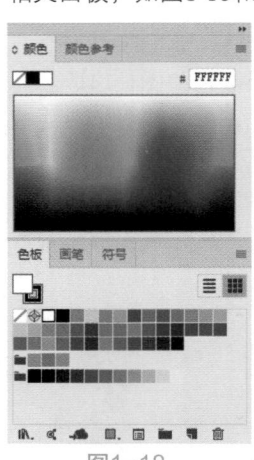

图1-18 　　　　　　图1-19

03 在面板组中，上下、左右拖动面板的名称可以重新组合面板，如图1-20和图1-21所示。

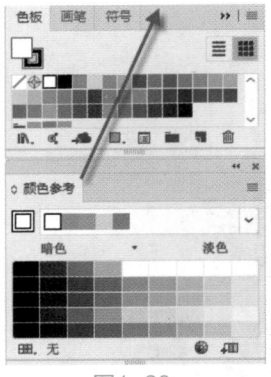
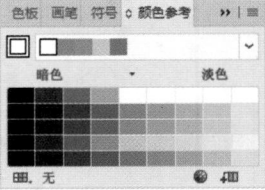

图1-20 　　　　　　图1-21

04 将一个面板的名称拖动到窗口的空白处，如图1-22所示，可将其从面板组中分离出来，使之成为浮动面板，如图1-23所示。拖动浮动面板的标题栏可以将它放在窗口的任意位置。

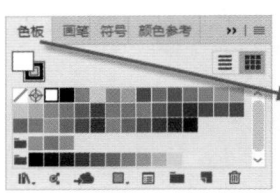
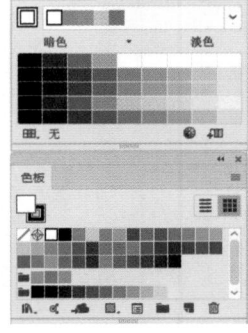

图1-22 　　　　　　图1-23

05 当面板停靠在图标面板组旁时，单击面板右上角的 按钮，可以隐藏面板，如图1-24所示，面板隐藏后将折叠为图标放置在图标面板组中。

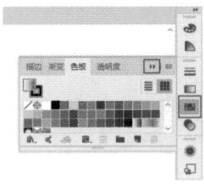

图1-24

1.1.5 实战——控制面板

控制面板集成了"画笔""描边"和"图形样式"等多个面板，这意味着不必打开这些面板，便可在控制面板中进行相应的操作。控制面板还会随着当前工具所选对象的不同而变换选项内容。

01 单击带有下画线的文字，可以打开面板或对话框，如图1-25所示。在面板或对话框以外的区域单击，可将其关闭。单击菜单箭头按钮，可以打开下拉菜单或下拉面板，如图1-26所示。

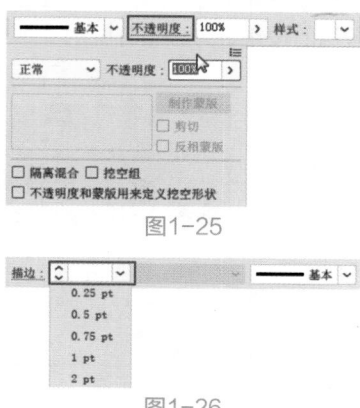

图1-25

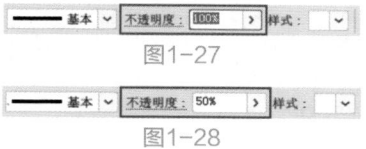

图1-26

02 在文本框中双击，选中字符，如图1-27所示，重新输入数值并按回车键可以修改数值，如图1-28所示。

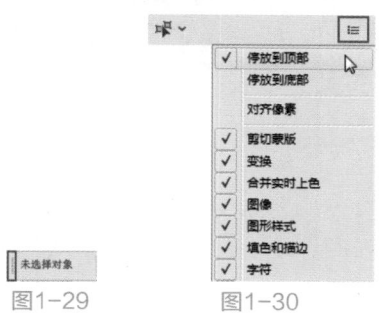

图1-27

图1-28

03 拖动控制面板最左侧的手柄栏，如图1-29所示，可将其从停放中移出，放在窗口底部或其他位置。如果要隐藏或重新显示控制面板，可以通过"窗口"|"控制"命令来切换。

04 单击控制面板最右侧的按钮 ≡，可以打开面板菜单，如图1-30所示。菜单中带有 √ 号选项为当前在控制面板中显示的选项，单击一个选项去掉 √ 号，可在控制面板中隐藏该选项。

图1-29   图1-30

1.1.6 实战——菜单命令

Illustrator有9个主菜单，每个菜单中都包含不同的类型命令。单击一个菜单即可打开菜单，菜单中带有黑色三角标记的命令表示包含下一级的子菜单。

01 选择菜单中的一个命令即可执行该命令。如果右侧有快捷键，如图1-31所示，则可通过快捷键执行命令。有些命令右侧只有字母，没有快捷键，可通过按下Alt键+主菜单的字母，打开主菜单，再按下该命令的字母来执行这一命令，如图1-32所示。

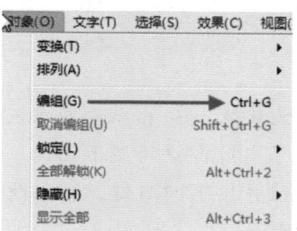

图1-31

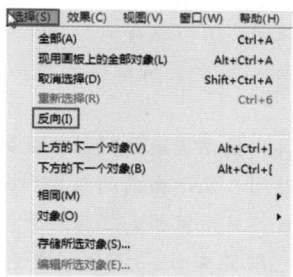

图1-32

02 在面板上以及选取的对象上右击可以显示快捷菜单，如图1-33和图1-34所示，菜单中显示的是与当前工具或操作有关的命令。

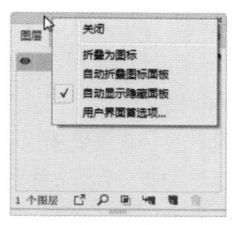

图1-33

图1-34

1.1.7 状态栏

状态栏位于文档窗口的底部，当处于最大屏幕模式时，状态栏显示在文档窗口的左下边缘处。单击状态栏中的按钮，可以打开一个下拉菜单，单击"显示"选项右侧的按钮，可以在打开的菜单中选择状态栏显示的具体内容，如图1-35所示。

图1-35

> 窗口比例100% ▾：状态栏最左侧的文本框中显示了当前窗口的显示比例。在文本框中输入数值并按下回车键，可以改变文档窗口的显示比例。
> 画板导航 |◀ ◀ 1 ▾ ▶ ▶|：当文档中包含多个画板时，可以选择并切换画板。
> 画板名称：显示当前编辑的文档所在的画板的名称。
> 当前工具：显示当前使用的工具的名称。
> 日期和时间：显示当前的日期和时间。
> 还原次数：显示可用的还原和重做次数。
> 文档颜色配置文件：显示文档使用的颜色配置文件的名称。

1.1.8 实战——自定义工具的快捷键

使用Illustrator时，可以通过按下键盘中的快捷键来选择工具。例如，按下P键，可以选择钢笔工具。此外，Illustrator也支持用户自定义工具快捷键。

01 执行"编辑"|"键盘快捷键"命令，打开"键盘快捷键"对话框。可以看到，在工具列表中，编组选择工具没有快捷键，如图1-36所示。单击该工具的快捷键栏，如图1-37所示。

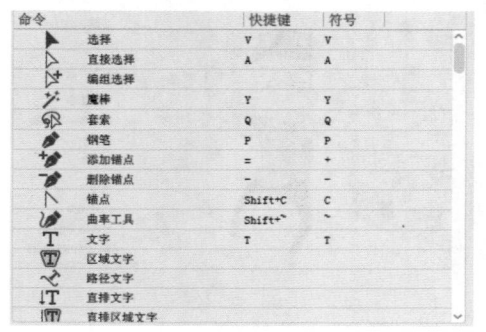

图1-36

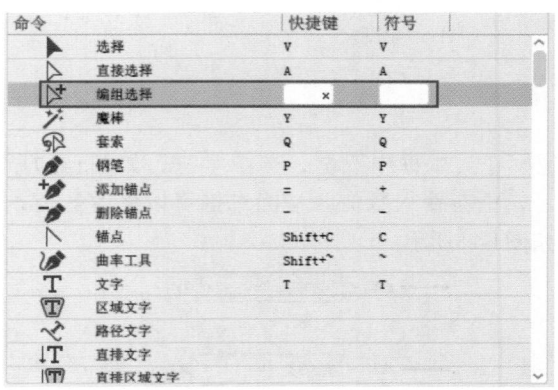

图1-37

02 按下快捷键Shift+A，将其指定给编组选择工具，如图1-38所示。

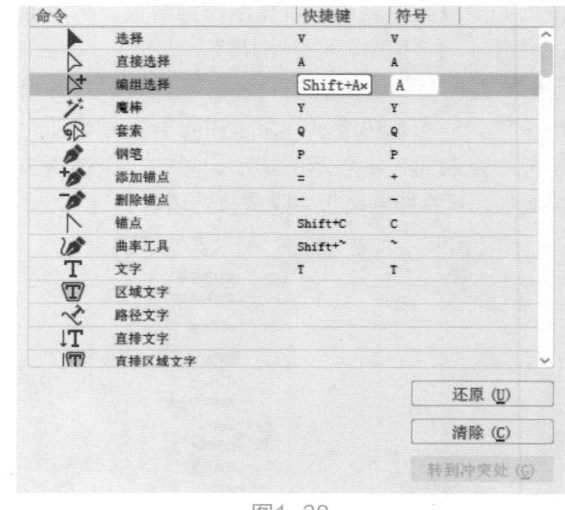

图1-38

03 弹出"存储键集文件"对话框，输入自定义名称，单击"确定"按钮，如图1-39所示。单击"确认"按钮关闭对话框，此时在工具面板中可以看到Shift+A已经成为"编组选择工具"的快捷键了，如图1-40所示。

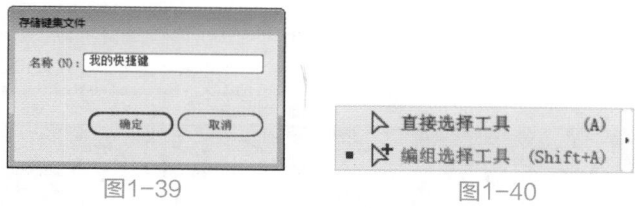

图1-39　　　　　　　　　　　　　　　图1-40

1.2　设置工作区

在Illustrator程序窗口中，工具面板、面板和控制面板等的摆放位置称为工作区。用户可以将面板的位置保存起来，创建为自定义的工作区，也可以根据需要和使用习惯创建多个文档窗口。

1.2.1　新建窗口

执行"窗口"|"新建窗口"命令，可以基于当前的文档创建一个新的窗口，如图1-41所示。此时可以为每个窗口设置不同的显示比例。例如，可放大一个窗口的显示比例，对某些对象的细节进行处理，再通过另一个稍小的窗口观察和编辑整个对象，如图1-42所示。新建窗口后，"窗口"菜单的底部会显示其名称，单击各个窗口的名字可在窗口之间切换。

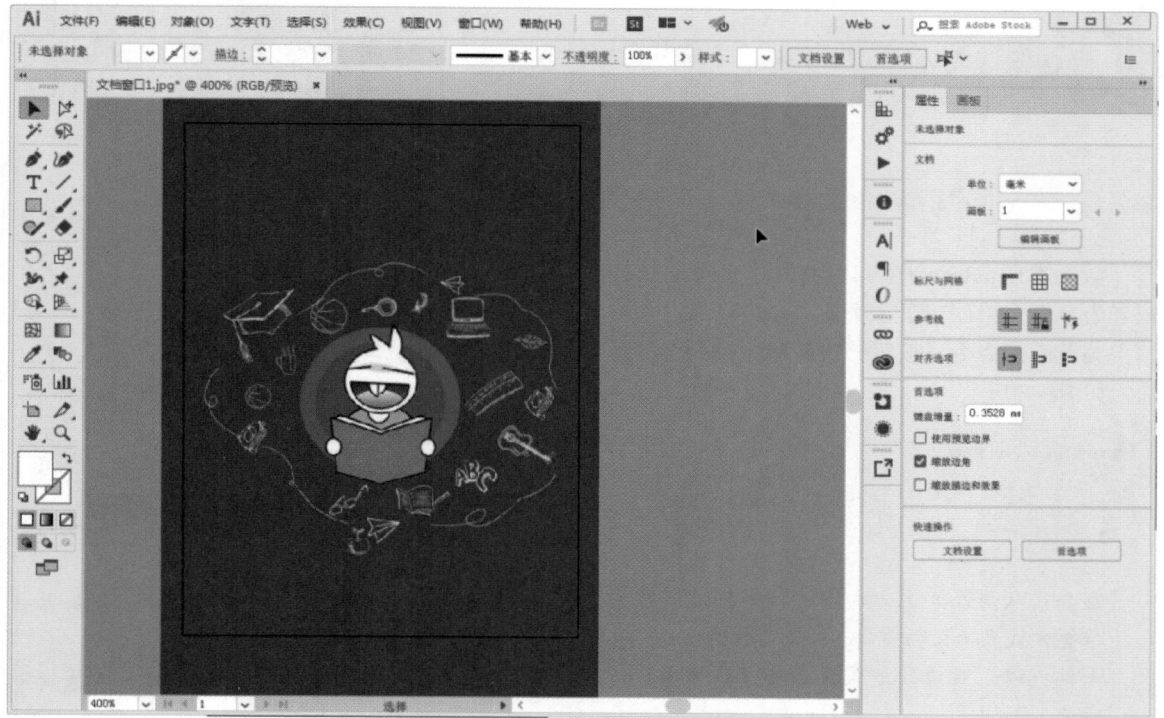

图1-41

図1-42

1.2.2　排列窗口中的文件

　　如果在Illustrator中同时打开了多个文档，或者为单个文档创建了多个窗口，可以通过"窗口"菜单中的命令，按照一定的顺序排列这些窗口，如图1-43所示。

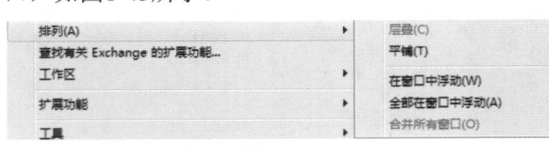

图1-43

图1-44

- 　层叠：从屏幕左上方向下，排列到右下方的堆叠方式显示文档窗口，如图1-44所示。
- 　平铺：以边对边的方式显示窗口，如图1-45所示。
- 　在窗口中浮动：当前文档窗口为浮动窗口，如图1-46所示。

- 　全部在窗口中浮动：所有文档窗口都为浮动窗口，如图1-47所示。
- 　合并所有窗口：将所有窗口都停放在选项卡中，如图1-48所示。

图1-45

图1-46

图1-47

图1-48

1.2.3　使用预设的工作区

　　将光标移至菜单栏中的"窗口"选项处，单击"窗口"选项，即可调整工作区，如图1-49所示，它们是专门为简化某些任务而设计的。

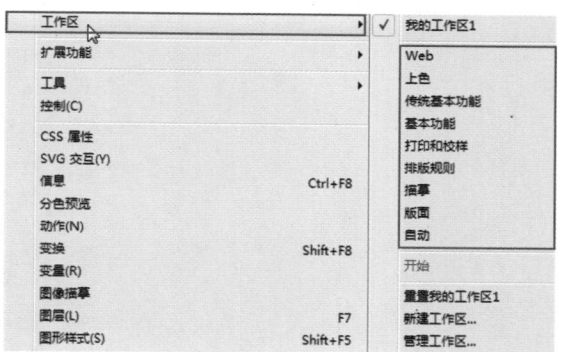

图1-49

1.2.4　管理工作区

　　如果要重命名或者删除自定义的工作区，可以执行"窗口"|"工作区"|"管理工作区"命令，打开"管理工作区"对话框，如图1-50所示。选择一个工作区后，它的名称会显示在对话框下面的文本框中，此时可在文

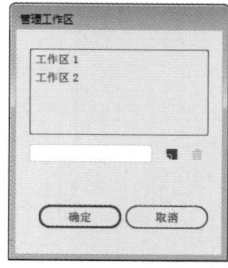

图1-50

本框中修改名称。单击 按钮，可以新建一个工作区。单击 按钮，可删除当前所选的工作区。

1.2.5　实战——自定义工作区

　　图稿编辑时，如果经常使用某些面板，可以将这些面板的大小和位置存储为一个工作区。存储为工作区后，即使移动或关闭了面板，也可以恢复。

01 将窗口的面板摆放到一个顺手的位置，将不需要的面板关闭，如图1-51所示。

02 执行"窗口"|"工作区"|"新建工作区"命令，打开"新建工作区"对话框，如图1-52所示，输入名称并单击"确定"按钮，即可存储工作区。以后需要使用该工作区时，可以在"窗

口"|"工作区"下拉菜单中选择它，如图1-53所示。

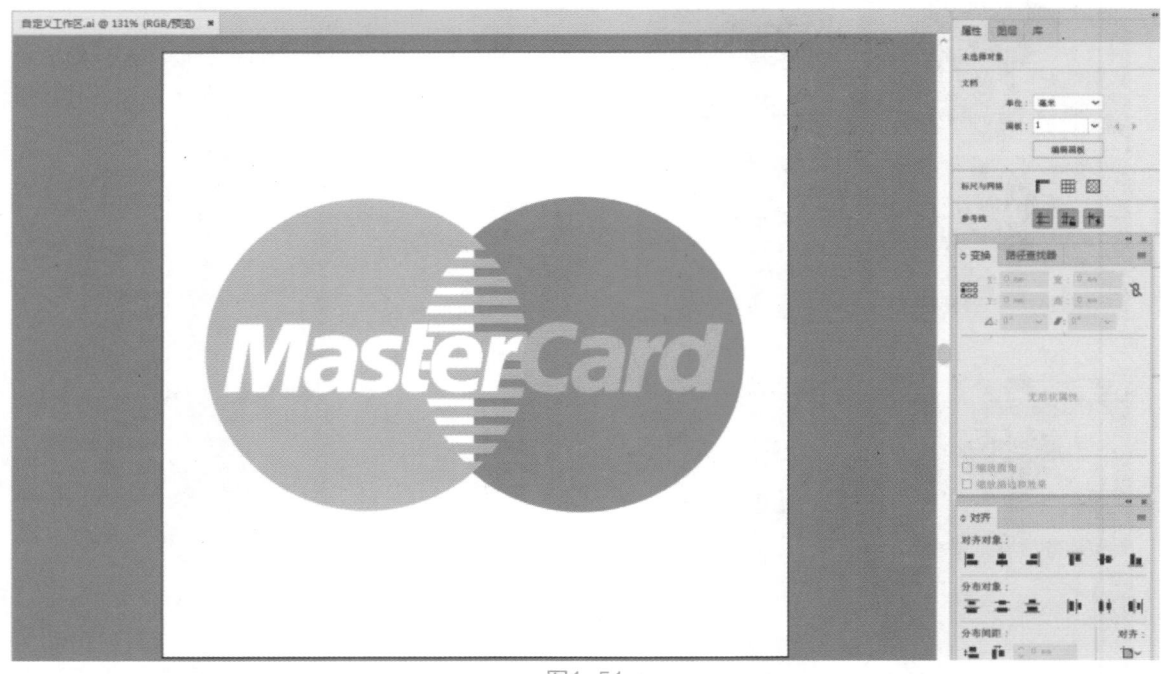

图1-51

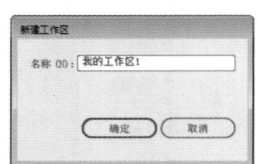

图1-52

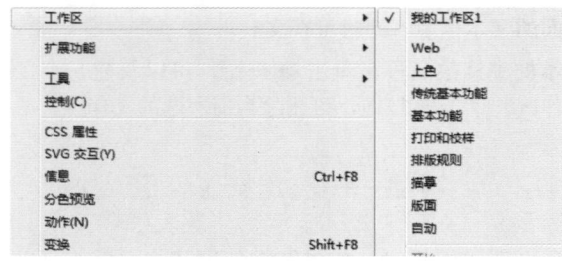

图1-53

 如果要恢复为Illustrator默认的工作区，可以执行"窗口"|"工作区"|"基本功能"命令。

1.3 查看图稿与新建文档

编辑图稿时，需要经常放大或缩小窗口的显示比例，或移动显示区域，以便更好地观察和处

理对象。Illustrator CC 2018提供了缩放工具、"导航器"面板和各种缩放命令，用户可以根据需要选择其中的一项，也可以将多种方法结合起来使用。

在Illustrator CC 2018中，用户可以按照自己的需要定义文档尺寸、画板和颜色模式等，创建一个自定义的文档，也可以从Illustrator CC 2018提供的预设模板中创建文档。

1.3.1 切换屏幕模式

绘制图像时，可选择"切换屏幕"选项，或者按快捷键Ctrl+Tab（顺切）和Ctrl+Shift+Tab（逆切）来调节所需绘制的图像画面。

1.3.2 实战——缩放命令

编辑图稿时，经常需要用到缩放工具，此案例中，主要教读者如何使用缩放命令来调整画面大小。

01 打开相关素材中的"实战——缩放命令.ai"文件，执行"视图"|"放大"命令，或者按快捷键

Ctrl++，每选择一次"放大"命令，页面内的图像就会被放大50%或100%。当图像默认以100%的比例显示在屏幕上时，选择"放大"命令，图像则会放大至150%，如图1-54和图1-55所示。

图1-54

图1-55

02 执行"视图"|"缩小"命令，或者按快捷键Ctrl+-，每选择一次"缩小"命令，页面内的图像就会被缩小一级，也可以连续按快捷键Ctrl+-，效果如图1-56和图1-57所示。

图1-56

图1-57

1.3.3　画板工具

画板和画布是用于绘图的区域，如图1-58所示。画板由实线界定，画板内部的图稿可以打印，画板外面是画布，画布上的图稿不能打印。使用画板工具 可以创建画板、调整画板大小和移动画板。

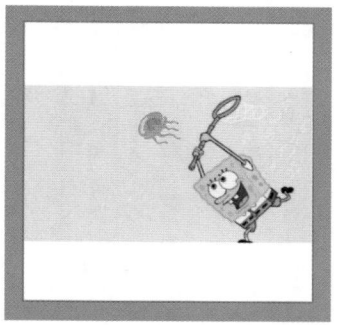

图1-58

1.3.4　画板面板

将光标拖动至控制面板区域处，可添加和删除画板，也可以自定义画板名称、设置参数等，如图1-59所示。

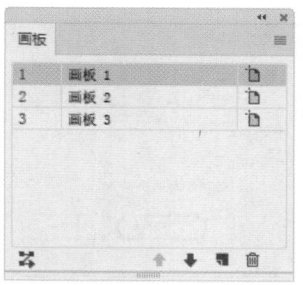

图1-59

> ➢ 新建画板 🔲：单击此按钮，即可创建一个画板。

> ➢ 删除画板 🔲：单击需要删除的画板再单击此按钮，即可删除选中的画板。

> ➢ 上移 ⬆/下移 ⬇：选择一个画板，如图1-60所示，单击上移按钮 ⬆ 或下移按钮 ⬇，可调整它在"面板"中的顺序排列，如图1-61所示。该操作只重新排序"画板"面板中的画板，不会重新排序文档窗口中的画板。

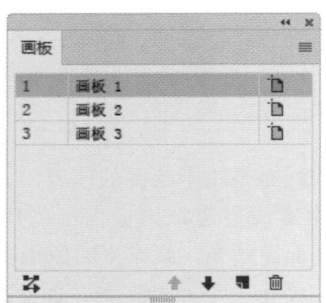

图1-60

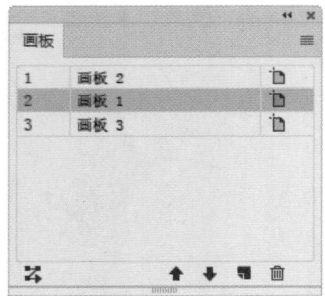

图1-61

1.3.5 重新排列画板

执行"对象"|"画板"|"重新排列"命令，可以打开"重新排列所有画板"对话框，如图1-62所示，在该对话框中可以选择画板的布局方式。

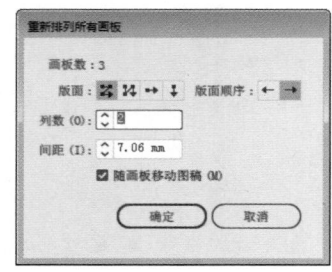

图1-62

> ➢ 按行设置网格 🔲：单击该按钮后，可以在指定的行数中排列多个画板。此时可在下面的选项中指定行数。如果采用默认值，则会使用指定数目的画板创建尽可能方正的外观。

> ➢ 按列设置网格 🔲：单击该按钮后，可以在指定的列数中排列多个画板。此时可在下面的选项中指定列数。如果采用默认值，则会使用指定数目的画板创建尽可能方正的外观。

> ➢ 按行排列 ➡：单击该按钮，可以将所有画板排为一行。

> ➢ 按列排列 ⬇：单击该按钮，可以将所有画板排为一列。

> ➢ 更改为从右至左的版面 ⬅/更改为从左至右的版面 ➡：可以将画板从左至右或从右至左排列。默认情况下，画板从左至右排列。

> ➢ 间距：可以指定画板间的间距。此设置同时应用于水平间距和垂直间距。

> ➢ 随画板移动图稿：勾选该复选框后，移动画板会同时移动图稿。

1.3.6 打印拼贴工具

执行"视图"|"显示打印拼贴"命令，显示打印拼贴，如图1-63所示。通过打印拼贴可查看与画板相关的页面边界。例如，可打印区域由最里面的虚线定界，打印不出的区域位于两组虚线之间，页面边缘由最外面的虚线表示。

图1-63

使用"打印拼贴工具"按钮 🔲 可以重新设

置画面中可以打印区域的位置。选择该工具后，在文档窗口中单击，然后按住鼠标左键拖动，定位页面边界，放开鼠标即可重新定位打印区域，如图1-64所示。如果要将打印区域恢复到默认位置，可双击"打印拼贴工具"按钮 □。

图1-64

1.3.7 实战——使用缩放工具和抓手工具

本案例将详细介绍"缩放工具"和"抓手工具"的操作方法，以此来方便用户更好地查看图片的局部以及细节部分。

01 执行"菜单"|"文件"|"打开"命令，或按快捷键Ctrl+O，打开素材，如图1-65所示。

图1-65

02 切换至"缩放工具"按钮 ，将光标放置在素材上，此时光标变为放大镜状，单击鼠标即可整体放大图像的显示比例，如图1-66所示。

图1-66

03 如果想查看局部范围，可单击并拖动鼠标拖出一个选框，如图1-67所示。松开鼠标后，选框内的内容会自动放大，如图1-68所示。

图1-67

图1-68

 技巧与提示　　如果要缩小窗口显示的比例，可以选择"缩放工具"按钮 ，按住Alt键单击鼠标左键执行操作即可。

04 在制作图稿的过程中，用户常常会遇到图稿较大或者显示比例较大而不能完全显示图稿的情况，这时用户可以使用"抓手工具"按钮 🖐 移动画面，以此来查看所需要修改制作的图稿局部，如图1-69和图1-70所示。

图1-69

图1-70

 放大窗口的显示比例后，按住空格键并拖动鼠标可以移动画面。使用绝大多数工具时，按住空格键都可以切换为"抓手工具"。

1.3.8　创建空白文档

执行"文件"|"新建"命令，或者按快捷键Ctrl+N，弹出"新建文档"对话框，如图1-71所示。单击对话框中的"更多设置"按钮，弹出如图1-72所示。在详细设置文件的名称、大小、颜色模式等选项后，单击"创建文档"按钮，即可创建新的文档。

➢ 名称：可以输入文档的名称，也可以使用默认的文件名称"未标题-X"；创建文档后，名称会显示在文档窗口的标题栏中。保存文件时，文档名称会自动显示在存储文件的对话框内。

➢ 配置文件/大小：在"配置文件"选项的下拉列表中包含了不同输出类型的文档配置文件；每一个配置文件都预设了大小、颜色模式、单位、方向、透明度和分辨率等参数。

➢ 画板数量/间距：可以指定文档中的画板数量。如果创建多个画板，还可以指定它们在屏幕上的排列顺序，以及画板之间的默认距离。

➢ 宽度/高度/单位/取向：可以输入文档的宽度、高度和单位，从而创建自定义大小的文档。单击"取向"选项中的"纵向"按钮 📄 和"横向"按钮 📄，可以设置文档的方向。

➢ 出血：可以指定画板每一侧的出血位置。如果要对不同的侧面使用不同的值，可单击锁定图标 🔗，再输入数值。

图1-71

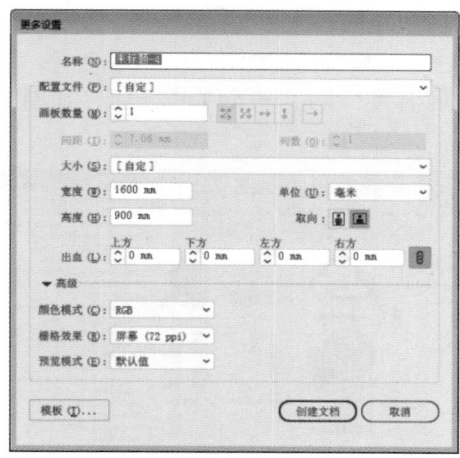

图1-72

- ➤ 颜色模式：可以设置文档的颜色模式。
- ➤ 栅格效果：可以为文档中的栅格效果指定分辨率。准备以较高分辨率输出到高端打印机时，应将此选项设置为"高"。
- ➤ 预览模式：可以为文档设置默认的预览模式。选择"默认值"，可在矢量视图中以彩色显示在文档中创建的图稿，放大或缩小时，将保持曲线的平滑度；选择"像素"，可显示具有栅格化外观的图稿，它不会实际对内容进行栅格化，而是显示模拟的预览，就像内容是栅格一样；选择"叠印"，可提供"油墨预览"，它模拟混合、透明和叠印在分色输出中的显示效果。
- ➤ 使新建对象与像素网格对齐：在文档中创建图形时，可以让对象自动对齐到像素网格上。
- ➤ 模板：单击该按钮，可以打开"从模板新建"的对话框，从模板中创建文档。

1.3.9 实战——从模板中打开文件

为了方便用户操作，Illustrator提供了许多预设的模板文件，如信纸、名片、信封、小册子、标签、证书、明信片、贺卡、网站等。

01 执行"文件"|"从模板新建"命令，打开"从模板新建"对话框，双击"空白模板"文件夹，如图1-73所示。

02 进入该文件后，选择一个模板文件，如图1-74所示，单击"新建"按钮即可从模板中创建一个文

档。模板中的图形、字体、段落、样式、符号、裁剪标记和参考线都会加载到新建的文档中，如图1-75所示。

图1-73

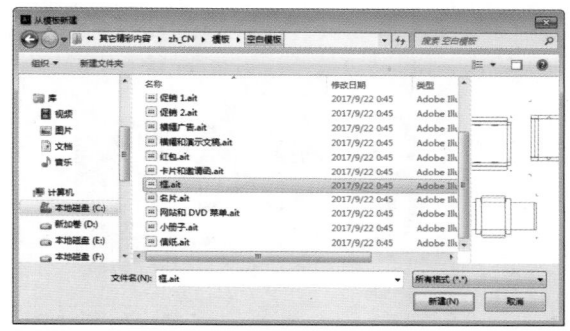

图1-74

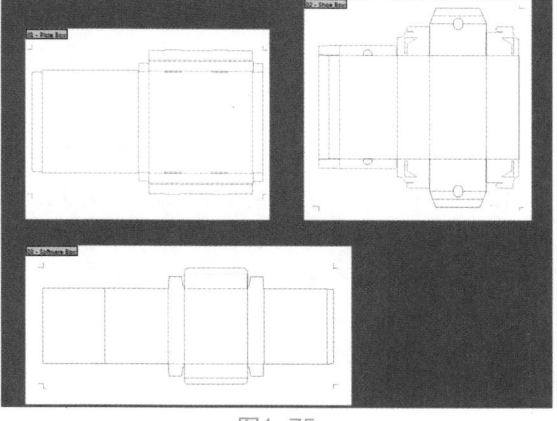

图1-75

1.4　打开与置入文件

要对已有的文件进行处理就需要将其在Illustrator中打开。Illustrator CC 2018既可以打开使用Illustrator创建的矢量文件，也可以打开其他应用程序中创建的兼容文件，例如Photoshop制作的

PSD文件，AutoCAD制作的DWG文件等。

使用Illustrator进行编辑作图时，经常会用到外部素材，这时就会用到"置入"命令。"置入"命令是导入文件的主要方式，因为该命令提供有关文件格式、置入选项和颜色的最高级别支持。

1.4.1 打开文件

执行"文件"|"打开"命令，或者按快捷键Ctrl+O，弹出"打开"对话框，在其中选择所需文件，单击"打开"按钮即可打开对应文件，如图1-76所示。

图1-76

1.4.2 打开最近使用过的文件

执行"文件"|"最近打开的文件"命令，在弹出的文件框，选择需要打开的文件并确认，即可打开最近使用过的文件，如图1-77所示。

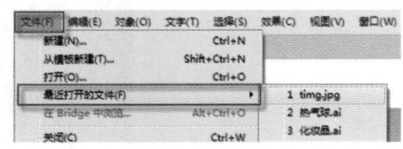

图1-77

1.4.3 实战——打开Illustrator文件

Illustrator可以打开不同格式的文件，如AI、CDR和EPS等格式的矢量图文件，以及JPEG格式的位图文件。下面将通过实战，详细讲解如何在Illustrator中打开扩展名为"*.AI，*.AIT"的矢量图文件。

01 打开Illustrator CC 2018，执行"文件"|"打开"命令或按快捷键Ctrl+O，在文件格式中选择扩展名为*.AI，*.AIT的选项，如图1-78所示。

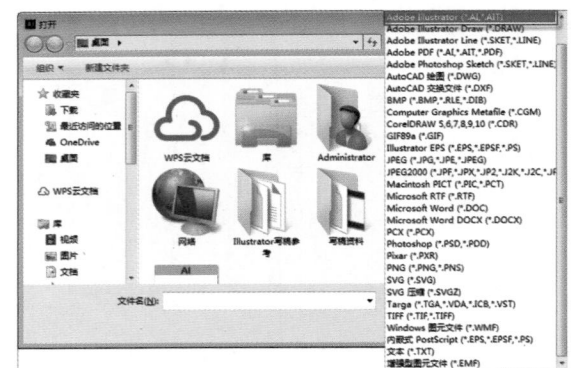

图1-78

02 双击命名为"打开AI文件"的文件即可打开该文件，效果如图1-79所示。

图1-79

1.4.4 置入文件

在Illustrator中创建或者打开一个文件后，执行"文件"|"置入"命令，将弹出"置入"对话框，如图1-80所示。

单击"置入"按钮，然后在画板中单击并拖动鼠标，通过拖动鼠标调整置入文件的大小，即可将选中的文件置入文档中，如图1-81所示。

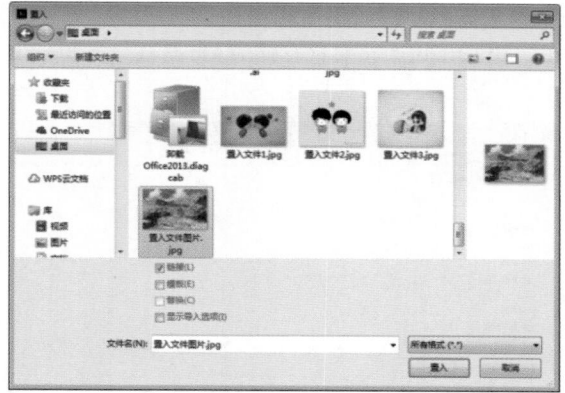

图1-80

图1-81

1.4.5 实战——置入多个文件

使用"置入"命令可以将外部文件导入Illustrator文档。该命令为文件格式、置入选项和颜色提供了最高级别的支持,并且还可以置入多个文件。

01 打开Illustrator CC 2018,执行"文件"|"新建"或者按快捷键Ctrl+N创建一个297px×210px的画板,如图1-82所示。

图1-82

02 执行"文件"|"置入"命令,打开"置入"对话框,打开相关素材中的文件,按住Ctrl键分别单击需要置入的文件,选择完毕后,单击"置入"按钮,如图1-83所示。将光标拖动到置入画板中,即可完成多个文件的置入,如图1-84所示。

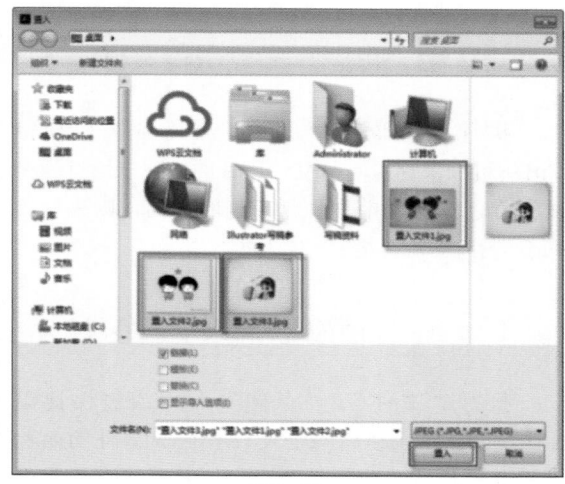

图1-83

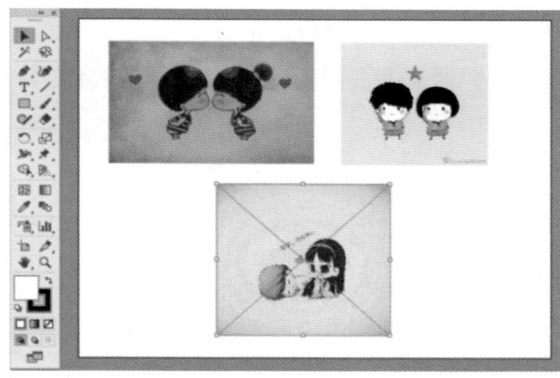

图1-84

1.5 保存与关闭文件

新建文件或对文件进行编辑处理后,需要及时保存,以免因断电或死机等原因造成文件丢失。

1.5.1 文件格式

存储或导出图稿时,Illustrator会将图稿数据写入文件,数据的结构取决于选择的文件格式。Illustrator中的图稿可以存储为4种基本格式,即AI、PDF、EPS和SVG,它们可以保留所有的

Illustrator数据，因此被称为本机格式。用户也可以其他格式导出图稿，但在Illustrator中重新打开以非本机存储格式的文件时，可能无法检索所有数据。基于这个原因，用户最好以AI格式存储图稿，再以其他格式存储一个图稿副本。

1.5.2 用"存储"命令保存文件

执行"文件"|"存储"命令或按快捷键Ctrl+S可以保存对当前文件所做的修改以原有的格式保存。如果当前文件是新建的文档，则执行该命令会弹出"存储为"对话框。

1.5.3 用"存储为"命令保存文件

执行"文件"|"存储"命令或按快捷键Shift+Ctrl+S可以将当前文件存储为另外的名称或者其他格式。执行该命令可以打开"存储为"对话框，如图1-85所示。设置好各选项后，单击"保存"按钮，即可保存文件。

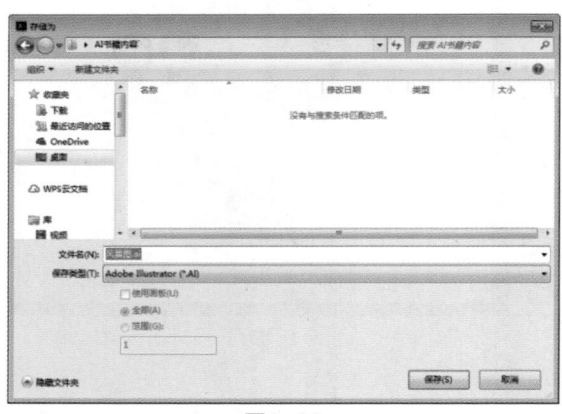

图1-85

➤ 文件名：用来设置文件的名称。
➤ 保存类型：在该选项的下拉列表中可以选择文件保存的格式，包括AI、PDF、EPS、AIT、SVG和SVGZ等。

1.5.4 存储为模板

执行"文件"|"存储为模板"命令，可以将当前文件保存为一个模板文件。执行该命令时会打开"存储为"对话框，选择文件的保存位置并

输入文件名，然后单击"保存"按钮即可保存文件。Illustrator会将文件存储为AIT格式，如图1-86所示。

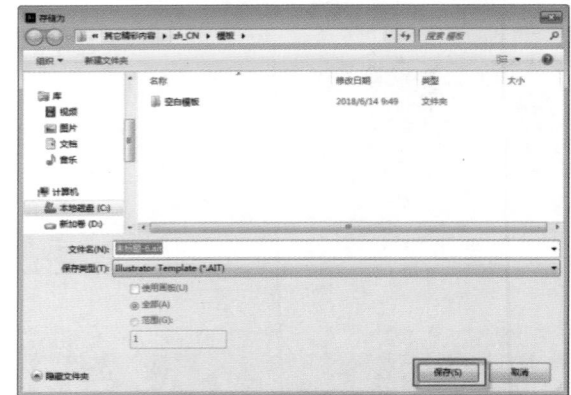

图1-86

1.5.5 存储为副本

执行"文件"|"存储为副本"命令，可以基于当前文件保存一个同样的副本，副本文件名称的后面会添加"复制"二字，如果不想保存对当前文件做出的修改，则可以通过该命令创建文件的副本，再将当前文件关闭。

1.5.6 关闭文件

执行"文件"|"关闭"命令，或按快捷键Ctrl+W，或者单击文档窗口右上角的"关闭"按钮 ✖ ，可关闭当前文件。

1.6 恢复与还原文件

在编辑图稿的过程中，如果某一步的操作出现了失误，或者对创建的效果不满意，可以还原操作或恢复图稿。

1.6.1 还原与重做

执行"编辑"|"还原"命令，或按快捷键Ctrl+Z，可以撤销对图稿进行的最后一步操作，返回到上一步编辑状态中，反复按快捷键Ctrl+Z可连

续进行撤销操作。执行"编辑"|"重做"命令，或者按快捷键Shift+Ctrl+Z即可执行"重做"命令。

1.6.2 恢复文件

当打开了一个文件并对它进行编辑后，如果对编辑结果不满意，或在编辑的过程中进行了无法撤销的操作，可以执行"文件"|"恢复"命令，将文件恢复到上一次保存时的状态。

1.7 编辑和管理文档

创建文档后，可以随时修改文档的颜色模式和文档方向，并对文档信息进行查阅，还可以使用Bridge浏览、管理文档和添加评级等多项功能。

1.7.1 修改文档的设置

执行"文件"|"文档设置"命令，弹出"文档设置"对话框，如图1-87所示。在对话框中可以对当前文档的度量单位、文字属性以及透明度网格等进行编辑设置。

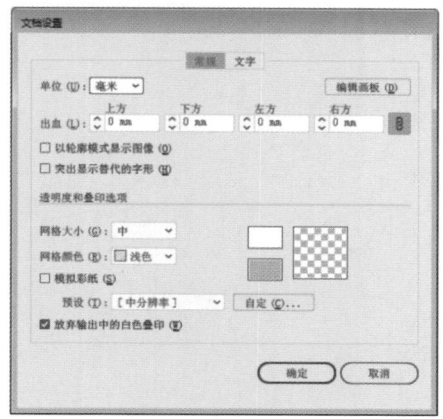

图1-87

➤ 单位：可以调整文档的度量单位有pt、派卡、英寸、毫米、厘米、Ha、像素。

➤ 出血：实际为"初削"，指印刷时为保留画面有效内容预留出的方便裁切的部分。在出血文档设置中，可以指定画板每一侧的出血位置。

➤ 编辑画板：单击"编辑画板"后，文档设置

会自动关闭并切换至"画板工具"按钮，此时可以自由编辑画板的大小。

➤ 网格大小/网格颜色：可以在此选项中设置透明度网格大小和颜色，透明度网格有助于查看图稿的透明区域。

➤ 模拟彩纸：可以修改画板颜色模拟在彩色纸上的打印效果。如果想要在彩色纸上打印文档，则该选项很有用。例如，在黄色背景上绘制红色对象，则此对象会显示成橙色。

➤ 预设：可以选择透明拼合的分辨率。如果要自定义分辨率，可单击右侧的"自定"按钮。

1.7.2 切换文档的颜色模式

执行"文件"|"文档颜色模式"命令，将弹出"CMYK颜色"和"RGB颜色"两个选项，通过选择颜色模式，可以将文档的颜色模式转换成CMYK模式或RGB模式，文档窗口顶部的标题栏会显示文档的颜色模式，如图1-88和图1-89所示。

图1-88

图1-89

1.7.3 在文件中添加版权信息

执行"文件"|"文件信息"命令，打开文件信息对话框，如图1-90所示，可在该对话框中填写创建者、版权所有等信息。

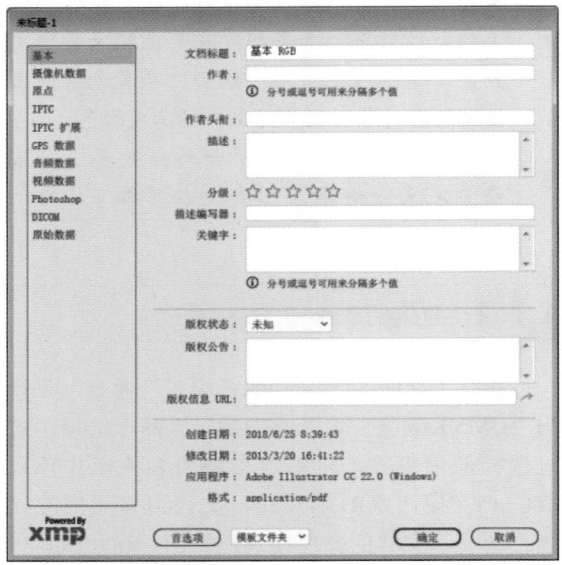

图1-90

1.7.4 文档信息面板

执行"窗口"|"文档信息"命令，弹出如图1-91所示的对话框。可以在此面板中查看颜色模式、单位、画板尺寸等信息。

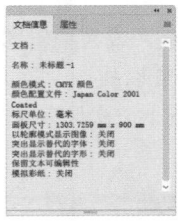

图1-91

1.8 本章小结

本章介绍了文件的新建、打开、置入、保存、关闭、窗口等基本操作，以及文档的编辑和管理等。通过本章的学习，相信读者会对Illustrator CC 2018的界面、控制面板以及文件操作有较为深刻的认识，为今后的学习打下坚实的基础。

本章介绍了Illustrator CC 2018中基本图形工具的使用方法，还介绍了Illustrator CC 2018中辅助工具、对象分布、编组等工具的使用方法。通过本章的学习，读者可以掌握Illustrator CC 2018的绘图功能、特点，以及编辑对象的方法。

本章重点

⊙ 自由图形的绘制

⊙ 选择对象

⊙ 对象的排列与分布

2.1 了解路径与锚点

矢量图形是由称作矢量的数学对象定义的直线和曲线构成的，其基本组成元素是路径和锚点。了解路径和锚点的特点，对于学习钢笔工具以及编辑图形等非常重要。

2.1.1 认识路径和锚点

路径由一条或者多条直线或曲线路径段组成，既可以是闭合的，也可以是开放的，如图2-1所示。在绘制工具中，铅笔、钢笔、画笔、直线段、矩形、多边形和星形都可以创建路径。

锚点用于连接路径段，曲线上的锚点包含方向线和方向点，如图2-2所示，它们用于调整曲线的形状。

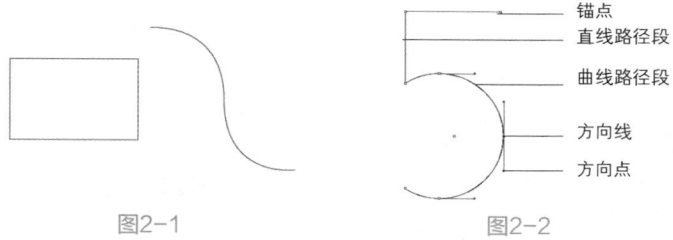

图2-1　　　　　　　　　　图2-2

锚点分为两种，一种是平滑点，另一种是角点。平滑的曲线由平滑点连接而成，如图2-3所示；直线和转角曲线由角点连接而成，如图2-4和图2-5所示。

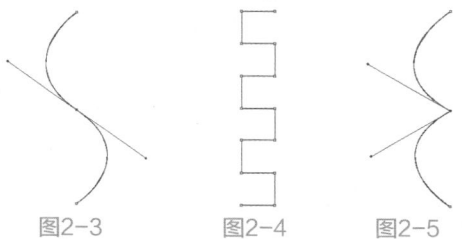

图2-3　　　　图2-4　　　　图2-5

2.1.2 路径的填充与描边色设定

1. 路径的填充

绘制好路径后，移动鼠标至右侧的控制面板处，再点选需要填充颜色的路径，选中对象后，在"属性"面板中调整"填色"属性，可为路径填充颜色，如图2-6所示。

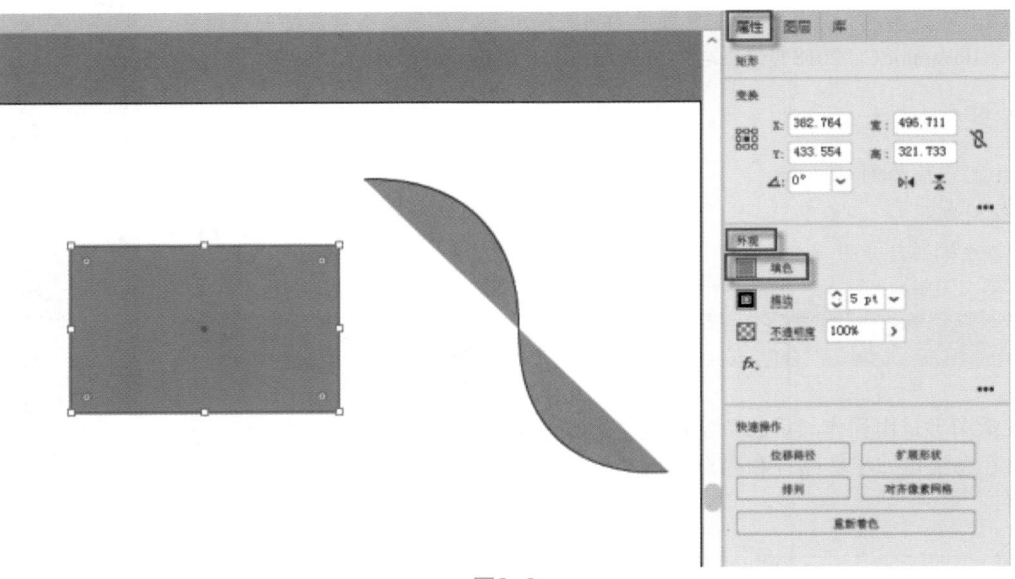

图2-6

2. 描边设定

路径填充颜色后，移动光标至右侧的控制面板处，再点选需要调整描边设定的路径，选中对象后，在"属性"面板中调整"填色"属性，可调整描边的大小以及描边的颜色，如图2-7所示。

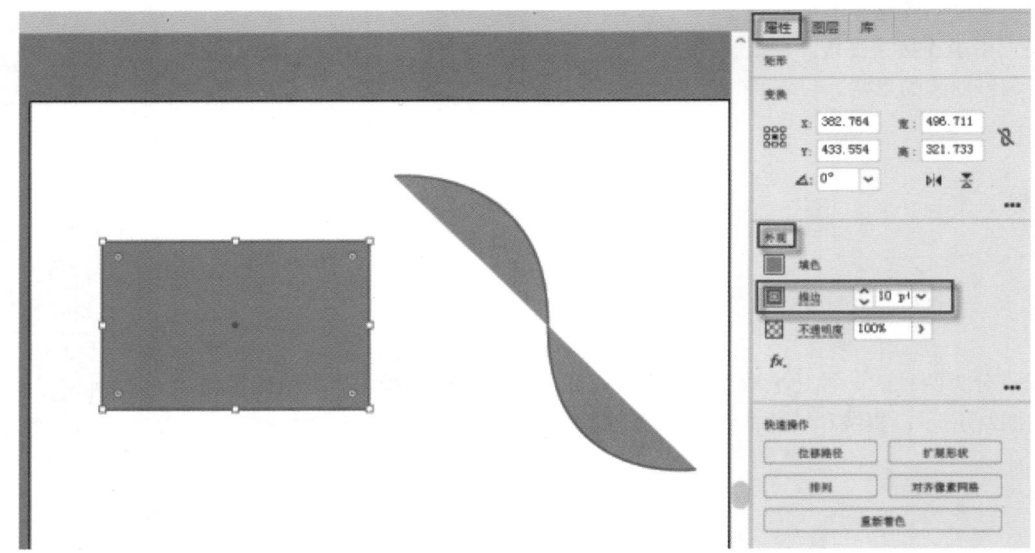

图2-7

2.2 基本图形绘制

矩形和椭圆是最简单、最基本，也是最重要的图形。在Illustrator CC 2018中，"矩形工具""圆角矩形工具""椭圆工具"的使用方法比较类似。通过使用这些工具，可以很方便地在绘图页面上拖动光标绘制各种形状。

多边形和星形也是常用的基本图形，它们的绘制方法与绘制矩形和椭圆的方法类似。除了使用拖动光标的绘制方法外，还能够通过设置相应的对话框选项来精准地绘制图形。

2.2.1 线条图形

1. 直线工具

直线工具 ✏ 用来创建直线。在绘制的过程中按住Shift键，可以创建水平、垂直或者45°角方向为增量的直线；按住Alt键，直线会以单击点为中心向两侧延伸，双击"直线段工具"，可以打开"直线段工具选项"对话框进行设置，如图2-8和图2-9所示。

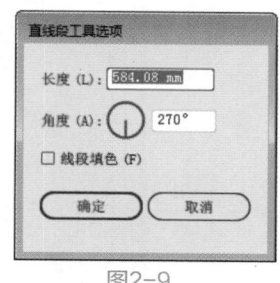

图2-8   图2-9

2. 弧形工具

弧形工具 ✏ 用来创建弧形。在绘制的过程中按住X键，可以切换弧形线段的凹凸方向；按住C键，可在开放式图形与闭合图形之间切换；按住Shift键，可以保持固定的角度，如图2-10所示。按"↑""↓""←""→"键可调整弧线的斜率。如果要创建更为精准的弧线，可在画板中单击，打开"弧线段工具选项"对话框设置参数，如图2-11所示。

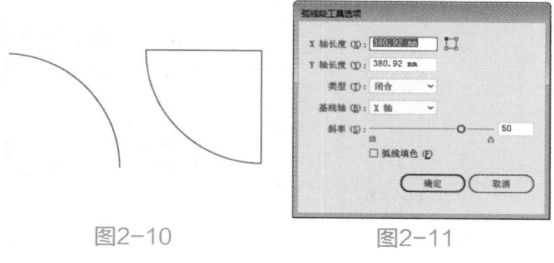

图2-10   图2-11

2.2.2 实战——绘制天坛剪影

使用"直线工具"可以进行任意直线的绘制，也可以通过使用对话框精准地绘制相应的直线对象，此案例中，使用"直线工具"绘制天坛的剪影，操作难度简单。

01 打开Illustrator CC 2018，新建一个297mm×210mm大小的画布，选择相关素材中的"天

坛.jpg"文件，将素材拖入至画布中，并调整其大小、位置，如图2-12所示。选择工具箱中的"直线工具"按钮 ✏ ，绘制一条线段，按住"~"键，如图2-13所示。

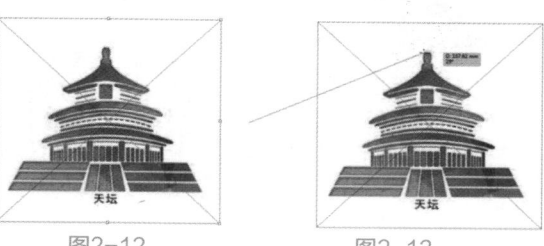

图2-12   图2-13

02 拖动光标，使光标沿"天坛"边缘绘制轮廓线，如图2-14和图2-15所示。

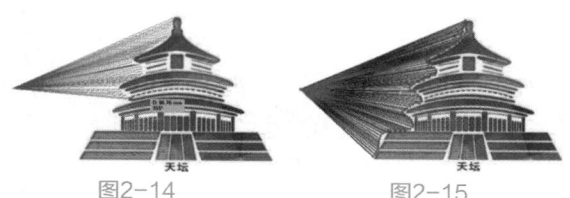

图2-14   图2-15

03 将绘制好的轮廓线执行右键菜单中的"编组"命令，或按快捷键Ctrl+G对对象进行编组，如图2-16所示。并将"天坛"素材删除，如图2-17所示。

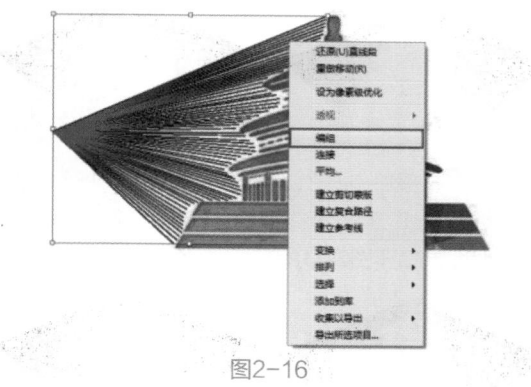

图2-16

图2-17

04 选择编组的对象，执行右键菜单中的"变换"|"对称"命令，弹出"镜像"对话框，并设置其参数，单击"复制"按钮，如图2-18和

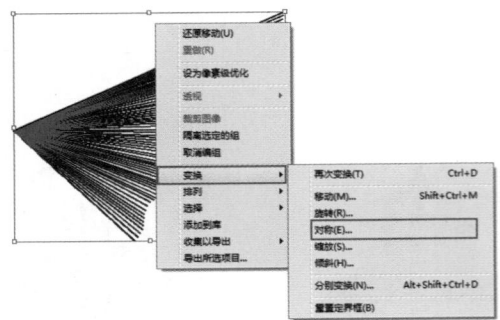

图2-18

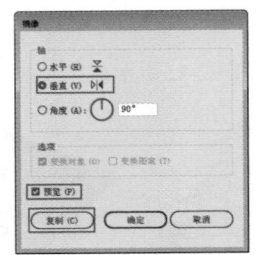

图2-19

05 将"对称"得到的图形调整位置，如图2-20所示；选择工具箱中的"直线工具"按钮 ✏️，在对象底部绘制一条同底部平行的直线，如图2-21所示。

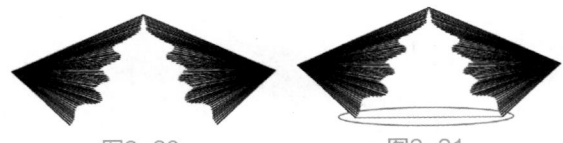

图2-20　　　　　　　图2-21

06 选择底部绘制的线段，按住Alt键，拖动复制一个线段，并按住快捷键Ctrl+D连续复制多个线段，如图2-22和图2-23所示。

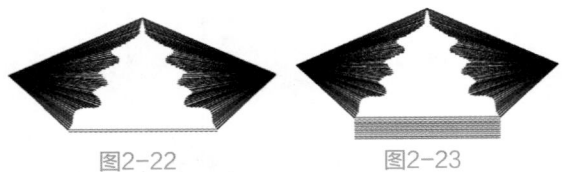

图2-22　　　　　　　图2-23

07 选择线段和轮廓线段，并调整两者的位置，最终效果如图2-24所示。

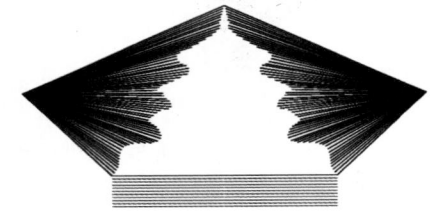

图2-24

2.2.3　几何图形

1. 绘制矩形和正方形

使用矩形工具 ⬜ 创建矩形和正方形。选择该工具后，拖动光标可以创建任意大小的矩形，按住Alt键，可以以光标点为中心向外绘制矩形，按住快捷键Shift+Alt，可以以光标点为中心向外绘制正方形，如图2-25所示。如果要创建更为精准的矩形，可在画板中单击，打开"矩形"对话框设置参数，如图2-26所示。

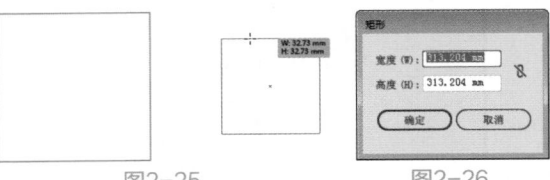

图2-25　　　　　　　图2-26

2. 绘制圆角矩形

使用"圆角矩形工具"按钮 ⬜ 创建圆角矩形，其使用方法及快捷键与矩形工具相同。

3. 绘制椭圆形和圆形

使用"椭圆工具"按钮 ⬭ 创建椭圆形和圆形。选择该工具后，拖动光标可以创建任意大小的椭圆，按住Alt键，可以以光标点为中心向外绘制椭圆形，按住快捷键Shift+Alt，可以以光标点为中心向外绘制圆形，如图2-27所示。如果要创建更为精准的圆形，可在画板中单击，打开"椭圆"对话框设置参数，如图2-28所示。

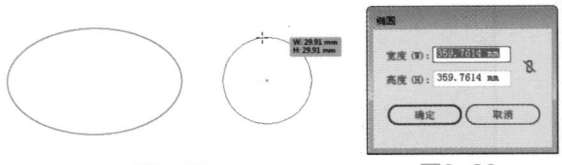

图2-27　　　　　　　图2-28

4. 绘制多边形

使用"多边形工具"按钮 ⬡ 创建三边形以及三边以上的图形。在绘制图形的过程中，按"↑"或者"↓"键可以增加或者减少多边形的边数，如图2-29所示。移动光标可以旋转多边形，按住Shift键操作可以锁定一个不变的角度。如果需要创建更为精准的图形，可在画板中单击，打开"多边形"对话框设置参数，如图2-30所示。

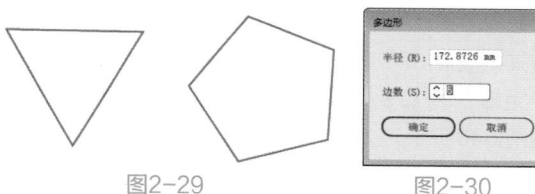

图2-29

图2-30

5. 绘制星形

使用"星形工具"按钮☆创建各种形状的星形。在绘制图形的过程中，按"↑"或者"↓"键可以增加或者减少星形的角点数，如图2-31所示。移动光标可以旋转星形，按住Shift键操作可以锁定一个不变的角度。如果需要创建更为精准的星形，可在画板中单击，打开"星形"对话框设置参数，如图2-32所示。

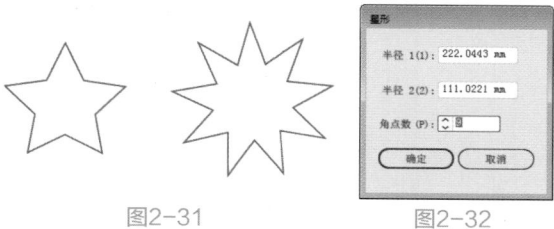

图2-31

图2-32

2.2.4　光晕图形

使用"光晕工具"按钮◉绘制光晕，并且随时可调整光晕图片的大小，修改射线数量和模糊程度。

光晕图形是矢量对象，它包含中央手柄和末端手柄，手柄可以定位光晕和光环。中央手柄是光晕的明亮中心，光晕路径从该点开始，如图2-33所示。

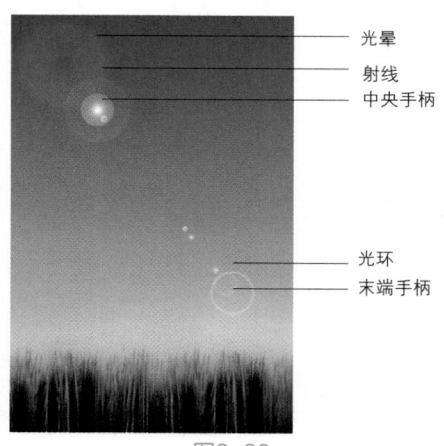

图2-33

2.2.5　实战——绘制光晕图像并修改光晕

光晕工具是一个比较特殊的工具，可以通过在图像中添加矢量对象来模拟发光的光斑效果，绘制出的对象比较复杂，但是制作的过程却相对简单。下面将通过在图像中绘制光晕来熟悉光晕工具的使用方法。

01 打开相关素材中的"实战——绘制光晕.ai"文件，使用"光晕工具"按钮◉创建光晕图形，如图2-34所示。

图2-34

02 保持图形的选取状态，使用"光晕工具"按钮◉，单击并拖动中央手柄，可以移动光晕的位置，单击并拖动末端手柄位置，如图2-35所示。

图2-35

03 单击末端手柄，然后按"↑"键，增加光环数量，根据画面调整光晕位置，如图2-36所示。

图2-36

注：选择光晕对象后，执行"对象"|"扩展"命令，可以将其扩展为普通图形。

2.2.6 实战——绘制矢量可爱猫咪

此案例中，主要讲解"矩形工具"结合"钢笔工具"的变换使用，来绘制一款可爱猫咪的矢量图形。通过讲解此案例，希望读者能通过运用一些常用工具的变换和调整来绘制一些简单的矢量图形。

01 打开Illustrator CC 2018，新建一个297mm×210mm大小的画布，并选择工具箱中的"矩形工具"按钮□，或按快捷键M，拖动光标绘制一个与画布大小相同的矩形；给矩形选择一种颜色填充，描边设置为无，选择矩形，并按快捷键Ctrl+2将矩形锁定，如图2-37和图2-38所示。

图2-37

图2-38

02 选择工具箱中的"矩形工具"按钮□，拖动

光标绘制一个矩形，给矩形添加一种颜色，描边设置为无，如图2-39所示；单击矩形工具，选择"矩形"内部的 ◉ 并拖动光标，将矩形圆角化，如图2-40所示。

图2-39

图2-40

03 继续绘制一个矩形，选择工具箱中的"钢笔工具"按钮✏，或按快捷键P，单击"矩形"图形的一个边，将锚点减去，如图2-41所示。然后按快捷键Ctrl+C和Ctrl+V将对象复制一层，并选择工具箱中的"直接选择工具"按钮▷，或者按快捷键A，选择对象的锚点并移动，如图2-42所示。

图2-41

图2-42

04 选择先前的小三角形对象，给对象填充一种颜色，并按住Shift键加选大三角形，选择对象后，按快捷键Ctrl+G将对象进行编组，然后执行右键菜单中的"排列"|"后移一层"命令，或按快捷键Ctrl+[，将对象调整至合适位置，如图2-43和图2-44所示。

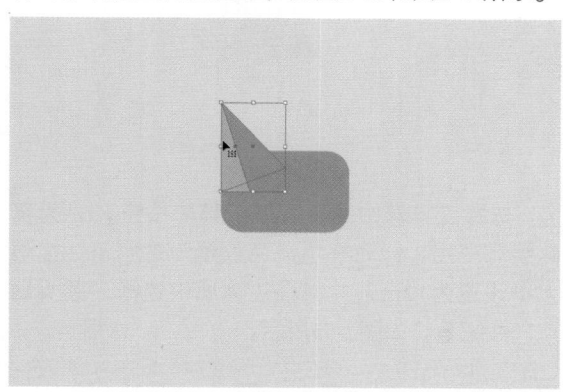

图2-43

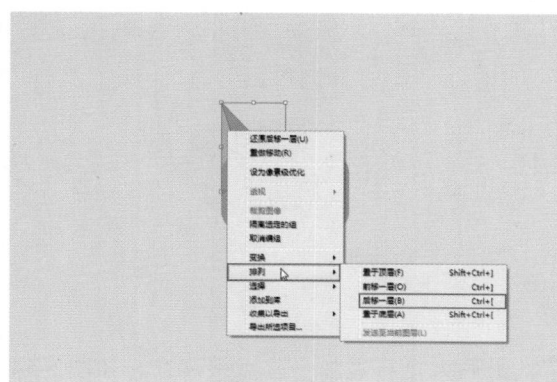

图2-44

05 选择编组对象，执行右键菜单中的"变换"|"对称"命令，弹出"镜像"对话框，设置参数如图2-45所示，单击"复制"按钮后，将"对称"后的对象移动至合适位置，如图2-46所示。

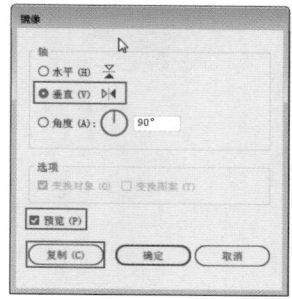

图2-45

图2-46

06 选择工具箱中的"椭圆工具"按钮 ◯，或者按快捷键L，按住快捷键Shift+Alt拖动绘制一个正圆，给圆添加一种颜色，描边设置为无；按快捷键Ctrl+C和Ctrl+F将对象复制到顶层，给复制的圆添加另外一种颜色，选择两个圆，将对象进行编组，如图2-47所示；执行上述"对称"步骤将对象"镜像"后，将"对称"后的对象移动至合适的位置，如图2-48所示。

图2-47

图2-48

07 选择工具箱中的"多边形工具"按钮⬡，拖动光标绘制时，按住"↓"键，可以调整多边形的边角数量，在此绘制一个三角形，并单击按钮⊙给三角形进行圆角，如图2-49所示；然后选择工具箱中的"圆角矩形工具"按钮▢，拖动光标绘制圆角矩形，并调整其位置，如图2-50所示。

图2-49

图2-50

08 选择工具箱中的"矩形工具"按钮▢，为猫

咪绘制身体部分，效果如图2-51所示；选择工具箱中的"椭圆工具"按钮⬭，为猫咪绘制其他部分，效果如图2-52所示。

图2-51

图2-52

09 选择工具箱中的"弧形工具"按钮⌒，为猫咪绘制尾巴，此时将填充色设置为透明色，描边大小设置为12pt，并在描边选项中选择"圆头端点"按钮⊑，如图2-53所示。

图2-53

10 最后为猫咪添加一些点缀装饰，如图2-54所示。

图2-54

2.2.7 实战——绘制遮阳伞

此案例中，主要讲解的是"弧形工具""直线段工具"和"椭圆工具"的使用方法，通过这些基本的绘制图形的工具来绘制遮阳伞。案例颜色丰富，画风活泼可爱。案例中涉及的"路径查找器"面板中的按钮，将放在第4章讲解。

01 打开Illustrator CC 2018，新建一个540px×330px大小的画布，选择工具箱中的"弧形工具"按钮 ⌒ 并双击，调出"弧线段工具选项"对话框，设置参数给绘制好的"弧形工具"填充颜色，无描边，如图2-55和图2-56所示。

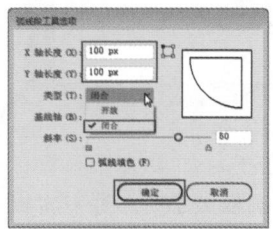

图2-55   图2-56

02 继续调出"弧线段工具选项"面板，设置参数；给绘制好的"弧线工具"添加一个描边，设置无填充色，并调整好位置和大小，如图2-57和图2-58所示。

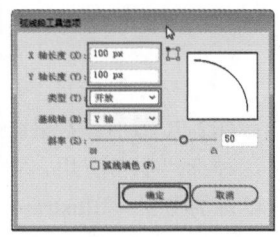
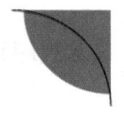

图2-57   图2-58

03 执行"窗口"|"路径查找器"命令，弹出"路径查找器"面板，选择绘制的弧线图形，单击"路径查找器"面板中的"分割"按钮 ▦，得到复合图形，并执行右键菜单中的"取消编组"命令，如图2-59和图2-60所示。

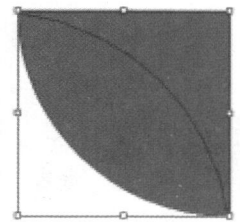
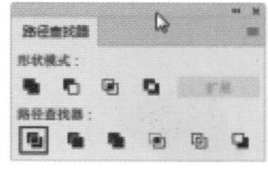

图2-59

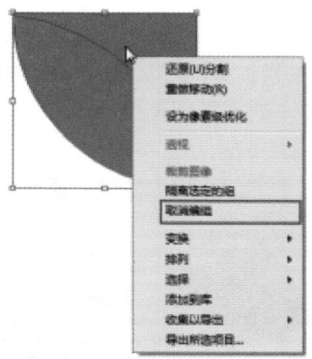

图2-60

04 给遮阳伞的另一部分填充其他颜色，然后旋转变换，如图2-61所示；选择"直接选择工具"按钮 ▷，通过调整对象的锚点来调整遮阳伞的大小，如图2-62所示。

图2-61   图2-62

05 选择工具箱中的"圆角矩形工具"按钮 ▢，拖动绘制出伞柄的位置，选择当前的三个对象，按快捷键Ctrl+G将对象进行编组，并旋转角度，如图2-63和图2-64所示。

06 选择工具箱中的"椭圆工具"按钮 ⬭，拖动光标绘制投影，调整图层顺序，如图2-65所示。将绘制好的伞主体位置移动与复制并调整角度，如图2-66所示。

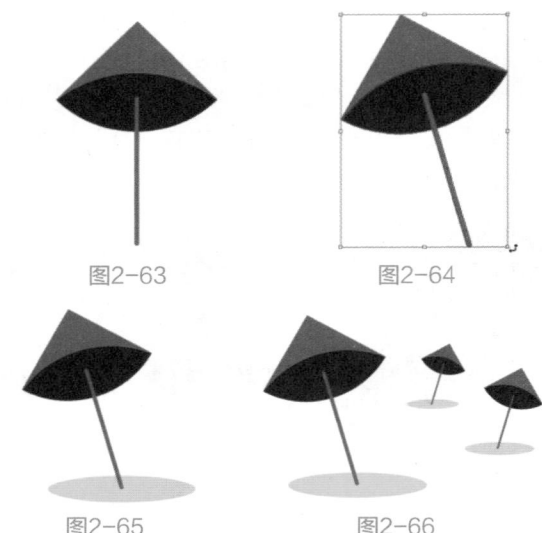

图2-63   图2-64

图2-65   图2-66

07 打开相关素材中的"实战——伞素材背景.ai"文件，将文件的背景图拖至画面中，调整位置关系，效果如图2-67所示。

图2-67

2.3 使用辅助工具

在Illustrator中，标尺、参考线和网格都属于辅助工具，它们不能编辑对象，其用途是帮助用户更好地完成编辑任务。

2.3.1 全局标尺与画板标尺

Illustrator CC 2018分别为文档和画板提供了单独的标尺，即全局标尺与画板标尺。在"视图"|"标尺"下拉菜单中选择"更改为全局标尺"或"更改为画板标尺"命令，可以切换这两种标尺。

全局标尺显示在窗口的顶部和左侧，标尺原点位于窗口的左上角，如图2-68所示。画板标尺显示在当前画板的顶部和左侧，原点位于画板的左上角，如图2-69所示。在文档中只有一个画板的情况下，这两种标尺的默认状态相同。

图2-68

图2-69

这两种标尺的区别在于，如果选择画板标尺，则使用画板工具调整画板大小时，原点将根据画板而改变位置。此外，如果图稿中包含使用图案填充对象的对象，则修改全局标尺的原点时会影响图案拼贴的位置，而修改画板标尺的原点，图案不会受到影响。

2.3.2 视频标尺

执行"视图"|"标尺"|"显示视频标尺"命令，可以显示视频标尺，如图2-70所示。在处理要导出到视频的图稿时，这种标尺非常有用。标尺上的数字反映了特定于设备的像素，Illustrator的默认视频标尺像素长宽比（VPAR）是1.0（对

于正方形像素）。

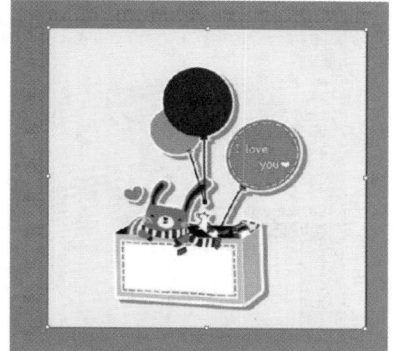

图2-70

2.3.3　信息面板

"信息"面板可以显示光标下面的区域和所选对象的各种有用信息，包括当前对象的位置、大小和颜色值等。此外，该面板还会因操作的不同而显示不同的信息。

选择一个图形对象，如图2-71所示。执行"窗口"|"信息"命令，打开"信息"面板。单击面板左上角的按钮，显示完整的面板选项，如图2-72所示。

图2-71

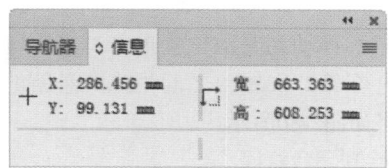

图2-72

2.3.4　实战——使用标尺

标尺可以帮助用户在窗口中精确地放置对象

以及进行测量，因此，用户在编辑或作图时，标尺可以很好地辅助用户编辑图形。

01 打开相关素材中的"实战——使用标尺.jpg"文件，如图2-73所示。执行"视图"|"标尺"|"显示标尺"命令，或者按快捷键Ctrl+R，窗口顶部和左侧会显示标尺，如图2-74所示。显示标尺后，当移动光标时，标尺内的标记会显示光标的精确位置。

图2-73

图2-74

02 在每个标尺上，显示0的位置为标尺原点，修改标尺原点的位置，可以从对象上的特定点开始进行测量。如果要修改标尺的原点，可以将光标放在窗口的左上角（水平标尺和垂直标尺的相交处），然后单击并拖动光标，会显示出一个十字线，如图2-75所示，释放鼠标后，该处变回成为新的原点位置，如图2-76所示。

图2-75

图2-76

03 如果要将原点恢复到默认的位置，可以在窗口的左上角（水平标尺与垂直标尺交界处的空白位置）双击，如图2-77所示。在标尺上单击右键可以打开下拉菜单，选择其中的选项可以修改标尺的单位，如英寸、毫米、厘米和像素等，如图2-78所示。如果要隐藏标尺，可以执行"视图"|"标尺"|"隐藏标尺"命令，或者按快捷键Ctrl+R。

图2-77

图2-78

2.4 自由图形绘制

Illustrator CC 2018提供了"钢笔工具""铅笔工具"和"平滑工具"，使用这些工具可以徒手绘制图像、平滑路径，还可以擦除路径。Illustrator CC 2018还提供了"画笔工具"，使用该工具可以绘制出种类繁多的图形效果。

2.4.1 钢笔工具

钢笔工具是Illustrator中最强大、最重要的绘图工具，它可以绘制直线、曲线和各种图形。灵活、熟练地使用钢笔工具绘图，是每一个Illustrator用户必须掌握的基本技能。

1. 绘制直线路径

选择工具栏中的"钢笔工具"按钮，在页面中任意位置单击，将创建出一个锚点，将鼠标移动到需要的位置再单击，可以创建第二个锚点，两个锚点之间自动以直线进行连接，效果如图2-79所示。

将鼠标移动到其他位置单击，将出现第三个锚点，并在第2、3锚点之间生成一条新的直线路径，效果如图2-80所示。

2. 绘制闭合路径

使用相同的方法继续绘制路径效果，如图2-81所示。当要闭合路径时，将光标定位于创建的第一个锚点上，当光标右下角带有图标时，单击即可闭合路径，效果如图2-82所示。

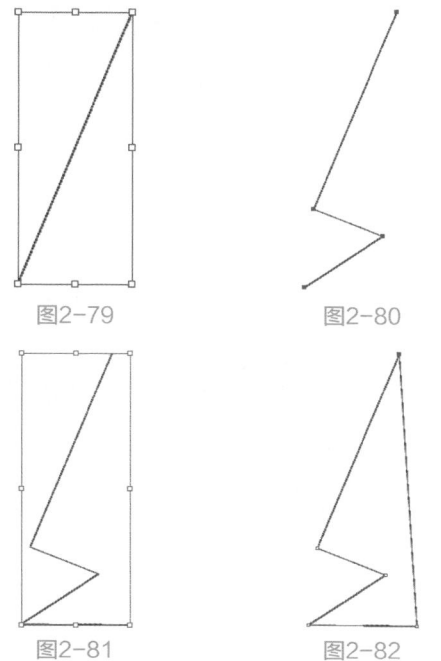

图2-79   图2-80

图2-81   图2-82

3. 绘制开放路径

绘制一个路径并保持路径开放,如图2-83所示。按住Ctrl键,在对象外的任意位置单击,可以结束路径的绘制,开放路径效果如图2-84所示。

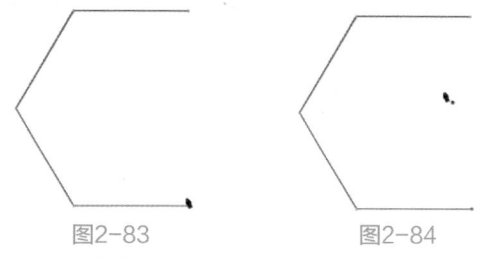

图2-83   图2-84

4. 绘制曲线

选择工具栏中的"钢笔工具"按钮,在文档中单击并按住鼠标左键拖动来确定曲线的起点。起点的两端分别出现了一条控制线,如图2-85所示。

移动光标到需要的位置,再次单击并按住鼠标左键拖动,将出现一条曲线段。拖动光标的同时,第2个锚点的两端也出现了控制线。按住鼠标不放,随着鼠标的移动,曲线段的形状也随之发生变化。

如果连续单击并拖动鼠标,就会绘制出一些连续平滑的曲线,如图2-86所示。

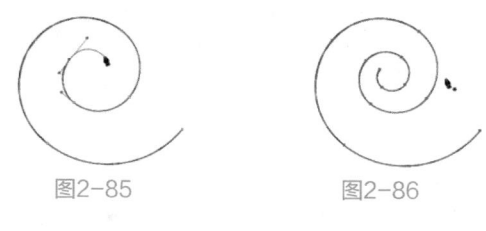

图2-85   图2-86

2.4.2 铅笔工具

使用工具栏中的"铅笔工具"按钮可以自由绘制曲线路径,在绘制的过程中Illustrator CC 2018会自动根据光标的轨迹来设定节点并生成路径。"铅笔工具"既可以绘制闭合路径,又可以绘制开放路径,还可以将已经存在的曲线的节点作为起点,延伸绘制出新的曲线,从而达到修改曲线的目的。

选择工具栏中的"铅笔工具"按钮,在文档中单击并按住鼠标左键不放,拖动光标到需要的位置,可以绘制一条路径,如图2-87所示。松开鼠标左键,将得到平滑的图形效果,如图2-88所示。

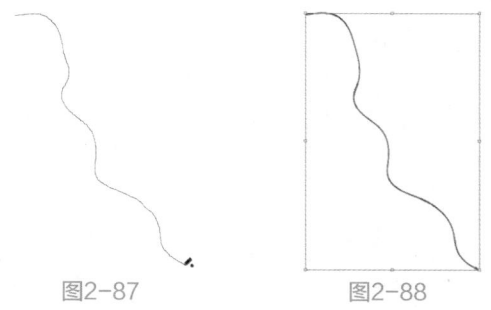

图2-87   图2-88

选择工具栏中的"铅笔工具"按钮,在页面中需要的位置单击并按住鼠标左键,同时按住Alt键,拖动光标绘制一条曲线,如图2-89所示。释放鼠标,可以绘制出一条闭合的曲线,如图2-90所示。

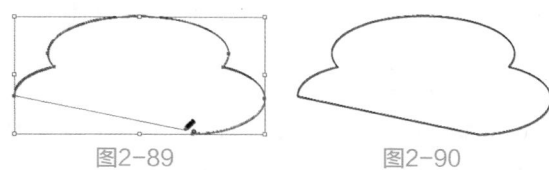

图2-89   图2-90

双击"铅笔工具"按钮,弹出"铅笔工具选项"对话框,如图2-91所示。在对话框中调整"保真度"选项,可以调节绘制曲线上点的精确度及平滑度。勾选"保持选定"复选框,绘制的曲线将处于被选取状态;勾选"编辑所选路径"复选框,可以对选中的路径进行编辑。

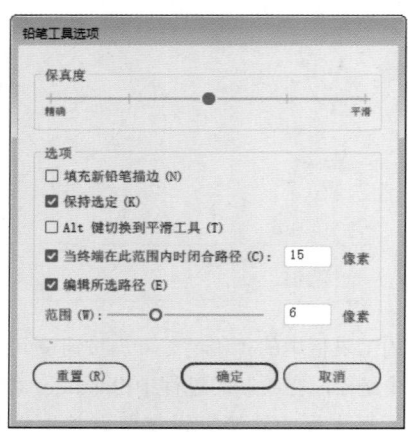

图2-91

2.4.3 平滑工具

使用"平滑工具"按钮 可以将尖锐的曲线变得光滑。

选择工具栏中的"平滑工具"后，只需将光标移动到需要平滑的路径旁，按住鼠标左键不放并在路径上拖动，即可平滑路径。

双击"平滑工具"按钮 ，弹出"平滑工具选项"对话框，如图2-92所示。在对话框中调整"保真度"选项，可以调节曲线上点的精确度，以及曲线的平滑度。

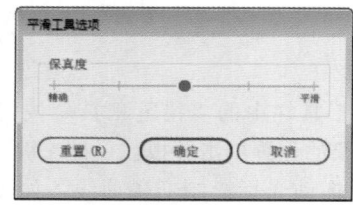

图2-92

2.4.4 实战——用钢笔工具绘制插画

此实战案例中，画面的组成主要用到的工具是"矩形工具"和"钢笔工具"，操作难度较为简单。

01 打开Illustrator CC 2018，新建一个540px×330px大小的画布，选择工具箱中的"矩形工具"按钮 ，绘制一个长条矩形，然后按住Alt键向下移动，再按快捷键Ctrl+D复制两个，如图2-93和图2-94所示。

图2-93

图2-94

02 给矩形条添加有层次的颜色，如图2-95所示；再绘制一个矩形，调整矩形大小，并填充颜色，如图2-96所示。

图2-95

图2-96

03 选择工具箱中的"椭圆工具"按钮 ，绘制一个正圆，给圆添加一种填充色，执行右键菜单中的"排列"|"后移一层"命令来调整图层的层次，如图2-97和图2-98所示。

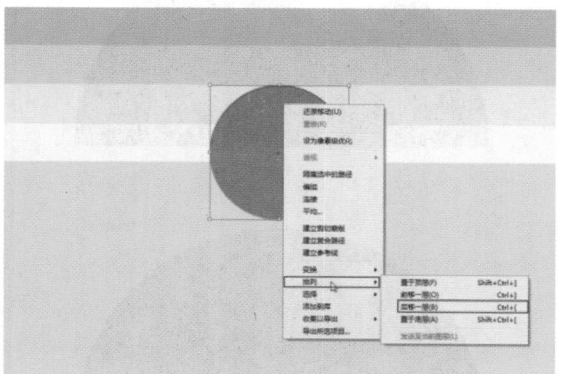

图2-97

图2-98

04 选择工具箱中的"钢笔工具"按钮 ，绘制一段闭合路径，选择"直接选择工具"按钮 ，单击所标示的四个点，如图2-99所示，然后选择属性栏中的"将所选锚点转换为平滑"按钮 ，效果如图2-100所示。

图2-99

图2-100

技巧与提示 可以继续使用"直接选择工具"命令来调整锚点的位置，优化路径的形状。

05 使用同样的方法制作山脉部分，并拖动复制，调整好画面的位置，效果如图2-101和图2-102所示。

图2-101

图2-102

2.4.5 实战——绘制夏夜望远镜插画

此实战案例中，主要运用的是一些基本常用图形软件，包括"矩形工具""椭圆工具"和"钢笔工具"等，通过这些工具的操作，来组成一幅画面，操作难度适中。

01 打开Illustrator CC 2018，新建一个1280px×900px大小的画布，选择工具箱中的"椭圆工具"按钮 ⬭ ，按住Shift键绘制一个正圆，尽量使圆充满画布，如图2-103所示。选择工具箱中的"直接选择工具"按钮 ▷ ，选择圆下端的一个点，按Delete键删除，如图2-104所示。

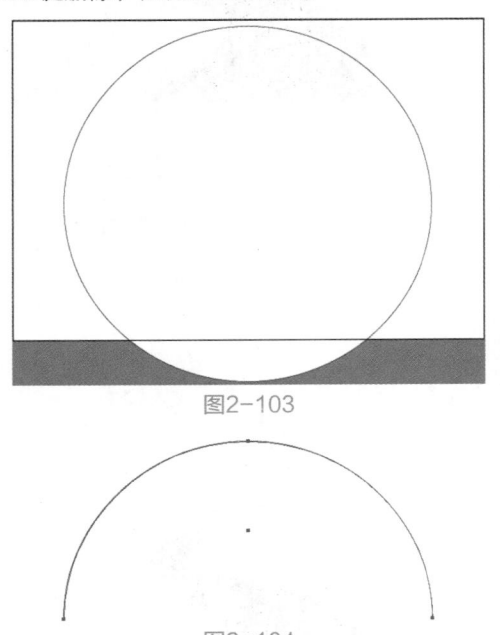

图2-103

图2-104

02 选择工具箱中的"钢笔工具"按钮 ✏ ，将半圆的两个端点连接，调整其大小和位置，并给半圆填充一个颜色，如图2-105和图2-106所示。

图2-105

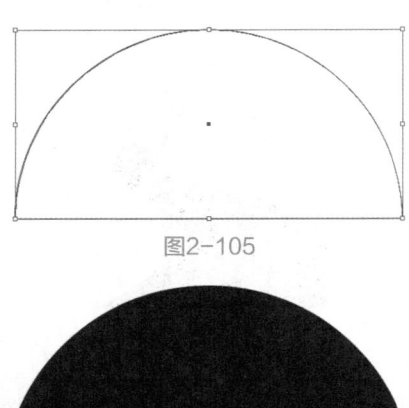

图2-106

03 选择工具箱中的"椭圆工具"按钮 ⬭ ，绘制两个正圆，填充有深浅变化的颜色，如图2-107

所示。调整圆的大小，绘制出月亮，如图2-108所示。

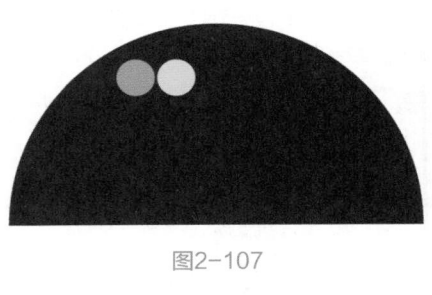

图2-107

图2-108

04 选择工具箱中的"矩形工具"按钮 ▣ 和"星形工具"按钮 ☆ 绘制夜空中的星星，如图2-109和图2-110所示。

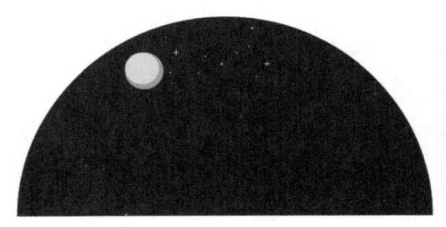

图2-109

图2-110

05 选择工具箱中的"钢笔工具"按钮 ✏ ，绘制一段路径，如图2-111所示。然后选择背景的半圆按快捷键Ctrl+C和Ctrl+F复制一层，填充更深的一种颜色，如图2-112所示。

06 选择复制的背景半圆图与路径对象，执行右键菜单中的"建立剪切蒙版"命令，如图2-113和图2-114所示。

图2-111

图2-112

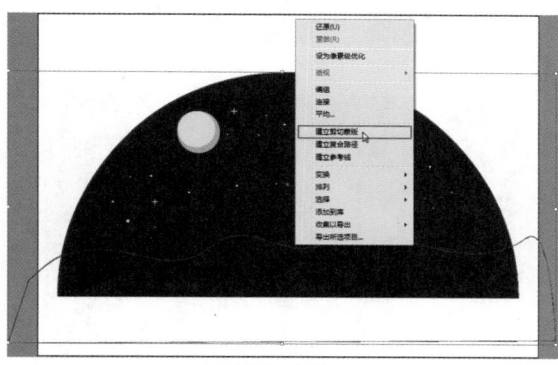

图2-113

图2-114

 　此步骤中涉及的"建立剪切蒙版"在6.3节会讲解。

07 选择工具箱中的"圆角矩形工具"按钮 ⬜，在半圆底部绘制一个圆角矩形，如图2-115所示。

图2-115

08 选择工具箱中的"矩形工具"按钮 ⬜ 绘制镜身部分，继续使用"钢笔工具"按钮 🖊 来辅助绘制，如图2-116和图2-117所示。

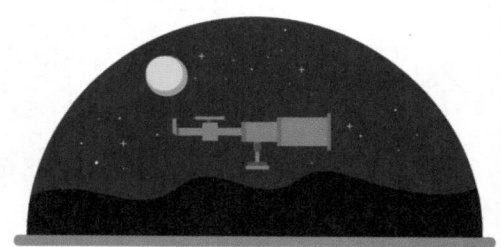

图2-116

图2-117

09 选择绘制好的镜身部分，并旋转，绘制镜身的投影，最终效果如图2-118所示。

图2-118

2.4.6　实战——制作艺术展海报

本案例主要熟悉并运用"文字工具""钢笔

工具"和"星形工具"等一系列基本图形工具，希望通过此案例的学习和制作，来培养读者的文字编排能力和版式设计能力。

01 打开Illustrator CC 2018，执行"文件"|"新建"命令，创建一个210mm×297mm大小的画布，使用"矩形工具"按钮▢，绘制一个和画布同等大小的矩形，然后打开渐变面板，填充渐变色，如图2-119所示。

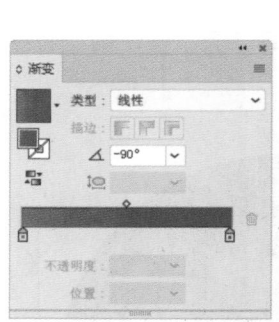

图2-119

02 选择工具箱中的"星形工具"按钮☆，拖动鼠标绘制图形，按"↑""↓"键可以调整多边形的边数，按"~"键、Ctrl键可以中心拖动，如图2-120所示。

图2-120

03 选择工具箱中的"椭圆工具"按钮◯，按住Shift键，绘制一个正圆，如图2-121所示。打开"渐变"面板，设置正圆的填充色和描边色，如图2-122所示。

04 调整好圆和星形的位置关系，如图2-123所示，将对象进行编组后，移动至画面合适处，如图2-124所示。

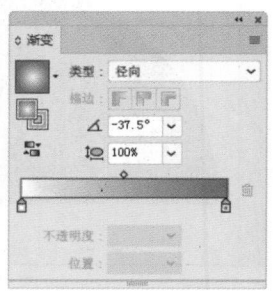

图2-121　　　　　　　图2-122

图2-123

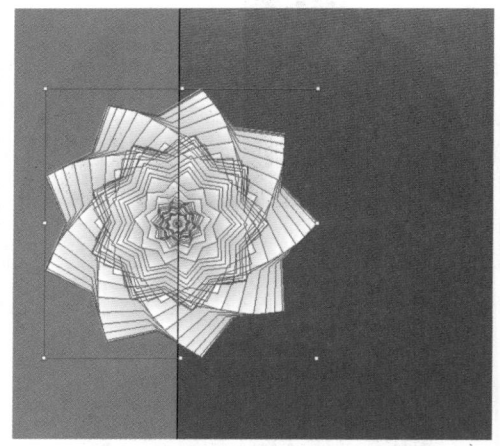

图2-124

05 调整对象组的位置和大小，选择工具箱中的"矩形工具"按钮▢，绘制一个同画布大小一致的矩形，选择对象组和矩形，选择右键菜单中的"建立剪切蒙版"命令或按快捷键Ctrl+7建立剪切对象，如图2-125所示。

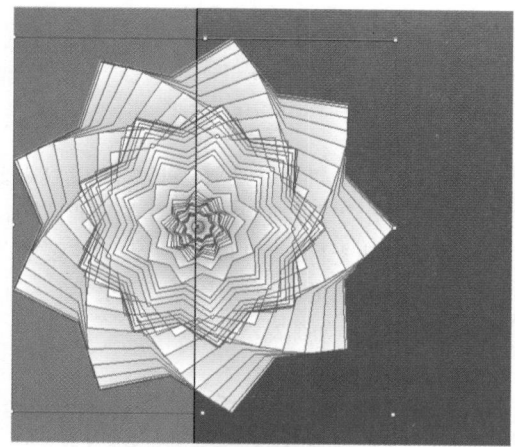

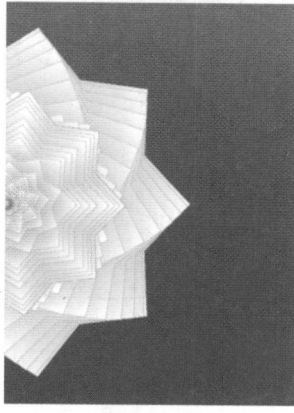

图2-125

06 调整好对象后，选择工具箱中的"文字工具"按钮 **T**，输入文本，然后给文本填充一个无色，描边大小为2pt白色的选项，如图2-126所示。

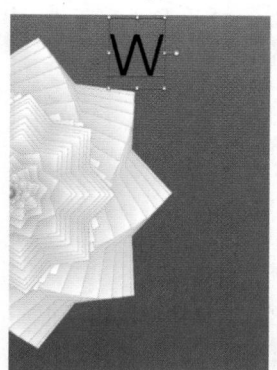 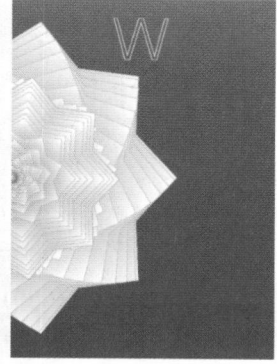

图2-126

07 按快捷键Ctrl+R打开并拉出参考线，如图2-127所示。选择工具箱中的"文字工具"输入标题，并调整好位置关系，将海报的标题制作好，如图2-128所示。

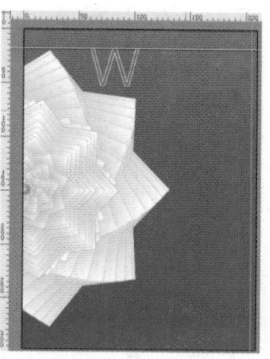 

图2-127   图2-128

08 重复上述步骤，继续制作海报内容，如图2-129所示。

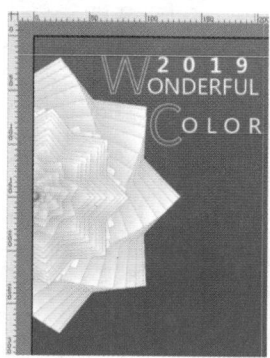 

图2-129

09 框选文本中的首字母，将文字的首字母大小设置为48pt，继续使用"文字工具"按钮 **T**，将剩余内容制作完成，如图2-130所示。

图2-130

10 选择工具箱中的"矩形工具"按钮 ▢，绘制一个细条长方形，如图2-131所示。然后选择"钢笔工具"按钮 ✎ 绘制点缀元素，如图2-132所示。

11 重复上述步骤，绘制剩下的元素，如图2-133所示。

图2-131　　　　　　　　图2-132

图2-133

12 最终效果如图2-134所示。

图2-134

2.5　调整路径形状

在Illustrator CC 2018的工具箱中包括了很多路径编辑工具，应用这些工具可以对路径进行变

形、转换和剪切等操作。

2.5.1　钢笔调整工具

选择工具栏中"直接选择工具"，选取需要调整的路径，用"直接选择工具"在要调整的锚点上单击并拖动光标，可以移动锚点到需要的位置，拖动锚点两端的控制线上的调节手柄，可以调整路径的状态，如图2-135所示。

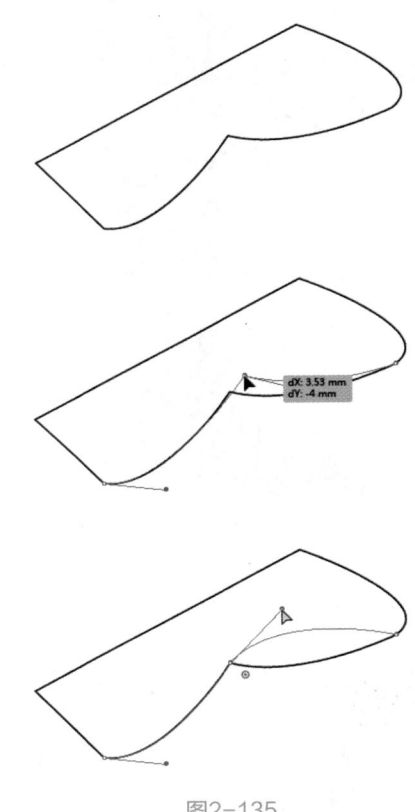

图2-135

2.5.2　编辑路径

在Illustrator CC 2018的工具箱中包括了很多编辑路径工具，应用这些工具可以对路径进行变形、转换、剪切等操作。

1. 增加锚点

绘制一段路径，如图2-136所示。选择"钢笔工具"或"添加锚点工具"，在路径上面的任意位置单击，路径上就会增加一个新的锚点，如图2-137所示。

图2-136　　　　　图2-137

2. 删除锚点

绘制一段路径，如图2-138所示。选择"钢笔工具"或"删除锚点工具"，在路径上面的任意位置单击，该锚点就会被删除，如图2-139所示。

图2-138　　　　　图2-139

3. 转换锚点

绘制一段闭合的椭圆路径，如图2-140所示。选择"转换锚点工具"，单击路径上的锚点，锚点就会被转换，如图2-141所示。拖动锚点可以调整路径的形状，如图2-142所示。

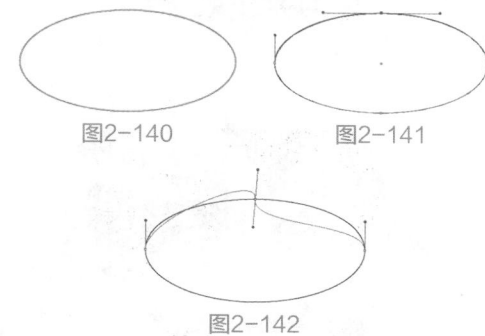

图2-140　　　　　图2-141

图2-142

4. 剪刀工具

绘制一段路径，如图2-143所示。选择"剪刀工具"按钮✂，单击路径上任意一点，路径就会从单击的地方被剪切为两条路径，如图2-144所示。按"↓"键，移动剪切的锚点，即可看见剪切后的效果，如图2-145所示。

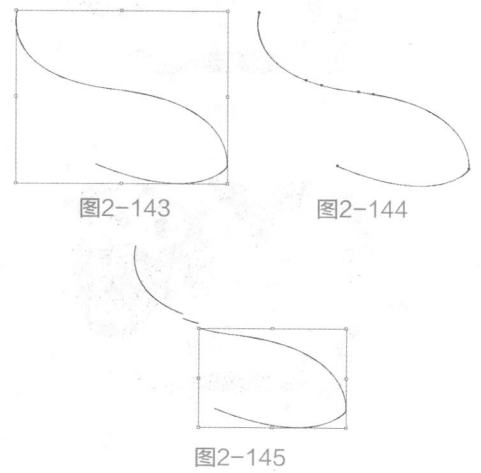

图2-143　　　　　图2-144

图2-145

2.6　图像描摹

图像描摹是从位图中生成矢量图的一种快捷方法。可以让照片、图片等瞬间变成矢量插画，也可基于一幅位图快速绘制出矢量图。

2.6.1　图像描摹面板

打开一张照片，如图2-146所示。打开"图像描摹"面板，如图2-147所示。在进行图像描摹时，描摹的程度和效果都可以在该面板中进行设置。如果要在描摹前设置描摹选项，可以在"图像描摹"面板中进行设置，然后单击面板中的"描摹"按钮进行图像描摹。此外，描摹之后，选择对象，还可以在"图像描摹"面板中调整其预设、视图和模式。

图2-146

图2-147

2.6.2　预设图像描摹

预设：用来指定一个描摹预设，包括"默

认""高保真度照片""6色"和"16色"等，它
们与控制面板中的描摹样式相同，效果如图2-148
所示。单击该选项右侧的按钮，可以将当前的设
置参数保存为一个描摹预设，之后可在"预设"
下拉列表中找到它。

默认

高保真度照片

低保真度照片

3色

图2-148

6色

16色

灰阶

黑白徽标

素描图稿

续图2-148

剪影

线稿图

技术绘图

续图2-148

2.7 选择对象

在Illustrator中，如果要编辑对象，首先应将其选择，然后才能进行后续的操作和编辑。Illustrator提供了许多选择工具和命令，来适合不同类型的对象。

2.7.1 魔棒面板

"魔棒"面板用来定义魔棒工具的选择属性和选择范围，如图2-149所示。

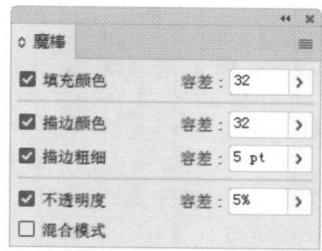

图2-149

➤ 填充颜色：可以选择具有相同填充颜色的对象。该选项右侧的"容差"值决定了符合被选取条件的对象与当前单击的对象的相似程度。RGB模式文档的容差值为0～255像素；CMYK模式文档的"容差"值为0～100像素。"容差"值越低，所选对象与单击的对象就越相似；"容差"值越高，可以选择到范围更广的对象。其他选项中"容差"值的作用也是如此。

➤ 描边颜色：可以选择具有相同描边颜色的对象。"容差"范围为0～100像素。

➤ 描边粗细：可以选择具有相同描边粗细的对象。"容差"范围为0～1000点。

➤ 不透明度：可以选择基友相同不透明度的对象。"容差"范围为0～100%。

➤ 混合模式：可以选择具有相同混合模式的对象。

2.7.2 选择相同属性的对象

选择对象后，执行"选择"|"相同"命令，在下拉菜单中执行对应命令，可以选择与所选对象具有相同属性的其他所有对象。

2.7.3 全选、反选和重新选择

打开图片，选择一个或多个对象后，如图2-150所示。执行"选择"|"反向"命令，可以取消原有对象的选择，而选择所有违背选中的对象。如图2-151所示。

图2-150

图2-151

执行"选择"|"全部"命令，可以选择文档中的所有对象（未锁定对象）。执行"选择"|"现用画板上的全部对象"命令，可以选择当前画板上的全部对象。选择对象后，执行"选择"|"取消选择"命令，或在画板空白处单击，可以取消选择。取消选择以后，如果要恢复上一次的选择，可以执行"选择"|"重新选择"命令。

2.7.4 编辑所选对象

当使用"存储所选对象"命令存储选择状态后，如果要对所选对象进行删除或重命名，可以执行"选择"|"编辑所选对象"命令，打开"编辑所选对象"对话框进行操作，如图2-152所示。

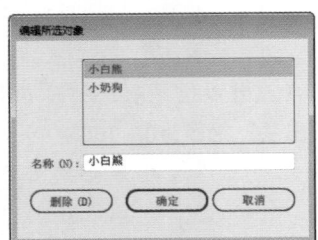

图2-152

> 名称：该选项上方的列表中列出了文档中保存的选取状态的名称，选择一个名字，可以在该选项右侧的文本框中修改名字。

> 删除：在名称列表选择一个名称后，单击该按钮，可以删除该选取状态。

2.7.5 实战——存储所选对象

编辑复杂的图形时，如果需要经常选择某些对象或某些锚点，可以使用"存储所选对象"命令将这些对象或锚点的选取状态保存，以后需要它们时，只需执行相应的命令便可以直接将其选择。

01 打开文件中的素材，如图2-153所示。使用选择工具单击图片上的"巫婆"，将其选中，如图2-154所示。

图2-153　　　　　　图2-154

02 执行"选择"|"存储所选对象"命令，打开"存储所选对象"对话框，输入一个名称"巫婆"，如图2-155所示，然后单击"确定"按钮，将对象的选取状态保存。

图2-155

03 在空白区域单击，取消选择。打开"选择"菜单，如图2-156所示，可以看到，前面创建的选取状态保存在菜单底部，单击它，即可调出"巫婆"的选取状态，如图2-157所示。

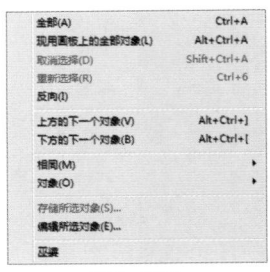

图2-156　　　　　　图2-157

2.8　移动对象

移动是Illustrator中最基本的操作技能之一。编辑图稿时，可以在画板中或多个画板间移动对象，也可以在打开的多个文档间移动对象。

2.8.1 移动对象

打开图片，如图2-158所示。使用选择工具单击对象并按住鼠标左键拖动，即可将其移动，如图2-159所示。按住Shift键操作，可沿水平、垂直或对角线方向移动。

图2-158　　　　　图2-159

按住Alt键拖动，可以复制对象，如图2-160所示。

图2-160

2.8.2　使用X和Y坐标移动对象

使用选择工具单击对象，在"变换"面板或"控制"面板的X（代表水平位置）和Y（代表垂直位置）文本框中输入新值，如图2-161所示，按回车键即移动对象，如图2-162所示。

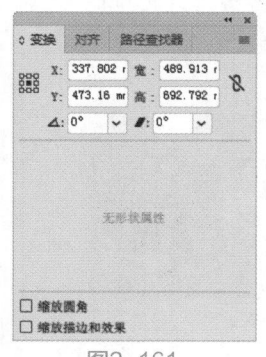

图2-161　　　　　图2-162

单击参考定位器 ⊞ 左侧的小方块，修改参考点的设置，然后输入X值为0，可将对象移动到画

面左侧的边界上，如图2-163所示。

图2-163

2.8.3　按照指定的距离和角度移动

使用选择工具单击对象，或执行"对象"|"变换"|"移动"命令，打开"移动"对话框，输入移动的距离和角度，如图2-164所示。单击"确定"按钮，即可按照设定的参数移动对象，如图2-165所示。

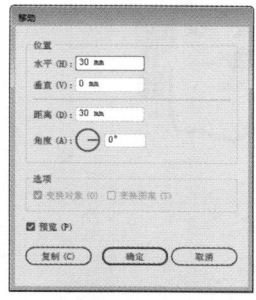

图2-164　　　　　图2-165

2.8.4　实战——在不同的文档间移动对象

在不同文档间的实战移动，操作非常简单，在素材运用互换中，经常会用到。所以，了解和学会在不同文档间的移动操作是非常有必要的。

01 打开相关素材中的"实战——背景"和"实战——主体物"文件，如图2-166所示。

02 使用"选择工具"按钮 ▶ 拖动文件框，如图2-167所示，选择"主体物"将其拖动至"背景"文件框中，如图2-168所示。

图2-166

图2-167

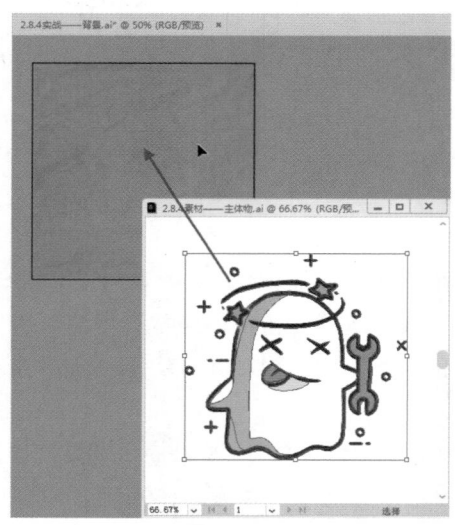

图2-168

03 调整对象在画布中的大小，最终效果如图2-169所示。

图2-169

2.9 对象的排列与分布

在Illustrator中绘图时，新绘制的图形总是位于先前绘制的图形上方，对象的这种堆叠方式将决定其重叠部分如何显示，因此，调整堆叠顺序时，会影响图稿的显示效果。

2.9.1 排列对象

图形对象之间存在着堆栈的关系，后绘制的图像一般显示在先绘制的图像之上，在实际操作中，可能会根据需要改变图像之间的堆栈顺序。图像间的堆栈效果如图2-170所示。

图2-170

执行"对象"|"排列"命令，其子菜单包括5个命令："置于顶层""前移一层""后移一层""置于底层"和"发送至当前图层"，使用

这些命令可以改变图形对象的排序。

选中要排序的对象，右击页面，在弹出的快捷菜单中也可以选择"排列"命令，还可以应用快捷键命令对图像进行排序。

1. 置于顶层

置于顶层是指将选取的图像移动到所有图层的最前面。选取要移动的图像，如图2-171所示。右击页面，弹出其快捷菜单，在"排列"命令的子菜单中选择"置于顶层"命令，图像将排到最前面，效果如图2-172所示。

图2-173

图2-171

图2-174

图2-172

图2-175

2. 前移一层

前移一层是指将选取的图像前移过一个图像。选取要移动的图像，如图2-173所示。右击文档，在"排列"命令的子菜单中选择"前移一层"命令，图像将前移一层，效果如图2-174所示。

3. 后移一层

后移一层是指将选取的图像向后移过一个图像。选取要移动的图像，如图2-175所示。右击文档，在"排列"命令的子菜单中选择"后移一层"命令，图像将后移一层，效果如图2-176所示。

图2-176

4. 置于底层

置于底层是指将选取的图像移动到所有图像的最后面。选取要移动的图像，如图2-177所示。右击文档，在"排列"命令子菜单中选择"置于底层"命令，图像将排到最后，效果如图2-178所示。

图2-177

图2-178

5. 发送至当前图层

选择"图层"控制面板，在"图层1"上新建"图层2"，如图2-179所示。选取要发送到当前图层的图像，如图2-180所示，这时"图层1"变为当前图层，如图2-181所示。

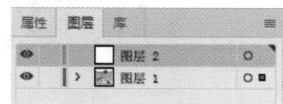

图2-179

图2-180

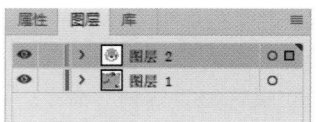

图2-181

2.9.2　分布对象

"对齐"控制面板中的"分布对象"选项组中包括6个分布命令按钮："垂直顶分布""垂直居中分布""垂直底分布""水平左分布""水平居中分布"和"水平右分布"，如图2-182所示。

图2-182

1. 垂直顶分布

垂直顶分布是以每个选取对象的上边线为基准线，使对象按相等的间距垂直分布。

选取要分布的对象，如图2-183所示。单击"对齐"面板中的"垂直顶分布"按钮 ，所有选取的对象将按各自的上边线等距离垂直分布，如图2-184所示。

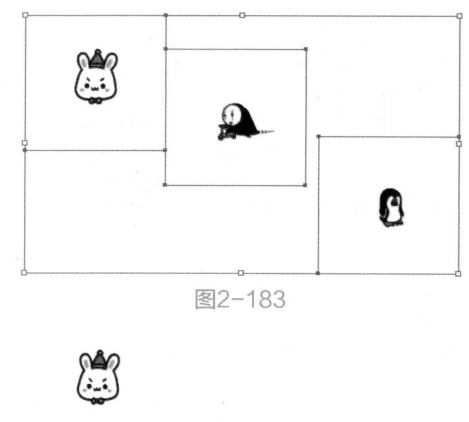

图2-183

图2-184

2. 垂直居中分布

垂直居中分布是以每个选取对象的中线为基准，使对象按相同的间距垂直分布。

选取要分布的对象，如图2-185所示。单击

"对齐"面板中的"垂直居中分布"按钮 ，所有选取的对象将按各自的中线等距离垂直分布，如图2-186所示。

图2-185

图2-186

3. 垂直底分布

垂直底分布是以每个选取对象的下边线为基准线，使对象按相同的间距垂直分布。

选取要分布的对象，如图2-187所示。单击"对齐"面板中的"垂直底分布"按钮 ，所有选取的对象将按各自的下边线等距离垂直分布，如图2-188所示。

图2-187

图2-188

4. 水平左分布

水平左分布是以每个选取对象的左边线为基

准线，使对象按相同的间距水平分布。

选取要分布的对象，如图2-189所示。单击"对齐"面板中的"水平左分布"按钮 ，所有选取的对象将按各自的左边线等距离水平分布，如图2-190所示。

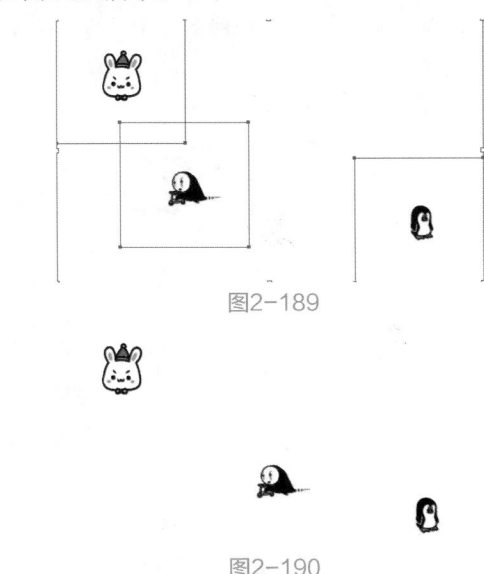

图2-189

图2-190

5. 水平居中分布

水平居中分布是以每个选取对象的中线为基准，使对象按相等的间距水平来分布。

选取要分布的对象，如图2-191所示。单击"对齐"面板中的"水平居中分布"按钮 ，所有选取的对象将按各自的中线等距离水平分布，如图2-192所示。

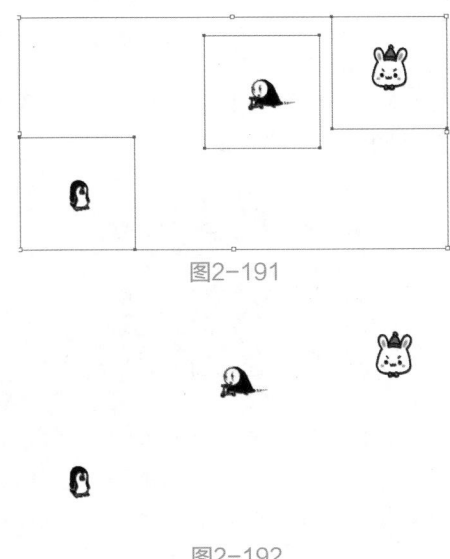

图2-191

图2-192

6. 水平右分布

水平右分布是以每个选取对象的右边线为基准线，使对象按相等的间距水平分布。

选取要分布的对象，如图2-193所示。单击"对齐"面板中的"水平右分布"按钮，所有选取的对象将按各自的右边线等距离水平分布，如图2-194所示。

图2-196

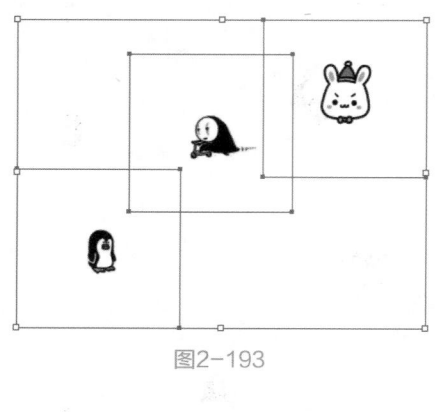

图2-193

图2-194

图2-197

8. 水平分布间距

在"对齐"面板右下方的数值框中可设置自己想要调整的数值。

单击"对齐"面板中的"水平分布间距"按钮，如图2-198所示。所有被选取的对象按照设置的数值等距离水平分布，如图2-199所示。

7. 垂直分布间距

要精确指定对象间的距离，需选择"对齐"面板中的"分布间距"选项组，其中包括"垂直分布间距"按钮和"水平分布间距"按钮。

在"对齐"面板右下方的数值框中可设置自己想要调整的数值，如图2-195所示。

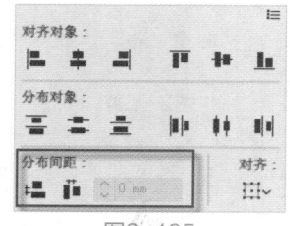

图2-195

单击"对齐"控制面板中的"垂直分布间距"按钮，如图2-196所示，所有被选取的对象将按照设置的数值等距离垂直分布，如图2-197所示。

图2-198

图2-199

2.9.3 对齐对象

"对齐"面板中的"对齐对象"选项组中包括6个对齐命令按钮："水平左对齐""水平居中对齐""水平右对齐""垂直顶对齐""垂直居中对齐"和"垂直底对齐"，如图2-200所示。

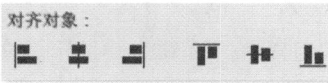

图2-200

1. 水平左对齐

水平左对齐是指以最左边对象的左边线为基准线，选取对象的左边缘都和这条线对齐（最左边的位置不变）。

选取要对齐的对象，如图2-201所示。单击"对齐"面板中的"水平左对齐"按钮，所有选取的对象都将靠左对齐，如图2-202所示。

图2-201   图2-202

2. 水平居中对齐

水平居中对齐是指以选定对象的重点为基准点对齐，所有对象在垂直方向的位置保持不变（多个对象进行水平居中对齐时，以中间对象的中间为基准点进行对齐，中间对象的位置不变）。

选取要对齐的对象，如图2-203所示。单击"对齐"面板中的"水平居中对齐"按钮，所有选取的对象都将水平居中对齐，如图2-204所示。

3. 水平右对齐

水平右对齐是指以最右边对象的右边线为基准线，选取对象的右边缘将都和这条线对齐（最右边对象的位置不变）。

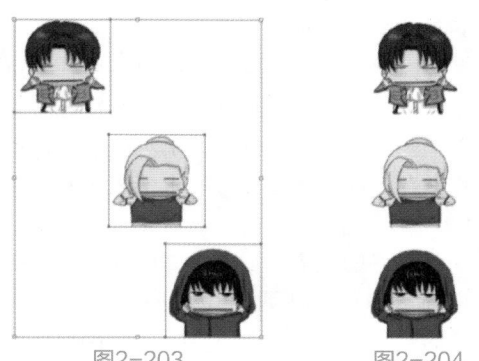

图2-203   图2-204

选取要对齐的对象，如图2-205所示。单击"对齐"控制面板中的"水平右对齐"按钮，所有选取的对象都将水平靠右对齐，如图2-206所示。

图2-205   图2-206

4. 垂直顶对齐

垂直顶对齐是以多个要对齐对象中最上面对象的上边线为基准线，选定对象的上边线都和这条线对齐（最上面对象的位置不变）。

选取要对齐的对象，如图2-207所示。单击"对齐"面板中的"垂直定对齐"按钮，所有选区的对象都将向上对齐，如图2-208所示。

图2-207

图2-208

5. 垂直居中对齐

垂直居中对齐是以选定对象的中点为基准点进行对齐，所有对象进行垂直移动，水平方向的位置不变（多个对象进行垂直居中对齐时，以中间对象的中点为基准点进行对齐，中间对象的位置不变）。

选取要对齐的对象，如图2-209所示。单击"对齐"面板中的"垂直居中对齐"按钮，所有选取的对象都将垂直居中对齐，如图2-210所示。

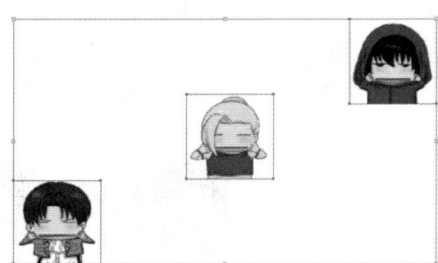

图2-209

图2-210

6. 垂直底对齐

垂直底对齐是以多个要对齐对象中最下面对象的下边线为基准线，选定对象的下边线都和这条线对齐（最下面对象的位置不变）。

选取要对齐的对象，如图2-211所示，单击"对齐"面板中的"垂直底对齐"按钮，所有选取的对象都将垂直向底部对齐，如图2-212所示。

图2-211

图2-212

2.9.4 实战——编组与取消编组

使用"编组"命令可以将多个对象组合在一起使其成为一个对象。用"选择工具"选取要编组的图稿，编组之后，单击任何一个图像，其他图像都会被一起选取。因此，了解"编组"工具对以后编辑作图大有帮助。

01 执行"文件"|"置入"命令，按住Ctrl键选择文件中的编组素材，如图2-213所示。依次载入图片素材，如图2-214所示。

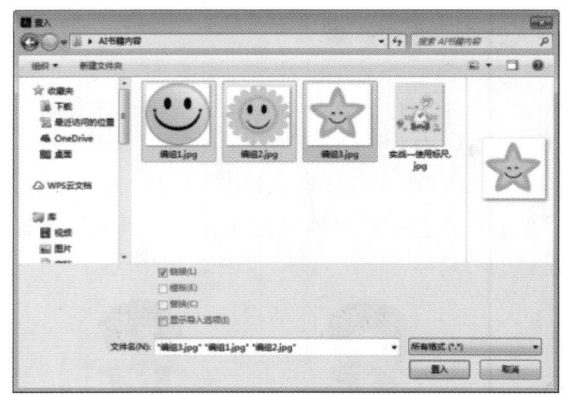

图2-213

图2-214

02 按住Shift键，选取两个对象，执行"对象"|"编组"命令或者按快捷键Ctrl+G，将它们编为一组，如图2-215所示。在Illustrator中，组是可以嵌套结构的，也就是说，创建一个组后，还可将其与其他对象再次编组或编入其他组中，形成结构更为复杂的组。如图2-216所示为同时选取组和组旁边的对象，再次编组后的效果。

图2-215

图2-216

03 编组后，使用"选择工具"按钮 ▶ 单击组中的任意一个对象时，都可以选择整个群组。在进行变换操作时，组内的对象会同时变换，如图2-217所示为缩放该组时的效果。

图2-217

如果要取消编组，可以选择组对象，执行"对象"|"取消编组"命令或按快捷键Shift+Ctrl+G。对于嵌套结构的组，需要多次执行该命令才能取消所有的组。

2.9.5 实战——隔离模式

隔离模式可以隔离对象，以便用户轻松选择和编辑特定对象或对象的某些部分。在这种状态下编辑图稿，既不会受其他对象干扰，也不会影响其他对象。

01 打开相关素材中的"隔离模式.ai"文件，如图2-218所示。使用"选择工具"按钮 ▶ 双击任意一朵云朵，进入隔离模式。当前对象（称为"隔离对象"）以全色显示，其他对象的颜色会变淡。

图2-218

02 此时可轻松选取云朵的组成图像，进行编辑，如图2-219所示。如果双击图稿，则可以继续隔离对象，如图2-220所示。隔离模式会自动锁定其他所有对象，因此所做的编辑只影响处于隔离模式的对象。

图2-219

图2-220

03 如果要退出隔离模式，可单击文档窗口左上角的 ← 按钮，或在画板的空白处双击。

 技巧与提示　可以隔离的对象包括图层、子图层、组、符号、剪切蒙版、复合路径、渐变网格和路径。

2.10 复制、剪切与粘贴

"复制""剪切"和"粘贴"等都是应用程序中最普通的命令，它们用来完成复制与粘贴任务。与其他程序不同的是，Illustrator还可以对图稿进行特殊的复制与粘贴，例如，粘贴在原有位置上或在所有的画板上粘贴等。

2.10.1　复制与剪切

选择对象后，执行"编辑"|"复制"命令，可以将对象复制到剪贴板，画板中的对象保持不变。如果执行"编辑"|"剪切"命令，则可以将对象从画板中剪切到剪贴板中。

 执行"复制"或"剪切"命令后，在Photoshop中执行"编辑"|"粘贴"命令，可以将剪贴板中的对象粘贴到Photoshop文件中。

2.10.2　粘贴与就地粘贴

复制或剪切对象后，执行"编辑"|"粘贴"命令，可以将对象粘贴在文档窗口的中心位置。执行"编辑"|"就地粘贴"命令，可以将对象粘贴到当前画板上，粘贴后的位置与复制该对象时所在的位置相同。

2.10.3　在所有画板上粘贴

如果创建了多个画板（单击"画板"面板中的■按钮），执行"编辑"|"在所有画板上粘贴"命令，可以在所有画板的相同位置都粘贴对象。

2.10.4　贴在前面与贴在后面

选择一个对象，如图2-221所示，复制（或剪切）对象后，可以使用"编辑"|"贴在前面"或"编辑"|"贴在后面"命令将对象粘贴到指定位置。如果当前没有任何选择，执行"贴在前面"命令时，粘贴的对象会位于被复制的对象上方，且与它重合。如果选择了一个对象，如图2-222所示，再执行该命令，则粘贴的对象仍与被复制的对象重合，但它的堆叠顺序会排在所选对象之上，如图2-223所示。

"贴在后面"与"贴在前面"命令效果相反。如果没有选择任何对象，执行该命令时，粘贴的对象会位于被复制的对象下方，且与之重

合。如果执行该命令前选择了一个对象，则粘贴的对象仍与被复制的对象重合，但它的堆叠顺序会排在所选对象之下。

图2-221

图2-222

图2-223

2.10.5　删除对象

如果要删除对象，可以将对象选择，然后执行"编辑"|"清除"命令，或者按Delete键即可删除所选对象。

2.10.6　实战——直线和旋转制作放射线背景

实战中的原中心点旋转复制能绘制出很多复杂的图形，比如钟表刻度盘、放射光线等。下列实战案例通过旋转复制来制作一款放射光线背

景，操作简单易懂。

01 打开Illustrator CC 2018，新建一个540px×330px大小的画布，选择"矩形工具"按钮🔲，绘制一个同画布大小的矩形，并填充径向渐变，按快捷键Ctrl+2锁定背景，如图2-224所示。

图2-224

02 选择工具箱中的"直线段工具"按钮✏️，绘制一条线段，设置参数如图2-225所示。

图2-225

03 给线段描边填充一个渐变色，调整大小，然后执行右键菜单中的"变换"|"对称"命令，调出参数面板，如图2-226所示。

04 将线段进行编组，然后选择新的编组对象，选择工具箱中的"旋转工具"按钮🔄，并双击，弹出"旋转"对话框，设置参数如图2-227所示。执行快捷键Ctrl+D复制多个对象，如图2-228所示。

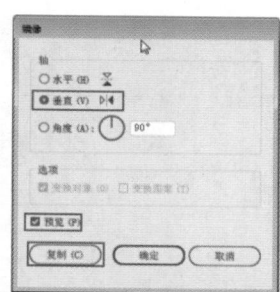

图2-226

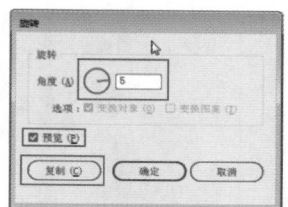

图2-227

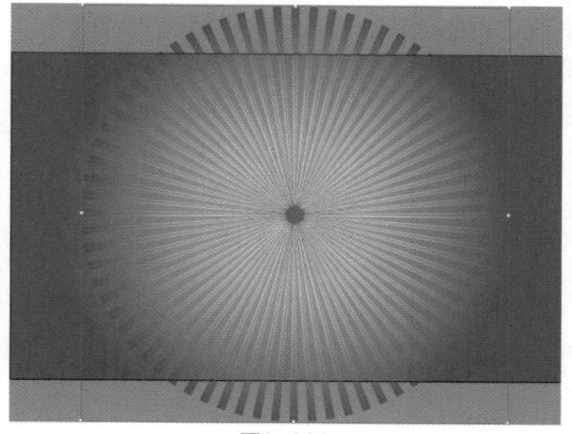

图2-228

05 缩放并移动对象，调整好对象的位置，并选择工具箱中的"矩形工具"按钮🔲绘制一个同画布大小的矩形，如图2-229和图2-230所示。

06 选择绘制的矩形和旋转复制的对象，执行右键菜单中的"建立剪切蒙版"命令，效果如图2-231所示。

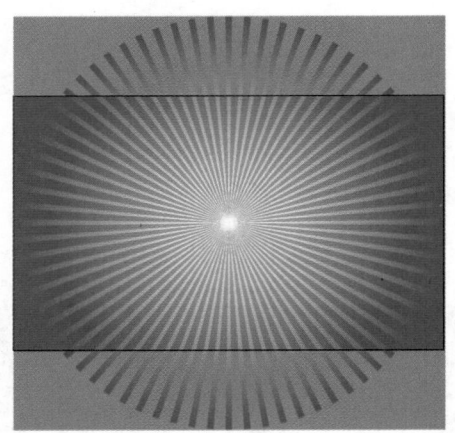

图2-229

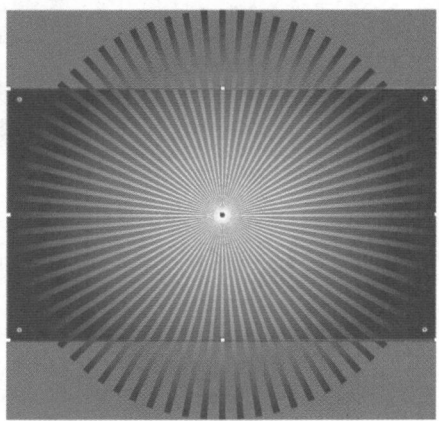

图2-230

图2-231

2.10.7 实战——原中心点旋转复制

　　实战中的原中心点旋转复制能绘制出很多复杂的图形，比如钟表刻度盘、放射光线等。下列实战案例通过中心点旋转复制，来更好、更全面地了解到原中心点旋转复制的用法。

01 选择工具箱中的"椭圆工具"绘制一个椭圆，如图2-232所示。用"直接选择工具"选中中间两锚点；然后按快捷键Ctrl+Alt+J，弹出"平均"窗

　　口，选择"两者兼有"，单击"确定"按钮，出现效果如图2-233所示。

图2-232　　　　　　　　图2-233

02 单击选择变形的椭圆，然后双击工具栏中的"旋转工具"按钮 ⟳，弹出对话框，设置旋转参数如图2-234所示；单击"复制"按钮，会出现已旋转出来的效果，如图2-235所示。

图2-234　　　　　　　　图2-235

03 按快捷键Ctrl+D（重复多次），得到最终效果如图2-236所示。

图2-236

2.11　本章小结

　　在Illustrator CC 2018中应用好排列和组合功能，可以更便捷地组织和管理图形对象。本章详细地讲解了排列和组合对象的功能以及相关的技巧，还有图稿对象的复制、粘贴。通过学习本章的内容，读者可以自如地创建和编辑绘图中的图形对象，绘制出精美的图形。

在创建图形时，会使用颜色的填充命令，来更改图形的颜色和外观，还可以使用"渐变"面板对图形进行直线渐变和射线渐变的填充操作。利用工具箱中的"网格工具"还可以对图形进行网格渐变填充。

描边可以具有宽度（粗细）、颜色和虚线样式，也可以使用画笔为描边进行风格化上色。创建路径或矢量图后，可以随时添加和修改颜色填充与描边属性。

第3章

颜色填充与描边编辑

本章重点

⊙ 掌握颜色、色板、渐变、描边面板
⊙ 掌握单色填充与渐变填充的方法
⊙ 掌握描边的设置方法

3.1　填充与描边

对象的填充是形状内部的颜色，在Illustrator中可以将颜色、图案或渐变应用到整个对象，也可以使用实时上色组为对象内的不同表面应用不同的颜色。在Illustrator CC 2018中填充可以针对开放路径或封闭的图形以及"实时上色"组的表面。

描边主要是针对于路径部分，可以进行宽度、颜色的更改，也可以使用"路径"选项来创建虚线描边，并使用画笔为描边上色。描边可以应用于对象、路径或实时上色组边缘的可视轮廓。

3.1.1　使用颜色面板填充并编辑颜色

在工具箱底部可以看到标准的Adobe颜色控制组件，在这里可以对选中的对象进行描边填充设置，也可以设置即将创建的对象的描边和填充属性，如图3-1所示。

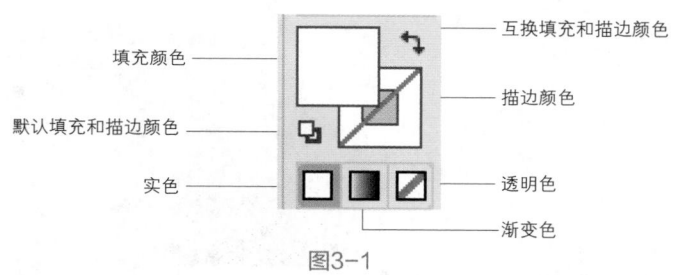

图3-1

可使用"工具"面板中的以下任何空间来指定颜色。

➢ 填充颜色：通过双击该按钮，可以使用拾色器来选择填充颜色。
➢ 描边颜色：通过双击该按钮，可以使用拾色器来选择描边颜色。
➢ 互换填充和描边颜色：通过单击该按钮，也可以在填充和描边之间互换颜色。
➢ 默认填充和描边颜色：通过单击该按钮，也可以恢复默认颜色设置（白色填充和黑色描边）。
➢ 实色：通过单击该按钮，可以将上次选择的纯色应用于有渐变填充或者没有描边或填充的对象。
➢ 渐变色：通过单击该按钮，可以将当前选择的填充更改为上次选择的渐变。
➢ 透明色：通过单击该按钮，可以删除选定对象的填充或描边。

3.1.2　使用拾色器面板

使用拾色器可以通过选择色域和色谱、定义颜色值或单击色板的方式，选择对象的填充颜色或描边颜色。

双击工具箱底部的"标准的Adobe颜色控制组件"中的"填充"或"描边"按钮，即可弹出"拾色器"面板，如图3-2所示。

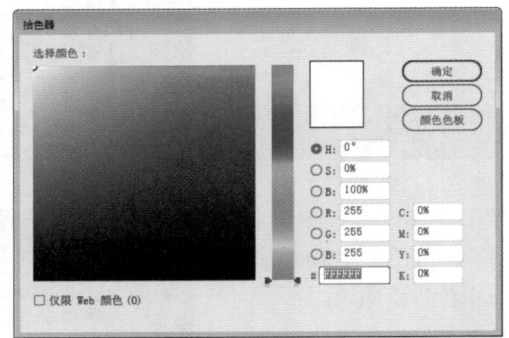

图3-2

在该面板的右侧提供了颜色的选择区域，可以直接使用鼠标进行选择。如果要选择不同的颜色模式，可以在左侧的HSB颜色模式中选中任意选项，当选中不同的选项时，颜色选择区域中的"颜色条"将发生变化，如图3-3所示。

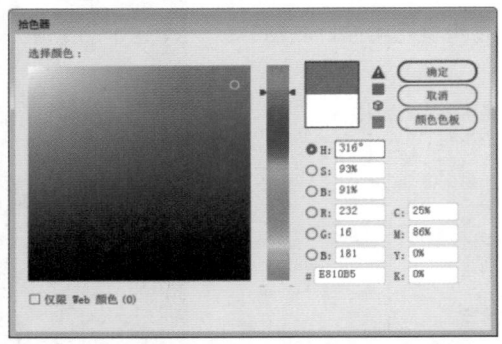

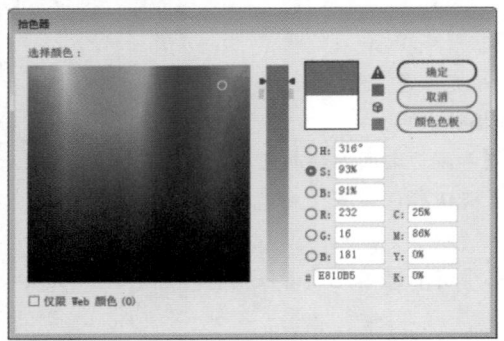

图3-3

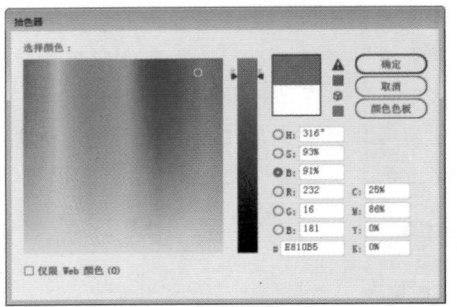

续图3-3

使用"颜色条"中的滑块，可以自定义当前颜色选项的颜色亮度，然后通过调整右侧的区域，定义最终颜色。也可以通过单击R、G、B的颜色模式中的颜色选项进行颜色的定义，如图3-4所示。

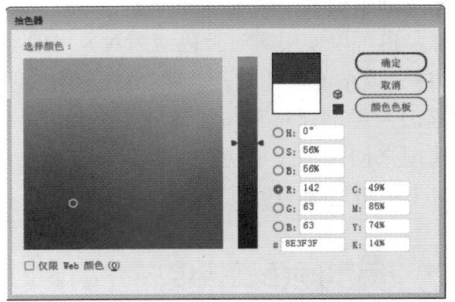

图3-4

当选中"拾色器"面板中的"仅限Web颜色"复选框时，"拾色器"面板中只显示Web安全颜色，其他颜色将隐藏，如图3-5所示。

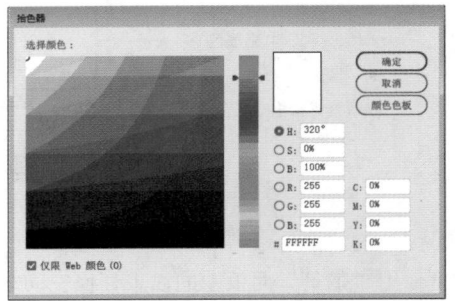

图3-5

该面板中出现了"超出RGB颜色模式色域"标记 ▲ 时，表示选中的颜色超出了CMYK颜色模式的色域，不能使用CMYK颜色进行表示，并且无法应用到印刷中。可以通过单击标记下面的颜色框，选择和该颜色最相近的CMYK颜色模式，如图3-6所示。

该面板中出现了"超出Web颜色模式色域"

标记 ⬡ 时，表示选中的颜色超出了Web颜色模式的色域，不能使用Web颜色进行表示，并且无法应用到HTML中。可以通过单击标记下面的色块，选择和该颜色最相近的Web颜色，如图3-7所示。

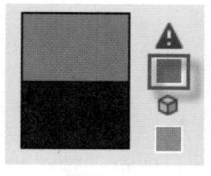 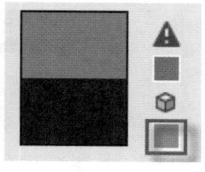

图3-6　　　　　　图3-7

单击"颜色色板"按钮，弹出"颜色色板"对话框，如图3-8所示。该对话框将列出选中的颜色在专业的颜色色板中所在的位置，单击"颜色色板"按钮可以返回查看色谱，如图3-9所示。

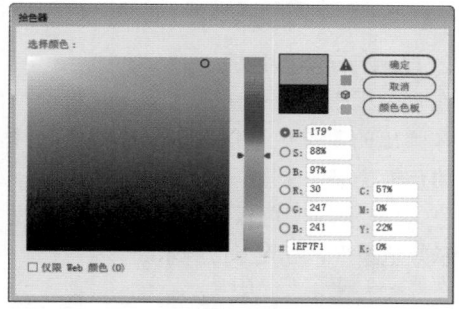

图3-8

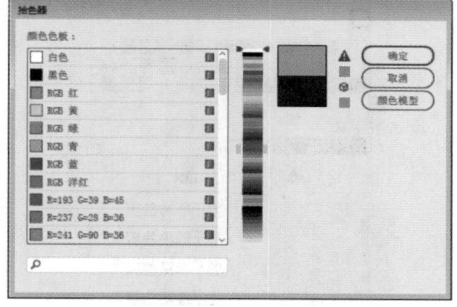

图3-9

3.2　单色填充

在Illustrator CC 2018中填充包含三种类型，即单色填充、渐变填充和图案填充。单色填充是对象填充中最常见也是最基本的一种填充方式，单色填充是指填充的内容为单一颜色，而且没有深浅的变化。在Illustrator CC 2018中可以使用多种

方法进行单色填充。

3.2.1　使用颜色面板

"颜色"面板可以将颜色应用于对象的填充和描边，还可以编辑和混色颜色，"颜色"面板可使用不同颜色模型显示颜色值。执行"窗口"|"颜色"命令或使用快捷键F6，可以打开"颜色"面板。默认情况下，"颜色"面板中显示最常用的选项，如图3-10所示。

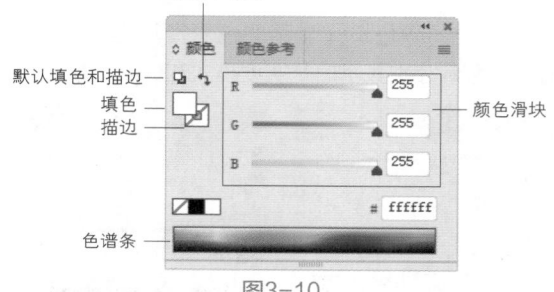

图3-10

在"颜色"画板中通过单击"填充色"和"描边色"按钮调整颜色滑块即可更改所选对象的填充色或描边色，如图3-11所示。

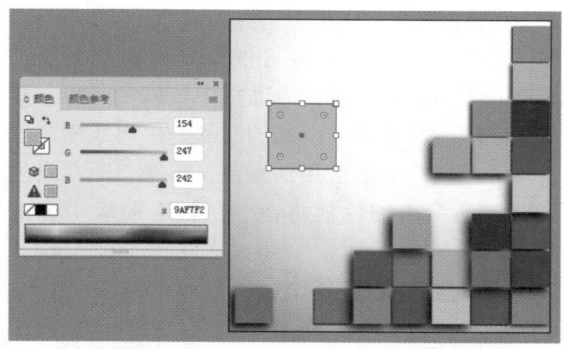

图3-11

通过单击面板中的"菜单"按钮，在菜单

中选择灰度、RGB、HSB、CMYK或Web安全RGB，即可定义不同的颜色状态。选择的模式仅影响"颜色"面板的显示，并不更改文档的颜色模式，如图3-12所示。

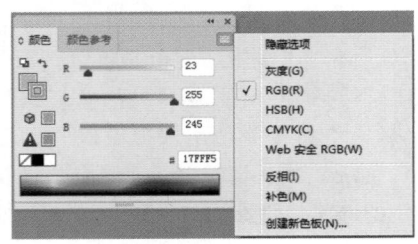

图3-12

不同的颜色模式显示的色彩滑块也不同，如图3-13所示分别显示的是灰度模式和CMYK模式。

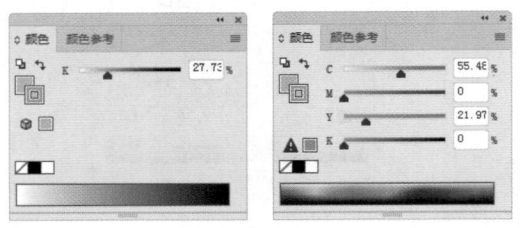

图3-13

3.2.2 使用色板画板

使用"色板"画板可以控制文档的颜色、渐变和图案。在"色板"面板中可以命名和存储颜色、渐变和图案。所选的对象的填充或描边包含从"色板"面板应用的颜色、渐变、图案或色调时，所应用的色板将在"色板"面板中突出显示。

1. 调整面板显示状态

执行"窗口"|"色板"命令，打开"色板"画板，为了便于观察可以设置"色板"面板的不同显示尺寸，默认情况下的显示模式为"小缩览图视图"，如图3-14所示。

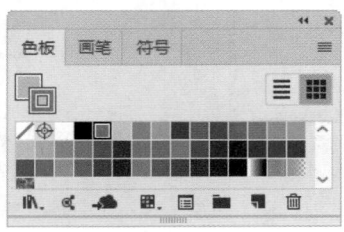

图3-14

单击"色板"面板中的"菜单"按钮，在弹出

的菜单中可以看到视图选项："小缩览图视图""中缩览图视图""大缩览图视图""小列表视图"和"大列表视图"，如图3-15所示。

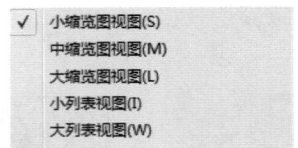

图3-15

在"色板"面板菜单中执行"按名称排序"命令或"按类型排序"命令，即可调整色板的排序。这些命令只适用于单个色板，而不适用于颜色组内的色板。也可以将色板直接拖到新的位置进行排序，如图3-16所示。

图3-16

2. 显示特定类型色板

在"色板"面板中单击"显示色板类型"按钮，在弹出的菜单中可以在以下类型中选择需要显示的色板类型："显示所有色板""显示颜色色板""显示渐变色板""显示图案色板"和"显示颜色组"，如图3-17所示。

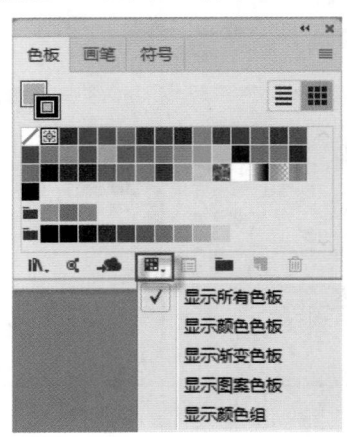

图3-17

选择某一项即可单独显示该类型的色板，如图3-18所示"显示为渐变色板"与"显示图案色板"。

3. 调整色板选项

在"色板"面板中可以针对色板进行调整，选中要进行调整的色板，单击该面板中的"色板选项"按钮，或在色板菜单中执行"色板选项"命令。接着在弹出的"色板选项"对话框中可以对色板的名称、颜色类型、颜色模式以及参数进行相应的设置，如图3-19所示。

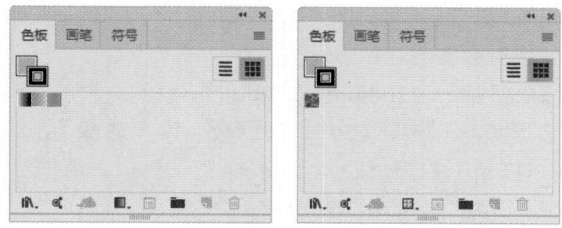

图3-18

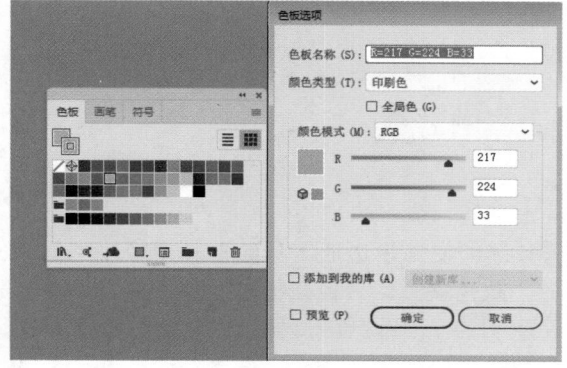

图3-19

- ➤ 色板名称：指定"色板"画板中色板的名称。
- ➤ 颜色类型：指定色板是印刷色还是专色。
- ➤ 全局色：创建全局印刷色色板。
- ➤ 颜色模式：指定色板的颜色模式。选择所需颜色模式后，可以使用颜色滑块调整颜色。如果选择的颜色不是Web安全颜色，将显示警告方块 。单击方块可转换到最接近Web安全颜色（显示在方块右侧）。如果选择颜色超出色域的颜色，将显示警告三角形 。单击三角形可转换为最接近CMYK对等色（显示在三角形右侧）。
- ➤ 预览：可以在应用了改色板的对象上预览颜色的调整结果。

4. 新建色板

在"拾色器"或"颜色"画板中选择要使用的颜色，然后在"色板"面板中单击"新建色板"按钮，或在菜单中执行"新建色板"命令，如图3-20所示，接着在弹出的"新建色板"对话框中设置相应的数值即可将当前颜色定义为新的颜色，以便于调用。"新建色板"中的设置与色板选项相同，如图3-21所示。

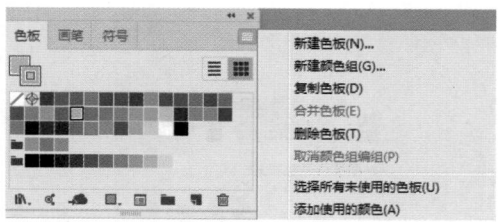

图3-20

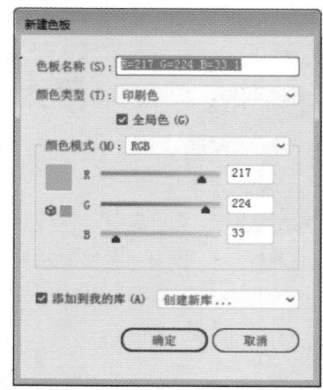

图3-21

5. 选择与编辑色板

在"色板"面板中不仅包含独立的色板，也包含独立的色板组。若要选择整个组，单击颜色组图标 即可。若要选择组中的色板，单击某个色板即可，如图3-22所示。

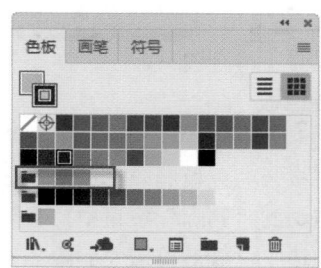

图3-22

若要编辑选定的颜色组，需要在为选定任何图稿时单击"编辑颜色组"按钮 ，或者双击颜色组文件夹。如果在选定对象的状态下编辑颜色组，则可以将所做的编辑应用于选定的图稿，如图3-23所示。

将色板移入颜色组，再将各个颜色色板拖动到现有的颜色组文件夹中。选择新颜色组中所需的颜色，然后单击"新建颜色组"按钮 ，弹出"新建颜色组"对话框，输入名称后，单击"确定"按钮，即可创建色板组，如图3-24所示。

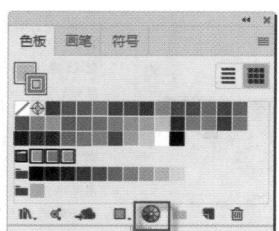

图3-23

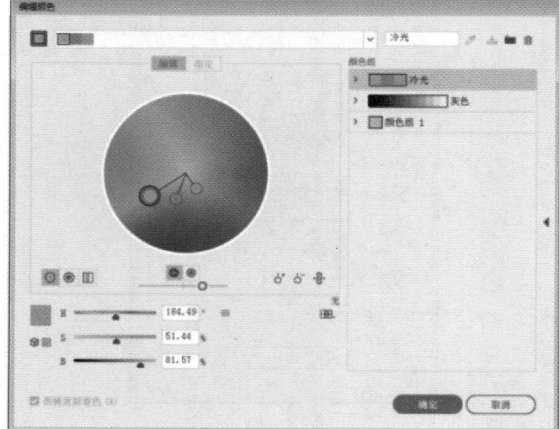

图3-24

6. 删除色板

当"色板"面板中包含过多不需要的色板时，可以将多余的色板删除。选中需要删除的色板单击并拖动到"删除"按钮中，释放鼠标即可删除。或者选中色板后单击"删除"按钮也可以删除该色板，如图3-25所示。

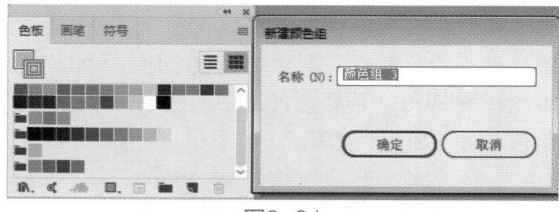

图3-25

3.2.3 实战——条码铅笔

本实战案例结合第1章选择工具和第2章基本

工具的运用，同时结合第3章单色的填充来绘制一个条码铅笔，颜色的填充在我们今后的作图中运用非常广泛，因此熟练掌握颜色填充工具的使用是很有必要的。

01 新建一个200mm×200mm的画板，使用"多边形工具"按钮 ，单击画板，设置边数为3，按住Shift键拖动鼠标绘制一个正三角形，填充黄色，无描边，如图3-26所示。

02 单击鼠标右键，在弹出的快捷菜单中执行"变化"|"旋转"命令，弹出"旋转"对话框，在角度处输入90°，得到三角形效果如图3-27所示。

图3-26   图3-27

03 继续使用多边形工具绘制一个较小的三角形，颜色填充为黑色无描边，如图3-28所示，使用对齐工具调整好两个三角形的位置，执行快捷键Ctrl+G对两个三角形编组，如图3-29所示。

图3-28   图3-29

04 使用"矩形工具"按钮 创建一个矩形，填充黑色，无描边，如图3-30所示。使用选择工具按住Alt+Shift键沿水平方向复制矩形，按Ctrl+D快捷键，复制一组矩形，如图3-31所示。

图3-30   图3-31

05 拖动定界框上的控制点，调整矩形的宽度和高度，如图3-32和图3-33所示。

图3-32

图3-33

06 使用选择工具选择矩形，然后单击"色板"面板中的色块，为矩形填充不同的颜色，如图3-34

所示。使用文字工具 **T** 在矩形下方输入一组数字，并在控制面板中设置字体位置及大小，效果如图3-35所示。

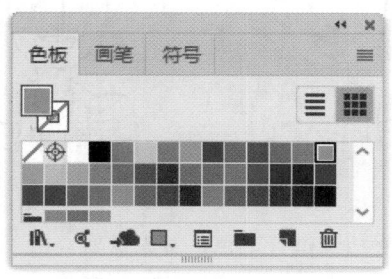

图3-34

图3-35

07 单击笔尾的矩形，将光标放置在矩形上，当矩形内出现"◎"图标时，单击并拖动鼠标对矩形进行圆角缩放，如图3-36所示。

图3-36

08 调整矩形后，使用"椭圆工具"按钮 ◯ ，按住Shift键绘制四个正圆，调整位置后最终效果图如图3-37所示。

图3-37

3.3　实时上色

实时上色是一种创建色彩图画的直观方法，它与通常的上色工具不同。当路径将绘画平面分隔成几个区域时，使用普通的填充手段只能对某个对象进行填充，而使用实时上色工具可以自动检测并填充路径相交的区域。

3.3.1　创建实时上色组

选择多个图形，执行"对象"|"实时上色"|"建立"命令，即可创建实时上色组，所选对象会编为一组。在实时上色组中，可以上色的部分分为边缘和表面。边缘是一条路径与其他路径交叉后处于焦点之间的路径，表面是一条边缘或多条边缘所围成的区域。边缘可以描边，表面可以填色（边缘描边选择"实时上色选择工具"按钮 ◱ ，表面填色选择"实时上色工具"按钮 ◭ ）。例如，图3-38所示为一个矩形和一条直线路径创建的实时上色组，图3-39所示为对表面和边缘分别进行填色后的效果。

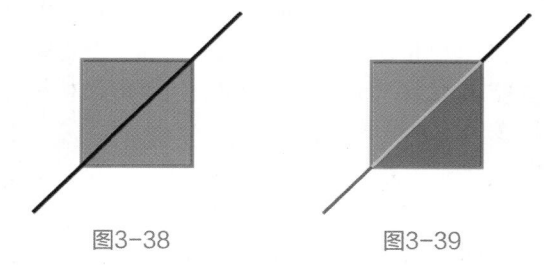

图3-38　　　　　图3-39

3.3.2　在实时上色组中调整路径

建立了实时上色组后，每条路径都可以编辑调整，如图3-40所示。当移动或改变路径的形状时，Illustrator会自动将颜色应用于有编辑调整路径所形成的新区域，如图3-41所示。

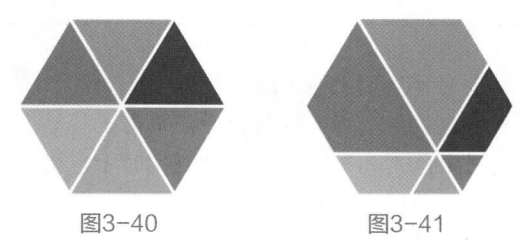

图3-40　　　　　图3-41

3.3.3　编辑实时上色组

1. 建立实时上色组执行命令

实时上色工具需要针对实时上色进行操作，这就需要将普通图形或实时描摹对象进行转换，建立实时上色组。

单击工具箱中的"选择工具"按钮 ▶ ，将要进行实时上色的对象选中。然后执行"对象"|"实时上色"|"建立"命令，或按Ctrl+Alt+X快捷键。对象周围出现 ❄ 形状句柄，表示该对象已经成为实时上色组，如图3-42和图3-43所示。

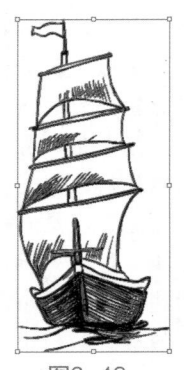

图3-42

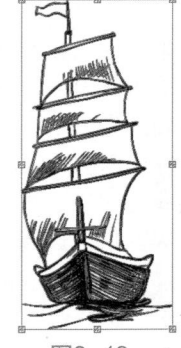

图3-43

也可以在选择对象的情况下，直接将"实时上色工具"移动到对象上，此时光标上出现提示"单击以建立'实时上色'组"，单击该对象即可，如图3-44所示。

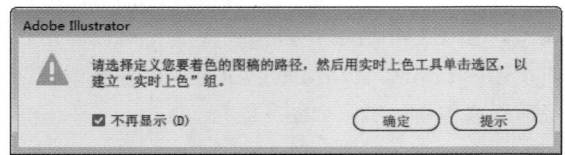

图3-44

如果在没有选中任何对象时就用实时上色工具在对象上单击，系统会弹出提示对话框。选中"不再显示"复选框后则不会出现该提示，如图3-45所示。

图3-45

2. 使用实时上色工具

在色板中选择一种颜色后，单击工具箱中的"实时上色工具"按钮 ，移动到实时上色组上，会突出显示填充图像内侧周围的线条，单击即可填色，如图3-46和图3-47所示。

图3-46

图3-47

拖动光标跨过多个表面，以便一次为多个表面上色，如图3-48和图3-49所示。

图3-48

图3-49

要对边缘进行上色，首先需要双击"实时上色工具"按钮 ，在弹出的对话框中勾选"描边上色"复选框。将光标移动到对象的边界处，使其变成"描边上色"，单击即可进行描边上色，如图3-50所示。

或者直接按住Shift键，暂时切换到"描边上色"状态下。然后单击一个对象的边缘为其描边。也可以拖动光标跨过多条边缘线，可一次为多条边缘进行描边，如图3-51所示。

图3-50

图3-51

3. 设置实时上色选项

双击工具箱中的"实时上色工具"按钮 ，在弹出的"实时上色工具选项"对话框中可以对实时上色的选项以及显示进行相应的设置，如图3-52所示。

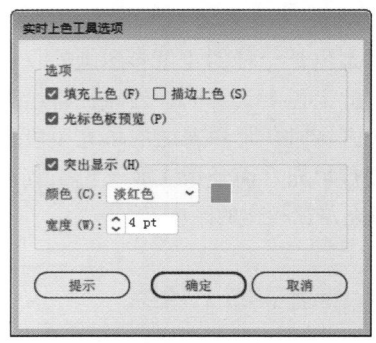

图3-52

- 填充上色：对实时上色组的各个表面上色。
- 描边上色：对实时上色组的各个边缘上色。
- 光标色板预览：从"色板"面板中选择颜色时显示。实时上色工具指针显示为3种颜色色板：选定填充或描边颜色以及"色板"面板中紧靠该颜色左侧和右侧的颜色。
- 突出显示：勾画出光标当前所在表面或边缘的轮廓。用粗线突出显示表面，细线突出显示边缘。
- 颜色：设置突出显示线的颜色。可以从菜单中选择颜色，也可以单击上色板以指定自定颜色。
- 宽度：指定突出显示轮廓线的粗细。

4. 设置实时上色间隙选择

间隙是路径之间的小空间。如果颜料渗漏并将不应上色的表面涂了颜色，则可能是因为图稿存在间隙。为了避免这种问题发生，可以创建一条新路径来封闭间隙，或编辑现有路径以封闭间隙，也可以在实时上色组中调整间隙选项。执行"对象"|"实时上色"|"间隙选项"命令，或单击控制栏上的"间隙选项"按钮，打开"间隙选项"对话框，如图3-53所示。

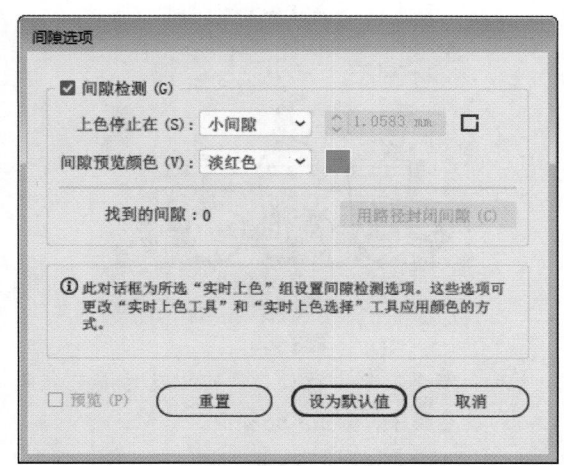

图3-53

- 间隙检测：选中该复选框时，Illustrator将识别实时上色路径中的间隙，并防止颜料通过这些间隙渗漏到外部。
- 上色停止在：设置颜色不能深入的间隙的大小。
- 间隙预览颜色：设置在实时上色组中预览间隙的颜色。可以从菜单中选择颜色，也可

单击"间隙预览颜色"旁边的色块来指定自定颜色。
- 用路径封闭间隙：单击该按钮时，将在实时上色中插入未上色的路径以封闭间隙（而不是只防止颜料通过这些间隙渗漏到外部）。
- 预览：将当前实时上色组检测到的间隙显示为彩色线条，所用颜色根据选定的预览颜色而定。

> 执行"视图"|"显示实时上色间隙"命令，该命令可以根据当前所选实时上色组中设置的间隙选项，突出显示在该组中发现的间隙。

3.3.4　实战——在实时上色组中添加路径

创建实时上色组后，可以向其中添加新的路径，从而生成新的表面和边缘。因此，在作图中。可以根据调整路径来调整实时上色的范围和形状。

01 打开相关素材中的"实战——在实时上色组中添加路径.ai"文件，如图3-54所示。选择直线段工具，按住Shift键创建两条直线，无填色、无描边，如图3-55所示。

图3-54　　　　　　　　图3-55

02 使用选择工具单击并拖出一个选框，将这两条直线和实时上色组（"拉卡拉"文字图形）同时选取，如图3-56所示，然后单击控制面板中的"合并实时上色"按钮，或执行"对象"|"实时上色"|"合并"命令，将这两条路径合并到实时上色组中，如图3-57所示。

图3-56　　　　　　　　图3-57

03 执行"选择"|"取消选择"命令，取消选择。使用"吸管工具"按钮单击素材中的黄色，拾取

颜色，如图3-58所示，用实时上色工具为实时上色组中新分割出的表面上色，如图3-59所示。

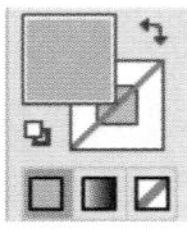
图3-58

图3-59

04 依照上述步骤，继续填充颜色为实时上色组填色，如图3-60所示。

图3-60

05 向实时上色组中添加路径后，使用“编组选择工具”按钮移动路径或使用锚点工具修改路径的形状，都可以改变上色区域，如图3-61和图3-62所示。

图3-61

图3-62

3.4 渐变填充

使用渐变填充可以在任何颜色之间应用渐变颜色混合。渐变填充也是设计作品中的一个重要表现方式，渐变的使用增强了对象的可视效果。在Illustrator CC 2018中可以将渐变存储为色板，便于将渐变应用于多个对象。

3.4.1 渐变面板

执行“窗口”|“渐变”命令，或按快捷键Ctrl+F9，打开“渐变”面板。在“渐变”面板中可以对渐变类型、颜色、角度等参数进行设置，如图3-63所示。

- 渐变填色框：显示了当前渐变的颜色。单击它可以用渐变填充当前选择的对象。

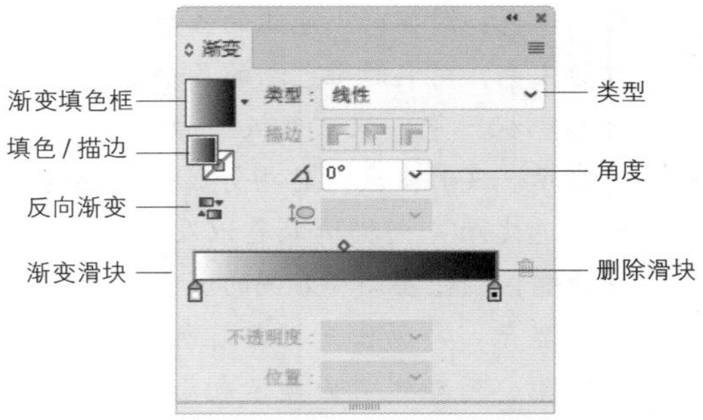

图3-63

- 渐变滑块：单击菜单按钮，可在展开的下拉列表中选择一个预设的渐变。
- 类型：在该选项的下拉列表中可以选择渐变类型，包括“线性”渐变（如图3-64所示）和“径向”渐变（如图3-65所示）。

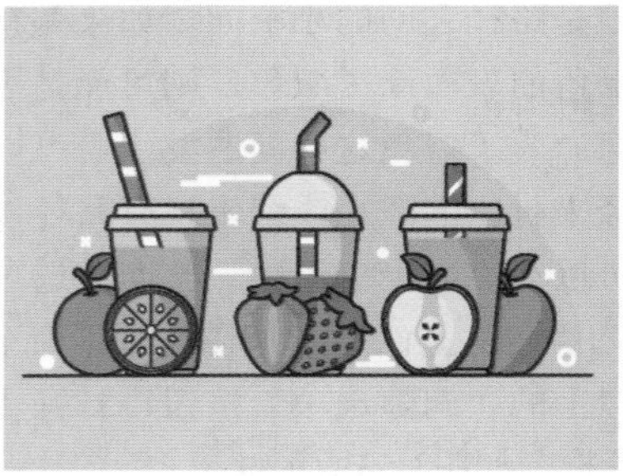
图3-64

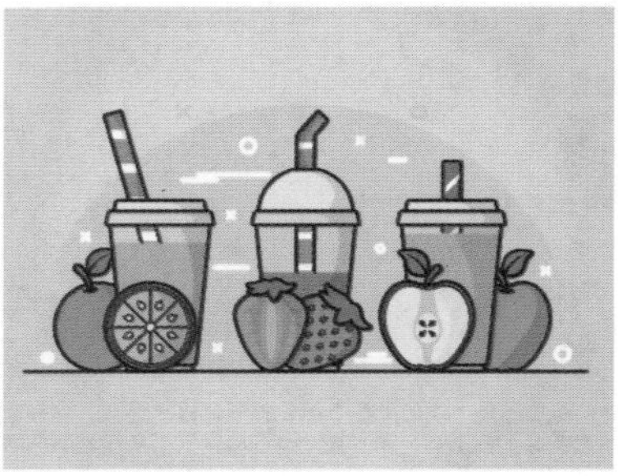
图3-65

- 反向渐变：单击该按钮，可以反转渐变颜色的填充顺序，如图3-66所示。

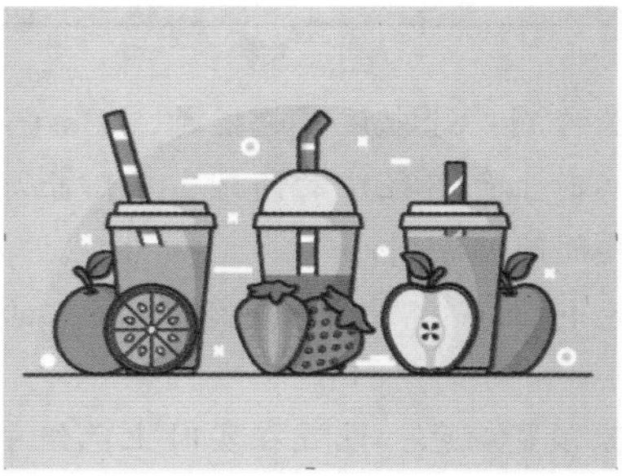
图3-66

- 描边：如果使用渐变色对路径进行描边，则按下 ▦ 按钮，可在描边中应用渐变，如图3-67所示；按下 ▦ 按钮，可沿描边应用渐变，如图3-68所示；按下 ▦ 按钮，可跨描边应用渐变，如图3-69所示。

图3-67

图3-68

图3-69

- 角度：用来设置线性渐变的角度。
- 长宽比：填充径向渐变时，可在该选项中输入数值创建椭圆渐变，也可以修改椭圆渐变的角度来使其倾斜。
- 不透明度：单击一个渐变滑块，调整不透明度，可以使颜色呈现透明效果。
- 位置：选择中点或渐变滑块后，可在该文本框中输入0～100的数值来决定其位置。

3.4.2　实战——编辑渐变颜色

对于线性渐变，渐变颜色条最左侧的颜色为渐变色的起始颜色，最右侧的颜色为终止颜色。对于径向渐变，最左侧的渐变滑块定义了颜色填充的中心点，它呈辐射状向外逐渐过渡到最右侧的渐变滑块颜色。

01 打开相关素材中的"实战——编辑渐变颜色.ai"文件，用"选择工具"按钮 ▶ 选择渐变对象，如图3-70所示，在工具面板中将填色设置为当前编辑状态，"渐变"面板中会显示图形使用的渐变色，如图3-71所示。

图3-70

图3-71

02 单击一个渐变滑块将其选中，如图3-72所示。拖动"颜色"面板中的滑块可以调整渐变颜色，如图3-73所示。

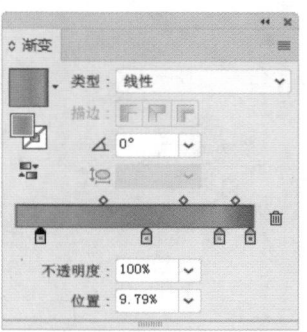

图3-72

67

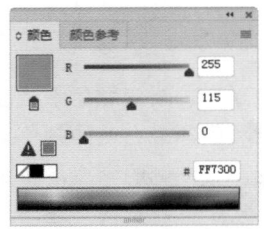

图3-73

03 按住Alt键单击"色板"中的一个色块，可以将对应颜色应用到所选滑块上，如图3-74所示。未选择滑块时，可直接将一个色板拖动到滑块上，如图3-75所示。

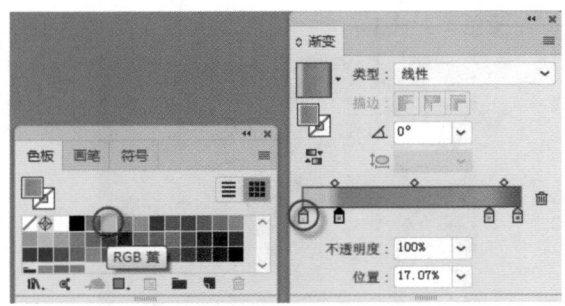

图3-74

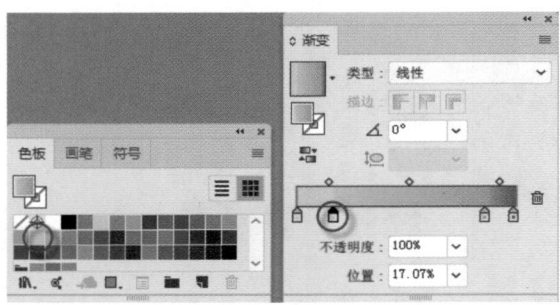

图3-75

04 如果要增加渐变颜色的数量，可以在渐变条下单击，添加新的滑块，如图3-76所示。

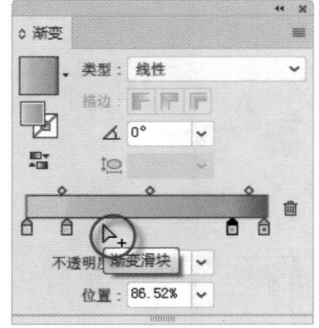

图3-76

05 将"色板"面板中的色板直接拖至"渐变"面板中的渐变条上，则可以添加一个该色板颜色的渐变滑块，如图3-77所示。如果要减少颜色数量，可以单击一个滑块，然后按📖按钮进行删除，也可直接将其拖动到面板外。

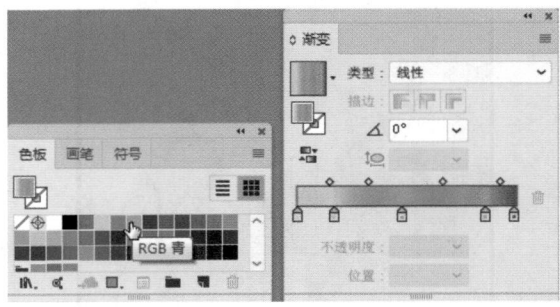

图3-77

06 按住Alt键拖动一个滑块，可以复制它，如图3-78所示。如果按住Alt键将一个滑块拖动到另一个滑块上，则可交换这两个滑块的位置，如图3-79所示。

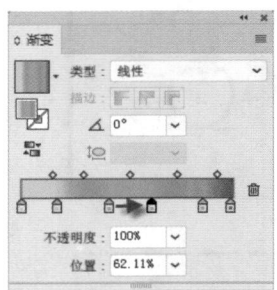

图3-78　　　　图3-79

07 拖动滑块可以调整渐变中各个颜色的混合位置，如图3-80所示。在渐变条上，每个渐变滑块的中间（50%）都有一个菱形的中点滑块，移动中点可以改变它两侧渐变滑块的颜色混合位置，如图3-81所示。

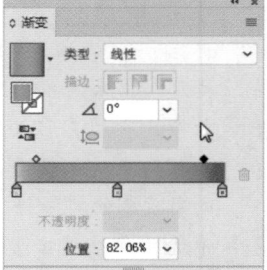

图3-80　　　　图3-81

3.4.3　实战——网格渐变填充

渐变网格是一种特殊的渐变填色功能，它通过网格点和网格面接收颜色，也可通过网格点精确控制渐变颜色的范围和混合位置，具有灵活度高和可控制性强等特点。

01 打开相关素材中的"实战——网格渐变填充.ai"文件，如图3-82所示。在"色板"或"颜色"面板中为网格点设置颜色，如图3-83所示。

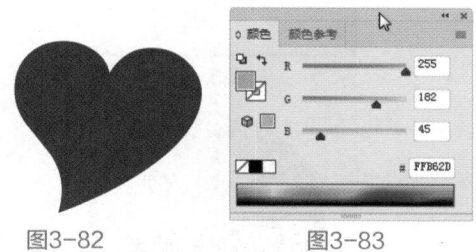

图3-82　　　　　　　图3-83

02 选择网格工具，将光标放在图形上，待光标变成状，如图3-84所示，单击，可将其转换为一个具有最低网格线数的网格对象，效果如图3-85所示。

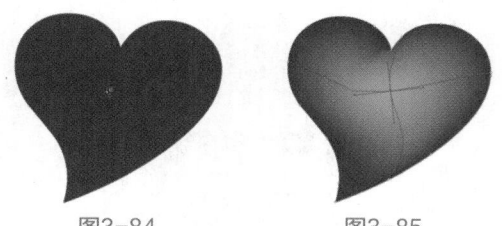

图3-84　　　　　　　图3-85

03 继续单击可添加其他网格点，如图3-86所示。按住Shift键单击可添加网格点而不改变当前的填充颜色。在颜色面板中可调整该网格点的颜色，最终效果如图3-87所示。

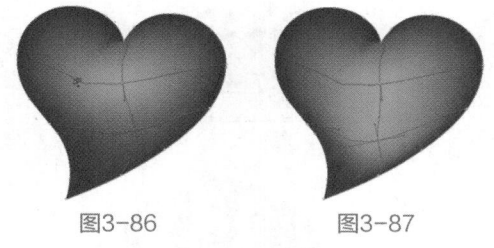

图3-86　　　　　　　图3-87

3.4.4　实战——网格渐变制作炫彩球体

本实例将展示如何使用渐变网格工具创建彩色的圆形球体，该球体也可以用Illustrator的变形工具修改为一个很酷的抽象形状。在这个教程中创建的作品是一个多彩的渐变圆球体，可以将各种色调平滑地融合在一起。这些充满活力的渐变效果目前非常受欢迎，对于品牌设计，应用界面甚至手机背景都非常有用。

01 打开相关素材中的"实战——网格渐变制作炫彩球体.ai"文件，如图3-88所示，在"色板"或"颜色"面板中为网格点设置颜色，如图3-89所示。

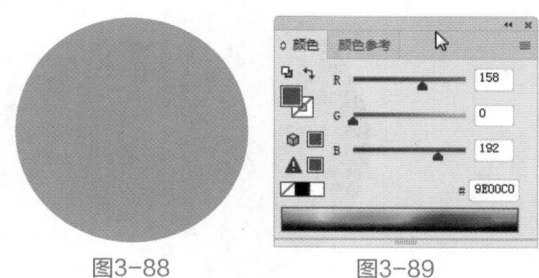

图3-88　　　　　　　图3-89

02 在对象选中状态下，单击"网格工具"按钮为对象添加网格渐变，位置如图3-90所示。

图3-90

03 再次添加"网格渐变"，位置如图3-91所示。添加完网格渐变后，修改网格渐变颜色，效果如图3-92所示。

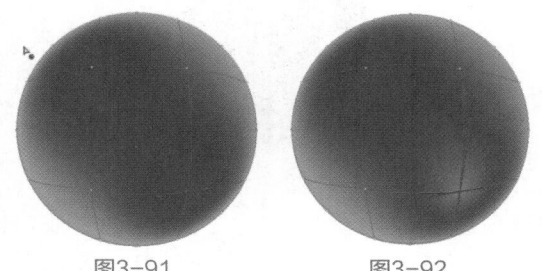

图3-91　　　　　　　图3-92

04 使用"套索工具"按钮，选中如图3-93所示区域，修改颜色，效果如图3-94所示。

05 选择其他位置，再添加更多颜色，效果如图3-95和图3-96所示。

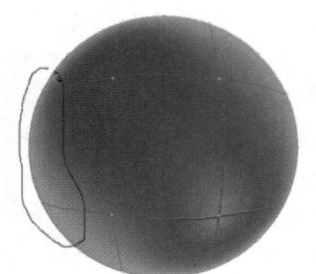

图3-93

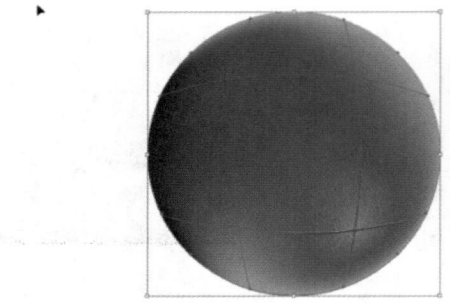

图3-94

图3-95

图3-96

06 要进一步混合颜色，可从工具栏中的变形工具组下方选择"旋转扭曲工具"按钮。双击该工具以编辑其设置。根据圆的尺寸适当调节旋转工具的大小，然后将强度降低至50%。如图3-97所示。

07 单击圆圈的中心开始混合颜色，做一些小的调整，效果如图3-98所示。

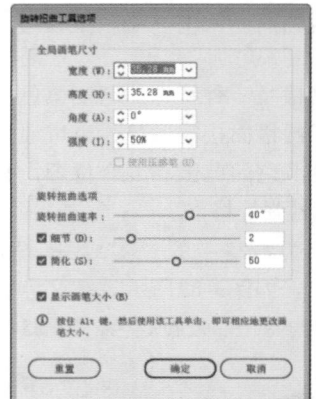

图3-97

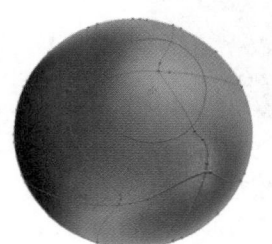

图3-98

08 再次使用"旋转扭曲工具"按钮并调整其大小，如图3-99所示，使用这个小尺寸的工具混合特定区域的色调，再次进行微调，最终效果如图3-100所示。

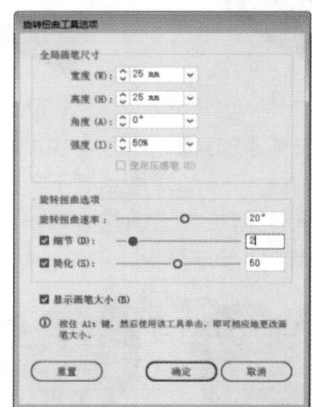

图3-99

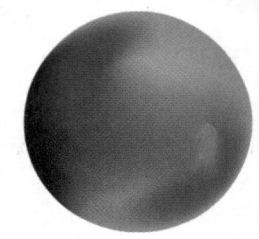

图3-100

3.4.5　实战——渐变插画绘制

渐变效果在Illustrator中的应用非常广泛，可以通过渐变的效果，使图像或者画面更有层次感。此案例中，主要是"渐变色的运用""形状工具"的运用来绘制一幅具有渐变层次的矢量画。

01 打开相关素材中的"实战——渐变色块.ai"文件，此时，可以看到我们事先提供的渐变色块。选择工具箱中的"矩形工具"按钮 ，绘制一个同画布大小的矩形，并选择"吸管工具"按钮 吸取第三个色块的颜色，给矩形填充一个渐变色，如图3-101所示。

图3-101

 吸管工具应用非常广泛，不仅能吸附对象的颜色，当运用到字体时，还能吸附字体的大小和字体类型。

02 执行"窗口"|"渐变"命令，或按快捷键Ctrl+F9打开"渐变"面板，在面板中设置参数如图3-102所示。将参数设置好后运用到矩形背景上，并按快捷键Ctrl+2将矩形背景锁定，如图3-103所示。

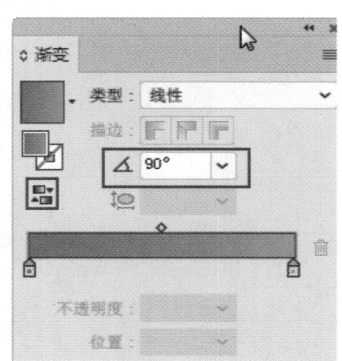

图3-102

图3-103

03 选择工具箱中的"椭圆工具"按钮 ，按住Shift键绘制正圆，然后执行快捷键Ctrl+C和Ctrl+B进行原位后置粘贴，如图3-104所示。按住快捷键Shift+Alt并依次调整好圆的大小，如图3-105所示。

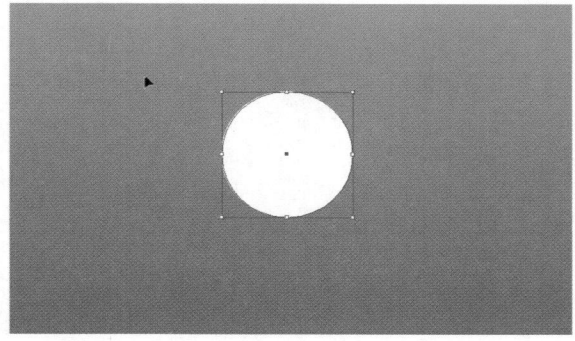

图3-104

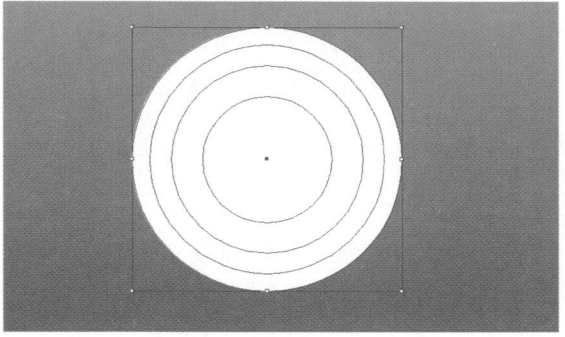

图3-105

04 执行"窗口"|"透明度"命令，打开"透明度"面板，给调整后的圆依次设置不透明度，参数依次递减，使得圆形成具有层次的视觉效果，并选择圆进行编组，如图3-106所示。

05 选择工具箱中的"椭圆工具"按钮 ，拖动光标绘制椭圆形，并选择工具箱中的"渐变工具"按钮 ，或按快捷键G在椭圆内拖动一条渐变线，如图3-107所示。调整椭圆位置和渐变色的渐变角度，调整后的效果显示如图3-108所示。

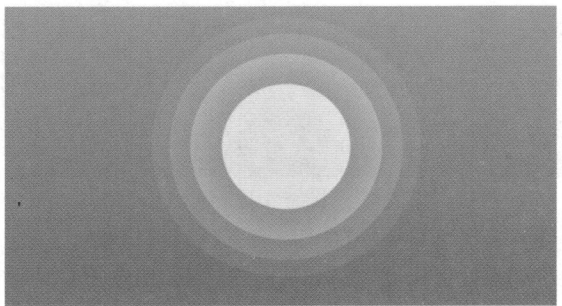

图3-106

图3-107

图3-108

 绘制的椭圆其实超出了画布，作者为了截图的完整性，未将椭圆完整截出来。

06 移动并复制调整好的椭圆，调整椭圆之间的顺序关系，如图3-109所示。

07 给椭圆进行编组，然后绘制一个同画布大小的矩形框，选中椭圆和矩形框，执行右键菜单中的"建立剪切蒙版"命令，效果如图3-110和图3-111所示。

图3-109

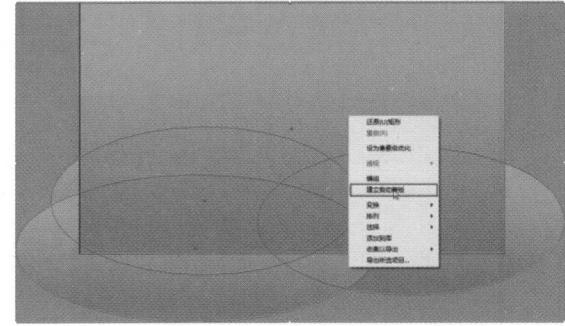

图3-110

图3-111

08 再选择"矩形工具"按钮 和"多边形工具"按钮 绘制树苗，调整大小和摆放位置，效果如图3-112和图3-113所示。

图3-112

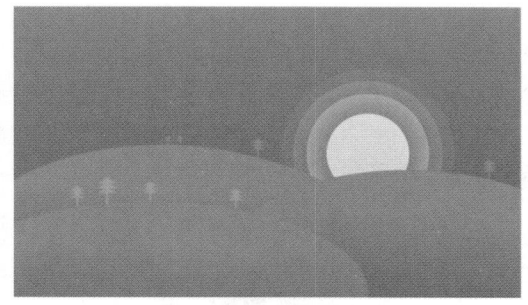

图3-113

3.4.6　实战——绘制气泡

Illustrator的强大之处，它不仅能绘制一些插画等在内的简易图形，也能制作一些具有层次效果的气泡。此案例中，通过"椭圆工具""渐变工具"的运用，来绘制气泡，操作简单易懂，希望读者通过"渐变"的实战操练，在以后的设计作图中能灵活运用。

01 打开Illustrator CC 2018，新建一个540px×330px大小的画布，选择工具箱中的"椭圆工具"按钮 ，按住Shift键拖动绘制一个正圆，给正圆填充一个渐变颜色，无描边，设置渐变参数，如图3-114所示。

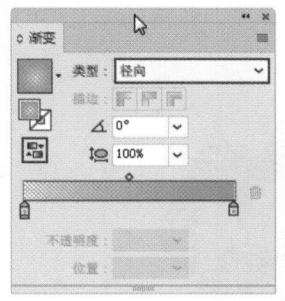

图3-114

02 执行"窗口"|"透明度"命令，打开"透明度"面板，设置圆的不透明度。执行"效果"|"风格化"|"投影"命令，给圆添加一个投影，如图3-115和图3-116所示。

03 选择工具箱中的"椭圆工具"按钮 ，在圆中绘制一个圆，然后将这个圆填充为白色，无描边，设置圆的不透明度，如图3-117所示。然后再继续绘制一个圆，给圆填充灰色，无描边，执行"效果"|"模糊"|"高斯模糊"命令，让圆变得虚一些，如图3-118所示。

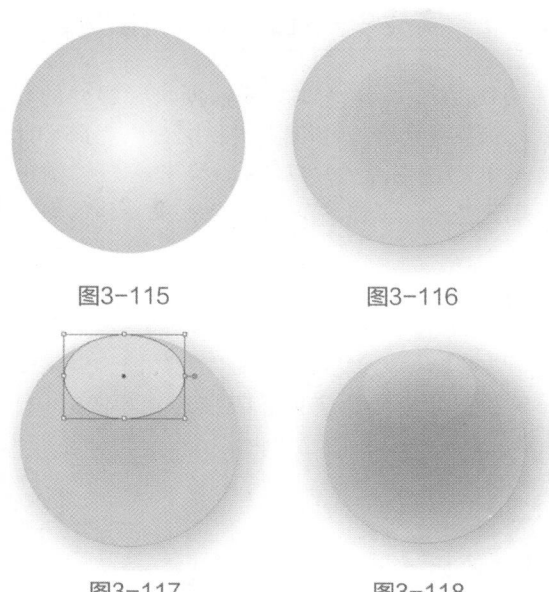

图3-115　　　　　　　　　图3-116

图3-117　　　　　　　　　图3-118

技巧与提示　"风格化"效果在第7.2节风格化效果中会讲解到，暂时对读者不做掌握要求。

04 选择工具箱中的"椭圆工具"按钮 ，在圆中绘制两个圆，然后将这两个圆填充为白色，无描边，注意两个圆的大小位置关系，如图3-119所示。

图3-119

05 根据上述方法制作多个气泡，布满画面，效果如图3-120所示。

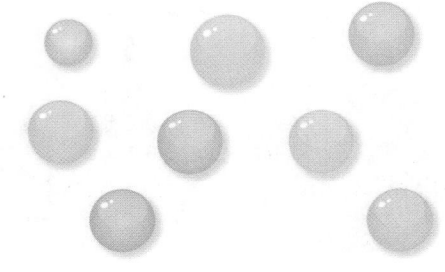

图3-120

3.4.7 实战——渐变立体海洋图标绘制

　　Illustrator命令非常多，创作一幅好的作品，需要各个命令相互协调和配合来完成。此案例中，使用命令"基本形状工具""渐变工具""钢笔工具"等来绘制一款立体的海洋图标。

01 运行Illstrator CC 2018，新建一个540px×330px大小的画布，选择工具箱中的"多边形工具"按钮◯，拖动光标并按"↓"键绘制两个三角形，并填充渐变色，无描边，如图3-121所示。

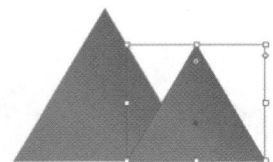

图3-121

02 选择工具箱中的"钢笔工具"按钮✎，绘制底部图形，如图3-122所示。给绘制好的底部图形添加一个渐变色，无描边，如图3-123所示。

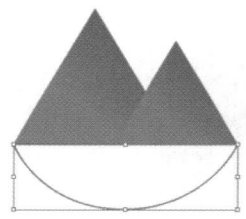

图3-122　　　　　　　图3-123

03 复制一层底部图形，调整图层顺序，然后拖拉变形，再选择工具箱中的"渐变工具"按钮▦拖拉渐变杆调整渐变颜色的角度，使之区分于底部图形，如图3-124和图3-125所示。

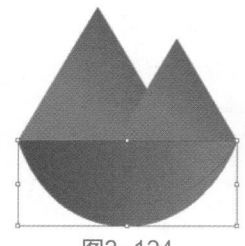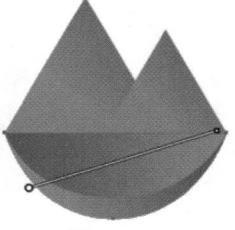

图3-124　　　　　　　图3-125

04 使用"椭圆工具"按钮◯绘制一个椭圆，然后选择"钢笔工具"按钮✎勾勒出"山体"形状，如图3-126所示。给"山体"对象填充颜色，无描边，并复制多个，通过"缩放"和"镜像"命令，得到如图3-127所示的效果。

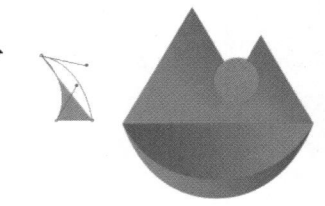

图3-126　　　　　　　图3-127

05 使用上述方法，绘制"小船"对象，并复制多个，通过"缩放"命令，得到如图3-128和图3-129所示的图形。

图3-128　　　　　　　图3-129

06 选择"钢笔工具"按钮✎，绘制海燕形状，无填充，描边为1pt，并复制多个，然后给画面填充背景图，并调整图层顺序，效果如图3-130和图3-131所示。

图3-130

图3-131

3.5 为路径描边

矢量对象的路径是一个比较特殊的概念。在前面讲述的颜色中提到，在为矢量对象填充颜色时，要区分填充颜色和描边颜色。其中描边颜色就是针对路径进行定义的颜色，所以在有些情况下，矢量对象的路径部分称为描边。

3.5.1 快速设置描边

在控制栏中可以对绘制的图形进行快速描边设置，主要包含了描边的颜色、粗细、变量宽度配置文件的设置。通过单击"描边"按钮，可以快速地弹出描边面板选项，如图3-132所示。

图3-132

3.5.2 使用描边面板

执行"窗口"|"描边"命令或使用快捷键Ctrl+F10，打开"描边"面板，如图3-133所示。在其中可以将描边选项应用于整个对象，也可以使用实时上色组，并为对象内的不同边缘应用不同的描边。

➤ 粗细：定义描边的粗细程度，如图3-134所示。

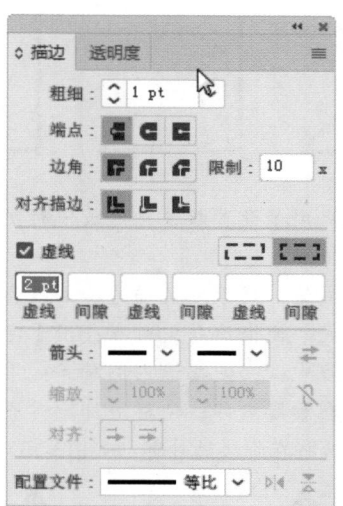

图3-133

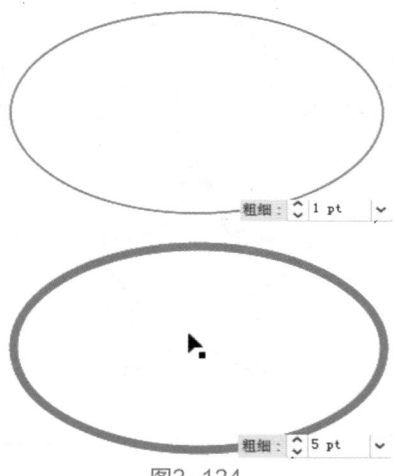

图3-134

➤ 端点：指一条开放线段的两端的端点。平头端点 用于创建具有方形端点的描边线；圆头端点 用于创建具有半圆形端点的描边线；开头端点 用于创建具有方形端点且在线段端点之外延伸出线条宽度的一般的描边线。该选项使用线段的粗细沿线段各方向均匀延伸出去，如图3-135所示。

图3-135

➤ 边角：是指直线段改变方向（拐角）的地方，斜接连接 用于创建具有点式拐角的描边线；圆角连接 用于创建具有圆角的描边线；斜角连接 用于创建具有方形拐角的描边线，如图3-136所示。

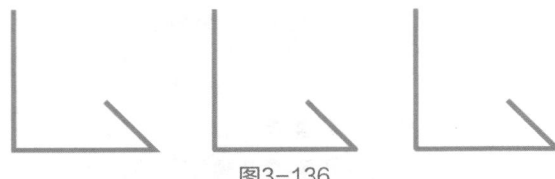

图3-136

- 限制：用于设置超过指定数值时扩展倍数的描边粗细。
- 对齐描边：用于定义描边和细线为中心对齐的方式。使描边居中对齐：用于定义描将在细线中心；使描边内侧对齐：用于定义描边将在细线内部；使描边外侧对齐：用于定义描边将在细线的外部；如图3-137所示。

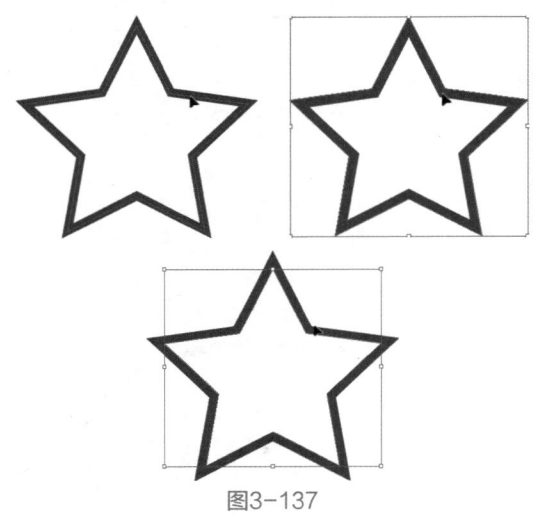

图3-137

- 虚线：选中该复选框，可为虚线和间隙长度输入数值，以调整路径不同的虚线描边效果。
- 箭头：用于设置路径两端端点的样式，单击 ⇄ 按钮可以互换箭头起始处和结束处，如图3-138所示。

图3-138

- 缩放：用于设置路径两端箭头的百分比大小。
- 对齐：用于设置箭头位于路径终点的位置。包括扩展箭头笔尖超过路径末端和在路径末端放置箭头笔尖。
- 配置文件：用于设置路径的变量宽度和翻转方向。

3.5.3 实战——双层描边字

描边在绘图中应用非常广泛，用法也非常的灵活多变，不仅可对图片描边，也可对字体进行描边，下列案例讲解了描边在文字中的应用。

打开Illustrator CC 2018，创建一个200mm×200mm的新画板，选择文字工具，在"字符"面板中设置字体以及大小，如图3-139所示。然后在画板中单击输入文字，设置文字颜色为黑色，描边颜色为浅棕色，描边粗细为2pt，如图3-140所示。

图3-139

图3-140

01 执行"文字"|"创建轮廓"命令，将文字转换为图形。打开"外观"面板，双击"内容"选项，如图3-141所示，显示出当前文字图形的描边与填色属性，如图3-142所示。

02 将"描边"属性拖动到面板下方的 ▇ 按钮上进行复制，此时"外观"面板有两个"描边"属性，它表示文字具有双重描边，如图3-143所示。选择位于下面的"描边"属性，如图3-144所示。

图3-141

图3-142

图3-143

图3-144

03 设置描边颜色为深棕色，描边粗细为6pt，如图3-145和图3-146所示。

图3-145

图3-146

04 用钢笔工具绘制一个图形，按下快捷键Shift+Ctrl+[将图形移动到最后面作为背景，如图3-147所示。在相关素材中打开一个"吉他素材.ai"文件，如图3-148所示，使用选择工具将它拖入文字文档中。

图3-147

图3-148

05 在"透明度"面板中设置它的混合模式为"正片叠底"，如图3-149和图3-150所示。

图3-149

图3-150

06 最后，使用直线工具在吉他的右侧创建一条黑色的竖线，再用"直排文字工具"按钮 IT 输入一些文字作为装饰，最终效果如图3-151所示。

图3-151

3.6　画笔应用

　　画笔是一个自由的绘画工具，用于为路径创建特殊风格的描边，可以将画笔描边用于现有的路径，也可以使用画笔工具直接绘制带有画笔描边的路径。画笔多用于绘制徒手画和书法线条，以及路径图稿和路径图案。Illustrator CC 2018中丰富的画笔库和画笔的可编辑性使得绘图变得更为简单。

3.6.1　画笔工具

　　单击工具箱中的"画笔工具"按钮 🖊，在控制栏中可以对画笔描边颜色与粗细进行设置。单击"描边"按钮，可以在弹出的描边窗口设置具体参数。继续在"变量宽度配置文件"中选择一种合适的变量，在"画笔定义"中选择一种合适的画笔，如图3-152所示。

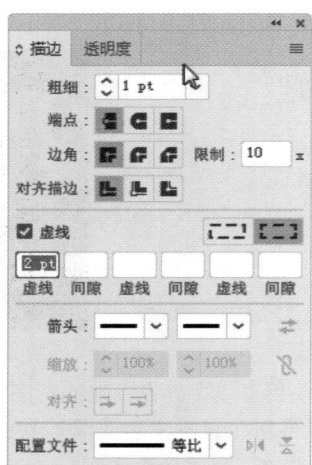

图3-152

双击工具箱中的"画笔工具"按钮 ✐，弹出"画笔工具选项"对话框。在该对话框中可以对参数进行设置，如图3-153所示。

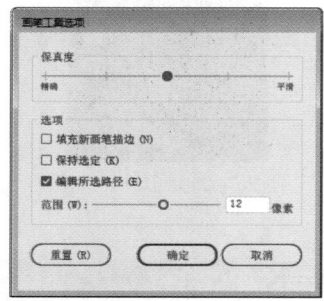

图3-153

➤ 保真度：控制向路径中添加新锚点的鼠标移动距离。

➤ 平滑：控制使用工具时Illustrator应用的平滑量。

➤ 填充新画笔描边：将填色应用于路径，该选项在绘制封闭路径时最有用。

➤ 保持选定：确定在绘制路径之后是否保持路径的选中状态。

➤ 编辑所选路径：确定是否可以使用画笔工具更改现有路径。

➤ 范围：用于设置使用画笔工具来编辑路径的光标与路径间距离的范围。该选项仅在选中"编辑所选路径"复选框时可用。

➤ 重置：通过单击该按钮，将对话框中的参数调整到软件的默认状态。

3.6.2 画笔面板

执行"窗口"|"画笔"命令，打开"画笔"面板。散点画笔、艺术画笔和图案画笔都包含完全相同的着色选项，如图3-154所示。

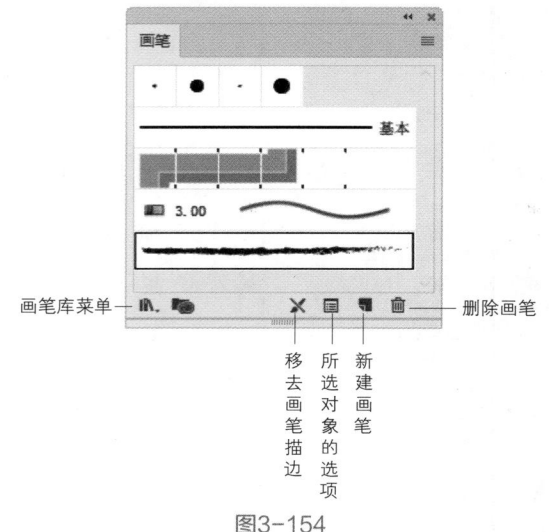

图3-154

➤ 画笔库菜单：单击该按钮即可显示出画笔库菜单。

➤ 移去画笔描边：去除画笔描边样式。

➤ 所选对象的选项：单击该按钮可以自定义艺术画笔或图案画笔的描边实例，然后设置描边选项。对于艺术画笔，可以设置描边宽度，以及翻转、着色和重叠选项。对于图案画笔，可以设置缩放选项以及翻转、描摹和重叠选项。

➤ 新建画笔：单击该按钮，弹出"新建画笔"对话框，设置适合的画笔类型即可将当前所选对象定义为新的画笔。

➤ 删除画笔：删除当前所选的画笔预设。

3.6.3 画笔类型

在画笔选项中，单击新建画笔选项，可弹出五种画笔类型，即"书法画笔""散点画笔""图案画笔""毛刷画笔"和"艺术画笔"，各个画笔用法不同，绘制出的画笔形状也不同。

➤ 书法画笔：沿着路径中心创建具有书法效果的画笔。所创建的描边，类似于用笔尖呈某个角度的书法画笔，沿着路径的中心绘制出来。

➤ 散点画笔：沿着路径弥散特定的画笔形状。即一个对象重复多次出现并沿着路径分布。

➤ 图案画笔：绘制由重复的图案组成的路径。绘制一种图案，该图案由沿路径重复的各个拼贴组成。图案画笔最多也可以包括五种拼贴，即图案的边线、内角、外角、起点和终点。

➤ 毛刷画笔：绘制类似于毛笔画出来的路径，沿着画笔的路径中心绘制出来。

➤ 艺术画笔：沿路径长度均匀拉伸画笔形状或对象形状。

3.6.4　应用画笔描边

画笔描边可以应用于由任何绘图工具，例如"钢笔工具""铅笔工具"或基本的"形状工具"所创建的路径。

选择路径，然后从画笔库、"画笔"面板或"控制"面板中选择一种画笔类型，画笔描边即可呈现在路径上，如图3-155所示。

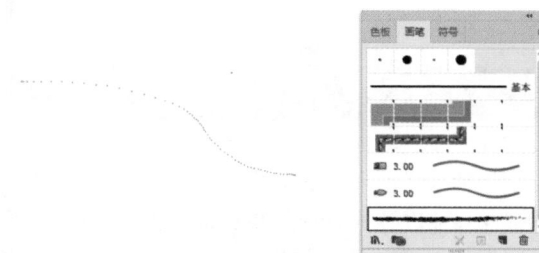

图3-155

也可以在"画笔"面板中选中某个画笔，并将画笔直接拖到路径上，如图3-156所示。

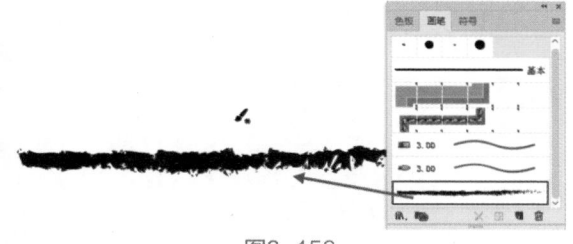

图3-156

如果所选的路径已经应用了画笔描边，则新画笔将取代旧画笔，如图3-157和图3-158所示。

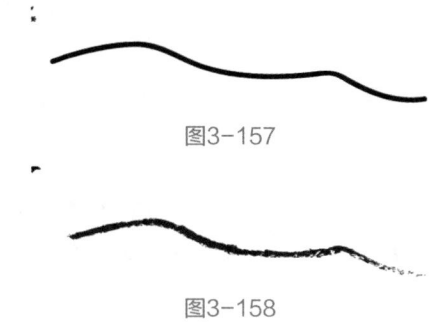

图3-157

图3-158

在画板中按住鼠标进行拖曳，即可绘制出一条带有设定样式的路径，另外也可以在"画笔"面板中选择合适的画笔样式，如图3-159和图3-160所示。

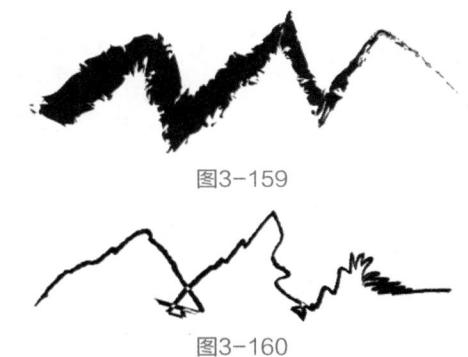

图3-159

图3-160

3.6.5　实战——自定义弯曲画笔

画笔描边可以应用于任何绘图工具，例如"钢笔工具""铅笔工具"或基本的"形状工具"所创建的路径，因此，根据此原理，我们可以通过实战来更加清楚地了解画笔的用处，主要运用"直线段工具""钢笔工具"和"自定义画笔工具"命令来操作。

01 打开Illustrator CC 2018，新建一个540px×330px大小的画布，选择工具箱中的"直线段工具"按钮 ✓，绘制一条直线，按住Alt键拖动复制后，再按快捷键Ctrl+D复制，如图3-161和图3-162所示。

图3-161 　　　　　　　　图3-162

02 选择工具箱中的"钢笔工具"按钮 ✐，绘制笔尖，如图3-163所示。再使用"椭圆工具"绘制一个椭圆，使用"直接选择工具"按钮 ▷ 调整和删除多余的锚点，完善笔尖细节部分，如图3-164所示。

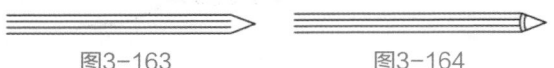

图3-163   图3-164

03 使用"圆角矩形工具"按钮◯，绘制铅笔的底部，使用"直接选择工具"按钮▷调整和删除多余的锚点，并使用"直线段工具"完善铅笔的底部，如图3-165和图3-166所示。

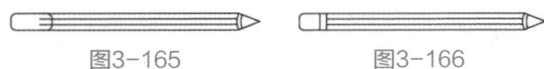

图3-165   图3-166

04 选中全部对象，调整对象的描边粗细和颜色，如图3-167所示。执行"对象"|"路径"|"轮廓化描边"命令，效果如图3-168所示。

图3-167   图3-168

05 使用"直线段工具"按钮╱绘制两条切割线，如图3-169所示。执行"窗口"|"路径查找器"命令，选择对象，依次单击面板中的"分割"按钮▣，如图3-170所示。

图3-169   图3-170

06 将"分割"后的对象，取消编组；将"分割"的三个部分分别进行"编组"，然后执行"窗口"|"色板"命令，打开"色板"面板，将三个对象分别拖入"色板"面板中，如图3-171所示。

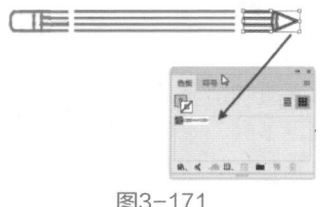

图3-171

07 按快捷键F5打开"画笔"面板，单击"新建画笔"按钮▣，弹出对话框选择"图案画笔"选项，然后单击"确定"按钮，弹出"图案画笔选项"对话框，设置如图3-172所示。

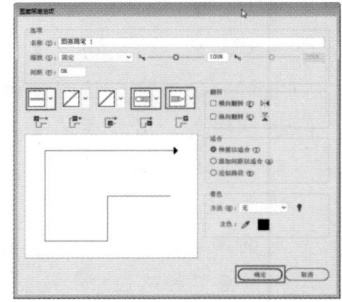

图3-172

08 此时，可以随意绘制扭曲线段，将画笔应用到路径中，如图3-173所示。

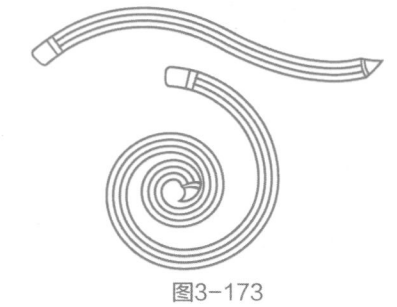

图3-173

3.7 本章小结

一幅好的设计作品，色彩的运用非常重要。本章详细地讲解了如何在Illustrator CC 2018中编辑好图形的轮廓并使用颜色进行渲染。通过本章的学习，读者可以熟练地应用颜色的填充和描边，设计制作出有特色的作品。

在Illustrator中，编辑图形操作包括对对象进行移动、旋转、镜像、缩放和倾斜等。通过对图像的变换和编辑，来达到最终编辑图形效果的目的。

本章重点

⊙ 掌握复制与变换对象
◊ 封套工具的熟练使用
⊙ 路径形状的运用

4.1　对象的变换操作

对象的变换操作有移动、旋转、镜像等，通过"变换"面板，或执行"对象"|"变换"命令，以及使用专用的工具都可以进行变换操作。

4.1.1　缩放对象

1. 使用比例缩放工具缩放对象

使用比例缩放工具可以对图形进行任意的缩放，选中要进行比例缩放的对象，然后单击工具箱中的"比例缩放工具"按钮 或按S键，直接拖动鼠标，即可对对象进行比例缩放处理，如图4-1所示。在缩放的同时，如果按住Shift键，可以保持对象原始的横纵比例。

图4-1

在缩放对象时，按住Alt键可以进行复制缩放。

2. 精确缩放对象

选中要进行比例缩放的对象，然后双击工具箱中的"比例缩放工具"按钮 ，在弹出的"比例缩放"对话框（执行"对象"|"变换"|"缩放"命令，也可以打开该对话框）中对缩放方式以及比例进行设置，如图4-2所示。

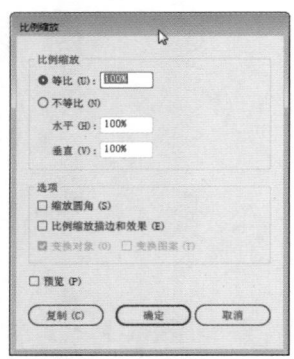

图4-2

> 等比：若要在对象缩放时保持固定的比例，可选中该单选按钮，然后在"等比缩放"文本框中输入百分比。

> 不等比：若要分别缩放高度和宽度，可选中该单选按钮，然后在"水平"和"垂直"文本框中输入百分比。

> 选项：勾选"缩放圆角"复选框，可以随对象一起对圆角工具进行等比例缩放；勾选"比例缩放描边和效果"复选框，可以随对象一起对描边路径以及任何与大小相关的效果进行缩放。

> 预览：可以实时预览比例缩放的效果图。

> 复制：单击该按钮，可以缩放对象的副本。

4.1.2 镜像对象

1. 使用镜像工具镜像对象

选中要镜像的对象，单击工具箱中的"镜像工具"按钮 或者按O键，然后直接在对象的外侧拖动鼠标，确定镜像的角度后释放鼠标，即可完成镜像处理，如图4-3所示。在拖动的同时按住Shift键，可以锁定镜像的角度为45°的倍值。

图4-3

 在镜像对象时，按住Alt键可以进行复制镜像的对象。

2. 精确镜像对象

使用镜像工具还可以进行精确数值的镜像。选中要镜像的对象，双击工具箱中的"镜像工具"按钮 ，在弹出的如图4-4所示的"镜像"对话框（也可以通过执行"对象"|"变换"|"镜像"命令打开该对话框）中对"轴"和"选项"等参数进行相应的设置，然后单击"确定"按钮，即可精确地镜像对象。

图4-4

> 轴：用于定义镜像的轴。可以设置为"水平"或"垂直"，也可以选中"角度"单选按钮，然后在其右侧文本框中自定义轴的角度。

> 选项：如果对象包含图案填充，选中"变换对象"和"变换图案"复选框，可以同时镜像对象和图案。如果只想要镜像图案，而不想镜像对象，取消选中"变换对象"复选框即可。

> 复制：单击该按钮，可以将镜像的对象进行复制。

4.1.3 倾斜对象

1. 使用倾斜工具倾斜对象

倾斜工具可以将对象沿水平或垂直轴向倾斜，也可以相对于特定轴的特定角度来倾斜或偏移对象。选中要倾斜的对象，单击工具箱中的"倾斜工具"按钮 ，直接拖动光标，即可对对象进行倾斜处理，如图4-5所示。在拖动的同时，如果按住Shift键，即可锁定倾斜的角度为45°的倍值。

图4-5

2. 精确倾斜对象

选中要倾斜的对象，双击工具箱中的"倾斜工具"按钮，在弹出的如图4-6所示的"倾斜"对话框（执行"对象"|"变换"|"斜切"命令，也可以打开该对话框）中对"倾斜角度""轴"和"选项"参数进行设置，然后单击"确定"按钮，即可精确地倾斜对象。

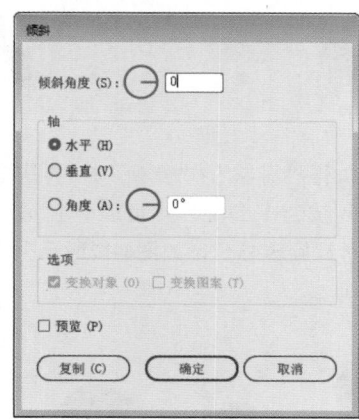

图4-6

> 倾斜角度：是指沿顺时针方向应用于对象的相对于倾斜轴一条垂线的倾斜量。在该文本框中可以输入倾斜角度值。

> 轴：选择要沿哪条轴倾斜对象。
> 选项：如果对象包含图案填充，选中"变换对象"和"变换图案"复选框，可以同时倾斜对象和图案。如果只想倾斜图案，而不想倾斜对象，则取消选中"变换对象"。
> 复制：单击该按钮可以倾斜对象的副本。

4.1.4　变换对象

1. 使用自由变换工具变换对象

自由变换工具是一个综合编辑工具，使用该工具可以完成大部分对象的变形操作。单击工具箱中的"自由变换工具"按钮或按E键，选中的对象周围将会出现一个定界框，将光标放置到定界框内，当其变成形状时直接拖动鼠标即可移动对象，如图4-7所示。

图4-7

将光标放置到定界框的角点上，当其变成形状时拖动光标，可以对对象进行旋转缩放操作，在旋转缩放时，按住Shift键，可以等比例缩放对象，按住Alt键，将以图形的中心为准进行缩放，如图4-8所示。

图4-8

将光标放置到定界框的边框中点上，当其变成╬形状时拖动鼠标，可对对象进行任意角度的变换，按住Shift键，将以图形左侧边缘为参照点进行左右变换，按住Alt键，将以图形的中心为参照点进行变换，如图4-9所示为任意角度的变换。

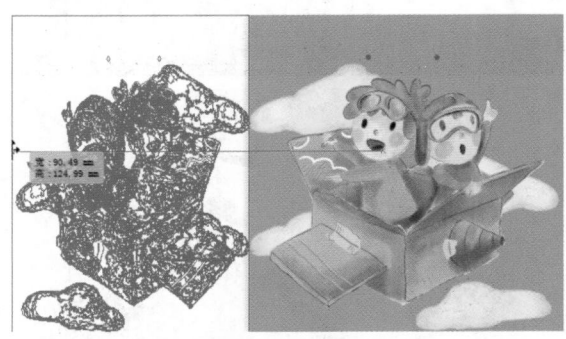

图4-9

2. 使用"变换"命令变换对象

在选择对象后，单击鼠标右键，在弹出的快捷菜单中选择"变换"命令，在其子菜单中选择所需命令（如"移动""旋转""对称""缩放""倾斜"等），即可进行相应的变换操作，如图4-10所示。

再次变换(T)	Ctrl+D
移动(M)...	Shift+Ctrl+M
旋转(R)...	
对称(E)...	
缩放(S)...	
倾斜(H)...	
分别变换(N)...	Alt+Shift+Ctrl+D
重置定界框(B)	

图4-10

3. 使用"再次变换"命令变换对象

在Illustrator中可以进行重复的变换操作，软件会默认所有的变换设置，直到选择不同的对象或执行不同的任务为止。执行"对象"|"变换"|"再次变换"命令时，还可以对对象进行变形复制操作，可以按照一个相同的变形操作复制一系列的对象。

首先将要变换的对象选中（可以是单一的对象，也可以是多个对象），然后对其进行逆时针旋转45°的操作，如图4-11所示。

图4-11

重复执行"对象"|"变换"|"再次变换"命令（或重复按Ctrl+D键），可以看到每次对象都会再次逆时针旋转45°，如图4-12所示。

图4-12

4. 使用"分别变换"命令变换对象

选中多个对象时，如果直接进行变换操作，则是将所选对象作为一个整体进行变换；而使用"分别变换"命令则可以对所选的对象以各自中心点进行分别变换。例如图4-13和图4-14，为选中多个卡通动物，直接进行旋转操作则整体进行旋转，而执行"分别变换"命令后，每个卡通人物将单独进行旋转。

图4-13

图4-14

在画板中选中要变换的多个对象，执行"对象"|"变换"|"分别变换"命令或按快捷键Shift+Ctrl+Alt+D，在弹出的"分别变换"对话框中可以对"缩放""移动"和"旋转"等参数进行设置，如图4-15所示。

➢ 在"缩放"选项组中，分别调整"水平"和"垂直"文本框中的参数，可以定义缩放比例。

➢ 在"移动"选项组中，分别调整"水平"和"垂直"文本框中的参数，可以定义移动的距离。

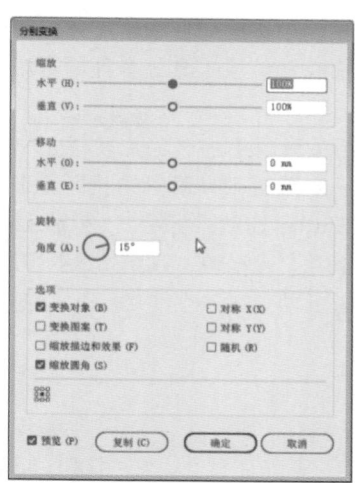

图4-15

➢ 在"角度"文本框中输入数值，可以定义旋转的角度。

➢ 当选中"对称X"或"对称Y"复选框时，可以对对象进行镜像处理。

➢ 选中"变换对象"和"变换图案"复选框时，可以同时变换对象和图案。如果只想变换图案，而不想变换对象，则取消选中"变换对象"复选框。

➢ 要更改参考点，单击参考点定位器 上的定位点。

➢ 选中"随机"复选框时，将对调整的参数进行随机变换，而且每一个对象随机的数值并不相同。

➢ 选中"缩放圆角"复选框时，可以同时缩放对象的圆角。

➢ 选中"预览"复选框时，在进行最终的分别变换操作前可以查看相应的效果。

➢ 单击"复制"按钮，可以变换每个对象的副本。

 技巧与提示　　在缩放多个对象时，无法输入特定的宽度。在Illustrator中只能以百分比度量缩放对象。

4.1.5 实战——使用变换操作命令制作时尚名片

Illustrator CC 2018提供了强大的编辑功能，

在这一个案例中讲解如何编辑对象，其中包括复制、粘贴命令和缩放工具等多种编辑对象的方法和技巧。

01 打开相关素材中的"名片素材.ai"文件，如图4-16所示。单击工具箱中的"椭圆工具"按钮 ◯，按住Shift键拖动鼠标绘制一个正圆，并设置其填充为蓝色，无描边，效果如图4-17所示。

图4-16

图4-17

02 选择正圆对象，按快捷键Ctrl+C复制，再按快捷键Ctrl+V粘贴，复制出一个正圆副本，并设置其颜色为红色，调整对象的位置，如图4-18所示。

图4-18

03 单击工具箱中的"比例缩放工具"按钮 ⊡，然后按住Shift键拖动鼠标，将正圆副本等比例缩放，如图4-19所示。

图4-19

04 按照上述同样的方法继续复制多个正圆，然后等比例放大或缩小，并调整其颜色和位置关系，如图4-20所示。

图4-20

05 单击工具箱中的"选择工具"按钮 ▶，将多彩的圆形全部选中，然后执行"对象"|"编组"命令，将选中的圆编成一组，如图4-21所示。

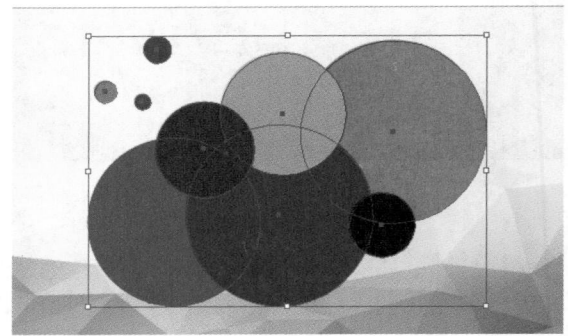

图4-21

06 选择多彩圆形组，在控制栏中设置"不透明度"为85%，如图4-22所示。

07 单击工具箱中的"椭圆工具"按钮，按住Shift键的同时拖动鼠标，绘制一个正圆。在选项栏中设置填充为蓝色，描边为白色，描边大小为5pt，如图4-23所示。

图4-22

图4-23

08 选中带有白色描边的正圆，多次按快捷键Ctrl+C和快捷键Ctrl+V进行复制、粘贴，再分别调整其大小、颜色、透明度和位置，如图4-24所示。

图4-24

09 编辑输入文本信息并调整位置，最终效果如图4-25所示。

图4-25

4.2 液化工具组

宽度工具、变形工具、旋转扭曲工具、缩拢工具、膨胀工具、扇贝工具、晶格化工具和皱褶工具都属于液化类工具。与其他变形工具有所不同，液化工具组能够使对象产生更为丰富的变形效果；在使用这些工具时，在对象上单击并拖动光标即可扭曲对象。在单击时，按住鼠标左键的时间越长，变形效果越强烈。

4.2.1 宽度工具

使用宽度工具可以将路径描边变宽，产生丰富多变的形状效果。此外，在创建可变宽度笔触后，可将其保存为可应用到其他笔触的配置文件。

选中需要调整的对象，单击工具箱中的"宽度工具"按钮，当光标滑过一个笔触时，带句柄的圆将出现在路径上，单击并拖动即可调整笔触宽度、移动宽度点数、复制宽度点数和删除宽度点数，如图4-26所示。

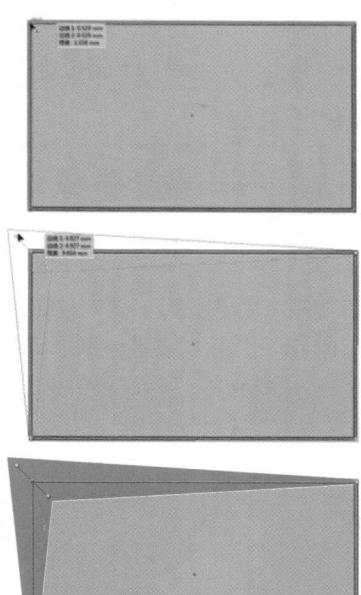

图4-26

使用宽度工具直接在对象上单击并拖动，可以直接改变两侧的宽度点数，如果只想要更改某一侧的宽度点数，可以按住Alt键并拖动光标，如

图4-27所示。

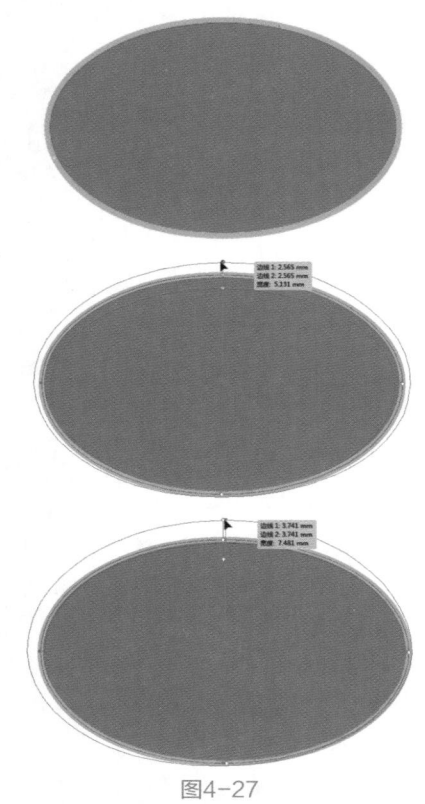

图4-27

4.2.2 变形工具

变形工具可以随光标的移动塑造对象形状，能够使对象的形状按照鼠标拖拉的方向产生自然变形。

单击工具箱中的"变形工具"按钮 ，或者按快捷键Shift+R，然后在要调整的图形上直接单击并拖动鼠标，鼠标指针所经过的图形部分将发生相应的变化，如图4-28所示。

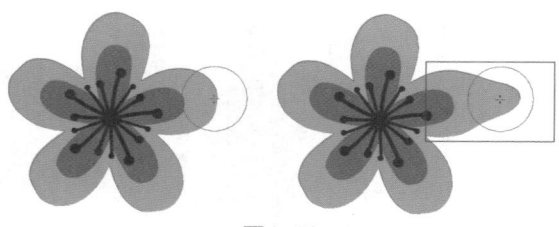

图4-28

在对变形工具进行处理操作之前，双击工具箱中的"变形工具"按钮 ，弹出"变形工具选项"对话框，在其中可以按照不同的状态对工具

进行相应的设置，如图4-29所示。

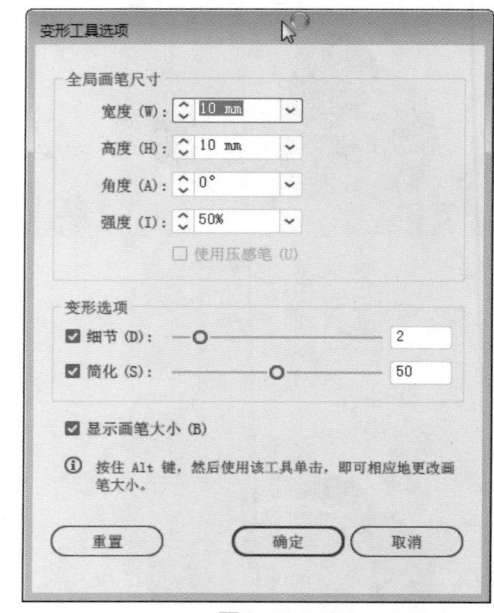

图4-29

> 宽度：调整该选项中的参数，可以调整鼠标笔触的宽度。
> 高度：调整该选项中的参数，可以调整鼠标笔触的高度。
> 角度：指变形工具画笔的角度。
> 强度：指变形工具画笔按压的力度。
> 使用压感笔：当选中该复选框时，将不能使用强度值，而且使用来自写字板或书写笔的输入值。
> 细节：表示即时变形工具应用的精确程度，数值越大则表现得越细致。
> 简化：设置即时变形工具应用的简单程度，设置范围是0.2~100。
> 显示画笔大小：显示变形工具画笔的尺寸。

4.2.3 旋转扭曲工具

旋转扭曲工具可以在对象中创建旋转扭曲，使对象的形状卷曲形成旋涡状。

单击工具箱中的"旋转扭曲工具"按钮 ，然后在要进行旋转按钮的图形上单击并按住鼠标左键，相应的图形即发生旋转扭曲变化，按住的时间越长，旋转扭曲的角度越大，如图4-30所示。

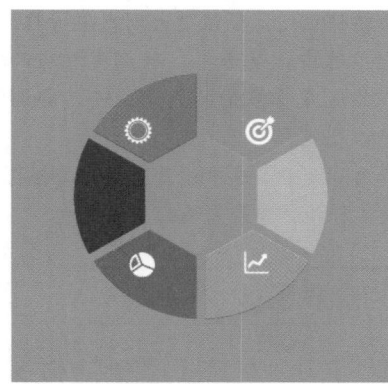

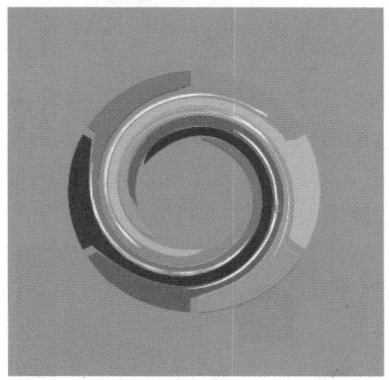

图4-30

在对旋转扭曲工具进行处理操作之前，双击工具箱中的"旋转扭曲工具"按钮，弹出"旋转扭曲工具选项"对话框，可以按照不同的状态对工具进行相应的设置，如图4-31所示。

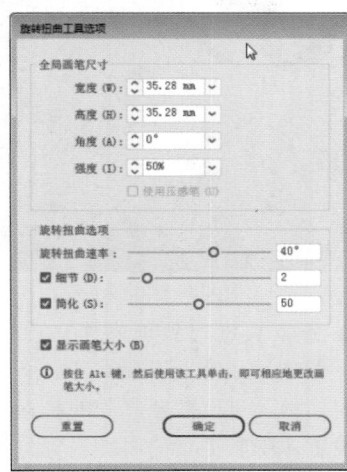

图4-31

> 宽度：调整该选项中的参数，可以调整鼠标笔触的宽度。

> 高度：调整该选项中的参数，可以调整鼠标笔触的高度。

> 角度：当鼠标指针为椭圆形时，通过调整该选项中的参数，可以控制工具光标的方向。

> 强度：通过调整该选项中的参数，可以指定扭曲的改变速度。

> 使用压感笔：当选中该复选框时，将不能使用强度值，而是使用来自写字板或书写笔的输入值。

> 旋转扭曲速率：调整该选项中的参数，可以指定应用于旋转扭曲的速率。

> 细节：选中该复选框，表示即时变形工具应用的精确程度，数值越大则表现得越细致。

> 简化：选中该复选框，并调整相应的参数，可以指定减少多余的数量，而不会影响形状的整体外观。

> 显示画笔大小：选中该复选框，将会在绘制时通过鼠标指针查看影响的范围尺寸。

4.2.4 收缩工具

收缩工具可以通过向十字线方向移动控制点的方式收缩对象，使对象的形状产生收缩的效果。

单击工具箱中的"收缩工具"按钮❈，然后在要进行收缩的图形上单击并按住鼠标左键，相应的图形即发生收缩变化，按住的时间越长，收缩的程度越大，如图4-32所示。

图4-32

续图4-32

在对收缩工具进行处理操作之前，双击工具箱中的"收缩工具"按钮 ❀，弹出"收缩工具选项"对话框，在该对话框中可以按照不同的状态对工具进行相应的设置，如图4-33所示。

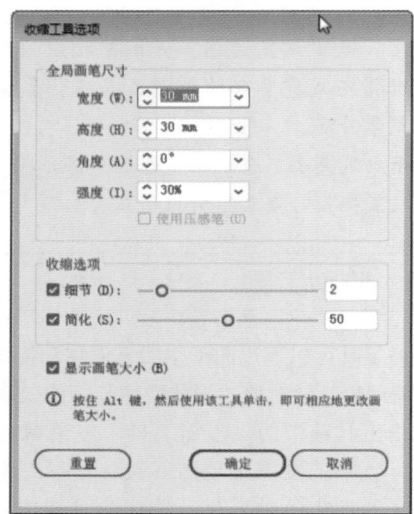

图4-33

> 宽度：调整该选项中的参数，可以调整鼠标笔触的宽度。
> 高度：调整该选项中的参数，可以调整鼠标笔触的高度。
> 角度：当鼠标指针为椭圆形时，通过调整该选项中的参数，可以控制工具光标的方向。
> 强度：通过调整该选项中的参数，可以指定扭曲的改变速度。
> 使用压感笔：当选中该复选框时，将不能使用强度值，而是使用来自写字板或书写笔的输入值。
> 细节：选中该复选框，表示即时变形工具应

用的精确程度，数值越大则表现得越细致。

> 简化：选中该复选框，并调整相应的参数，可以指定减少多余的数量，而不会影响形状的整体外观。
> 显示画笔大小：选中该复选框，将会在绘制时通过鼠标指针查看影响的范围尺寸。

4.2.5 膨胀工具

膨胀工具通过向远离十字线方向移动控制点的方式扩展对象，使对象的形式产生膨胀的效果，与收缩工具相反。

单击工具箱中的"膨胀工具"按钮 ✦，然后在要进行膨胀的图形上单击并按住鼠标左键，相应的图形即发生膨胀的变化，按住的时间越长，膨胀的程度越大，如图4-34所示。

图4-34

在对膨胀工具进行处理操作之前，双击工具箱中的"膨胀工具"按钮 ✦，弹出"膨胀工具选项"对话框，可以按照不同的状态对工具进行相应的设置，膨胀工具的属性设置与收缩工具相同。

4.2.6 扇贝工具

扇贝工具可以向对象的轮廓添加随机弯曲的细节，使对象产生类似贝壳般起伏的效果。

单击工具箱中的"扇贝工具"按钮 ，然后在要进行扇贝处理的图形上单击并按住鼠标左键，相应的图形即发生扇贝效果的变化。按住的时间越长，扇贝效果的程度越大，如图4-35所示。

图4-35

对扇贝工具进行处理操作之前，双击工具箱中的"扇贝工具"按钮 ，弹出"扇贝工具选项"对话框，可以按照不同的状态对工具进行相应设置，如图4-36所示。

➢ 复杂性：调整该数值框中的参数值，可以指定对象轮廓上特殊画笔效果之间的间距。该值与细节值有密切的关系，细节值用于指定引入对象轮廓的各点间的间距。

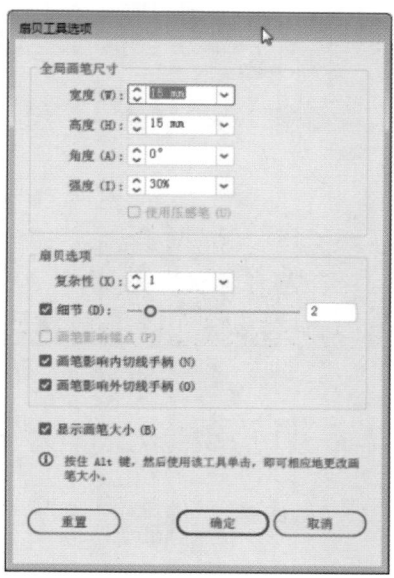

图4-36

➢ 画笔影响锚点：当选中该复选框，使用工具进行操作时，将对相应图形的内侧切线手柄进行控制。

➢ 画笔影响内切线手柄：当选中该复选框，使用工具进行操作时，将对相应的内侧切线手柄进行控制。

➢ 画笔影响外切线手柄：当选中该复选框，使用工具进行操作时，将对相应的外侧切线手柄进行控制。

➢ 显示画笔大小：当选中该复选框，将在绘制时通过鼠标指针查看影响的范围尺寸。

4.2.7 晶格化工具

晶格化工具可以向对象的轮廓添加随机锥化的细节，使对象表面产生尖锐凸起的效果。

单击工具箱中的"晶格化工具"按钮 ，然后在要进行晶格化处理的图形上单击鼠标左键，相应的图形即发生晶格化效果变化，按住的时间越长，晶格化效果的程度越大，如图4-37所示。

在对晶格化工具进行处理操作之前，双击工具箱中的"晶格化工具"按钮 ，弹出"晶格化工具选项"对话框，可以按照不同的状态进行相应的设置，"晶格化工具"的属性设置与扇贝工具的参数基本相同。

图4-37

4.2.8 皱褶工具

皱褶工具可以向对象的轮廓添加类似于皱褶的细节，使表面产生皱褶效果。

单击工具箱中的"皱褶工具"按钮■，然后在要进行皱褶处理的图形上单击并按住鼠标左键，相应的图形即发生皱褶效果的变化，按住的时间越长，皱褶效果的程度越大，如图4-38所示。

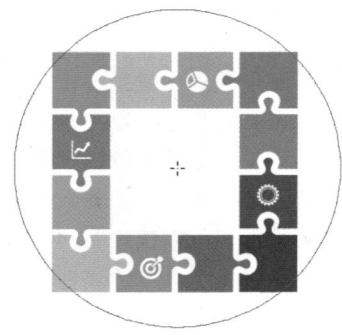

图4-38

续图4-38

在对皱褶工具进行处理操作之前，双击工具箱中的"皱褶工具"按钮■，弹出"皱褶工具选项"对话框，可以按照不同的状态对工具进行相应的设置，如图4-39所示。

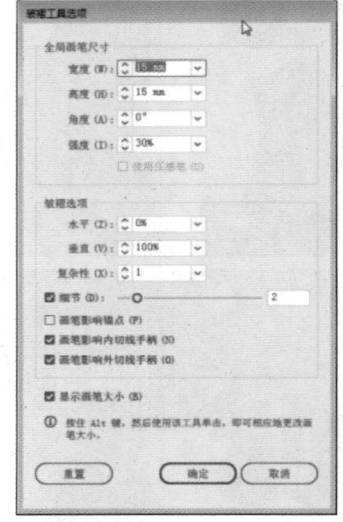

图4-39

- ➤ 水平：通过调整该选项中的参数，可以调整水平方向上放置的控制点之间的距离。
- ➤ 垂直：通过调整该选项中的参数，可以调整垂直方向上放置的控制点之间的距离。

4.2.9 实战——绘制心电图效果

变换对象在Illustrator实战操作应用中是应用最频繁的命令之一，在此实战案例中，通过变换对象和调整锚点来绘制心电图效果。

01 打开Illustrator CC 2018，创建一个540px×330px大小的画布，使用"矩形工具"按钮■绘制一个同画布大小的矩形，填充为黑色，无描边，如图4-40所示。并使用"钢笔工具"按钮✏️绘制一条路径，无填充，描边为白色，如图4-41所示。

图4-40

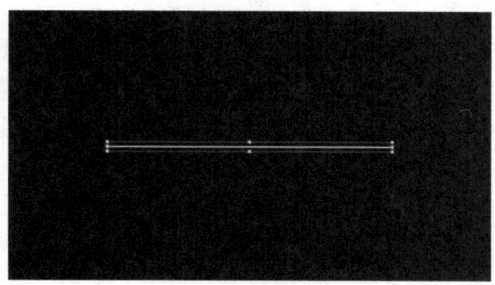

图4-41

02 选择"钢笔工具"按钮✏️，给路径添加锚点，如图4-42所示。

图4-42

03 选择工具"直接选择工具"按钮▷，调整锚点的位置，如图4-43所示。

04 选择路径，给路径填充蓝色的描边路径，按快捷键Ctrl+C和Ctrl+F复制一层到前面，选择复制的对象，执行"效果"|"模糊"|"高斯模糊"命令，设置模糊选项，效果如图4-44所示。

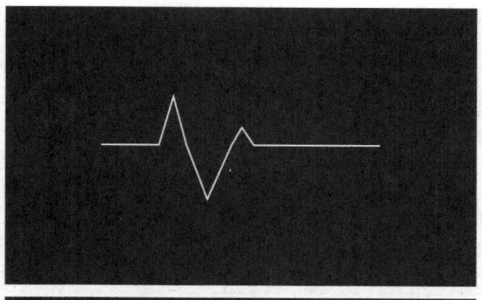

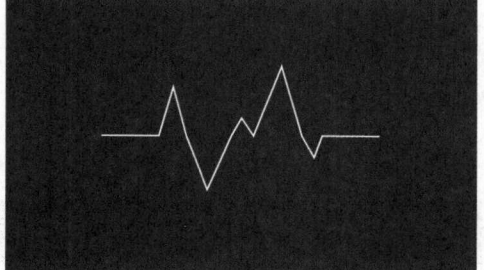

图4-43

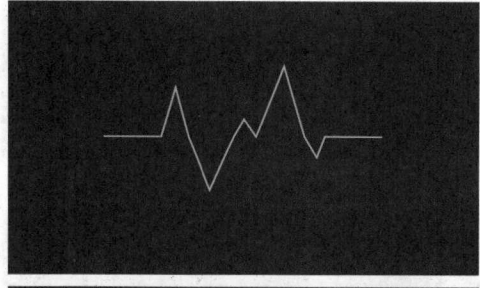

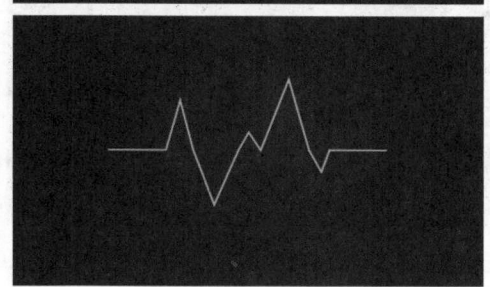

图4-44

05 选择工具箱中的"宽度工具"按钮〰️，将路径的两端进行缩放，如图4-45所示。

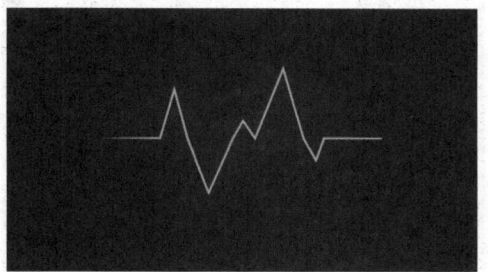

图4-45

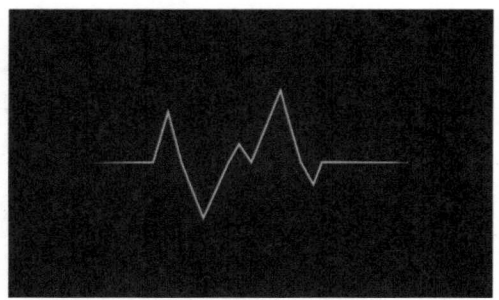

续图4-45

06 选择工具箱中的"椭圆工具"按钮 ⬭，拖动鼠标绘制一个椭圆，如图4-46所示；填充一个同路径相同的颜色，执行"效果"|"模糊"|"高斯模糊"命令，如图4-47所示。

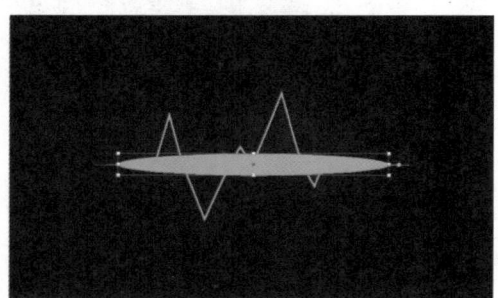

图4-46

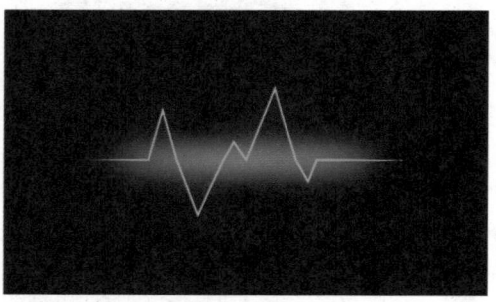

图4-47

07 将得到的模糊后的对象进行调整，调整其透明度，此时，心电图效果已经制作好，如图4-48所示。

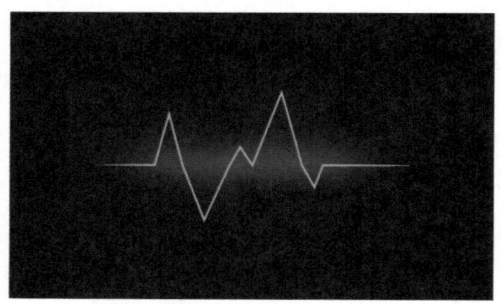

图4-48

4.3 封套扭曲

"封套"是对选定对象进行扭曲和改变形状的对象。在Illustrator中，可以利用画板上的对象来制作封套，或使用预设的变形形状或网络作为封套。封套扭曲可以应用在除图标、参考线或链接对象以外的任何对象。

4.3.1 用变形建立

用变形建立，可以将选中的一个或多个对象按照设置的几个类型形状进行变形。变形的形状是软件预置的，但可以进行参数控制。首先将该对象或多个对象同时选中，执行"对象"|"封套扭曲"|"用变形建立"命令，在弹出的"变形选项"对话框中选择一种变形样式并设置选项，如图4-49所示。

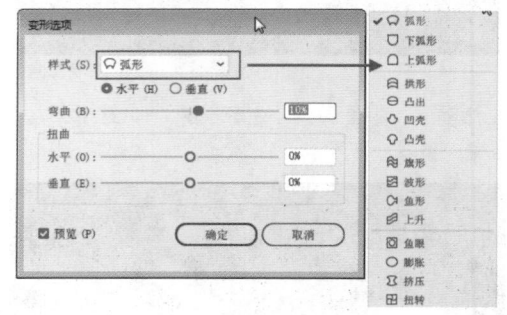

图4-49

➤ 样式：在该下拉列表中选择不同的选项，可以定义不同的变形样式。可以选择弧形、下弧形、上弧形、拱形、凸出、凹壳、旗形、波形、鱼形、上升、鱼眼、膨胀、挤压、扭转等选项，各个选项效果如图4-50所示。

图4-50

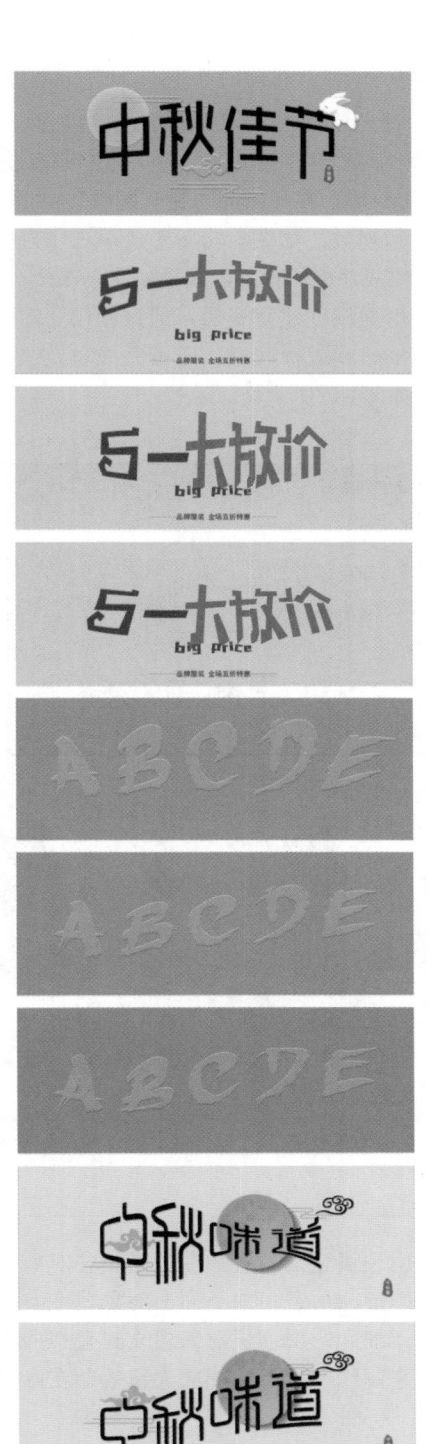

续图4-50

续图4-50

续图4-50

> 水平/垂直：选中"水平"单选按钮时，文本扭曲的方向为水平方向，如图4-51所示；选中"垂直"单选按钮时，文本扭曲的方向为垂直方向，如图4-52所示。

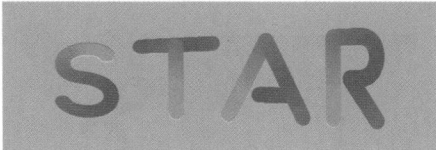

图4-51

图4-52

> 弯曲：用来设置文本的弯曲程度，图4-53所示是-20%的效果，图4-54所示是20%的效果。

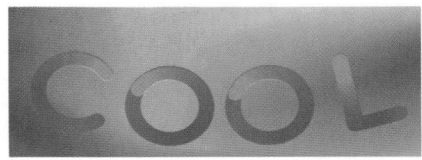

图4-53

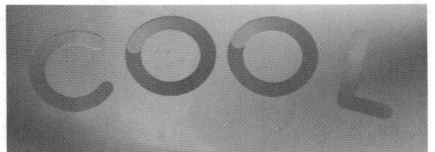

图4-54

> 水平：设置水平方向的头饰扭曲变形的程度，图4-55所示是"水平"为-20%的效果，图4-56所示是"水平"为40%的效果。

图4-55

图4-56

> 垂直：用来设置垂直方向的头饰扭曲变形的程度，图4-57所示是"垂直"为-20%的效果，图4-58所示是"垂直"为50%的效果。

图4-57

图4-58

4.3.2　用网格建立

"用网格建立"命令建立的封套变形除了可以通过调整参数控制外，还可以使用"直接选择工具"按钮 ▷ 进行调整，如图4-59所示。

图4-59

使用"用网格建立"命令建立的封套，必须要进行一定的变形，可以执行"对象"|"封套工具"|"用网格建立"命令或按快捷键Shift+Ctrl+W，在弹出的"封套网格"对话框中设置行数和列数，如图4-60所示，单击"确定"按钮即可完成网格的设置，效果如图4-61所示。

变形网格创建完毕后，通过使用"直接选择工具"按钮 ▷ 进行调整，即可完成自定义的变形处理，如图4-62所示。

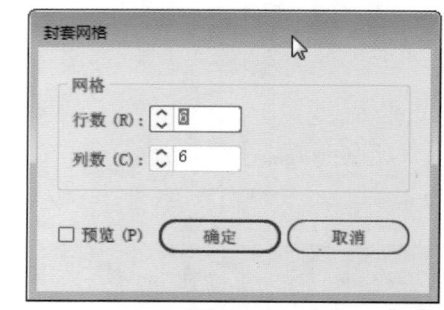

图4-60

图4-61　　　　　图4-62

4.3.3　实战——用顶层对象建立封套扭曲

"用顶层建立封套扭曲"是指在对象上方放置一个图形，用它扭曲下面的对象。在实战案例中，将详细介绍用顶层对象建立封套扭曲工具的使用，来制作一款类似于放大镜盖印在画面上的效果。

01 打开相关素材中的"实战——素材.ai"文件，使用选择工具 ▶ 单击文字，如图4-63所示，按快捷键Ctrl+C复制，再按快捷键Ctrl+F粘贴到前面。

02 在"图层"面板中位于底层的文字前单击隐藏按钮，隐藏该图层，如图4-64所示。

图4-63

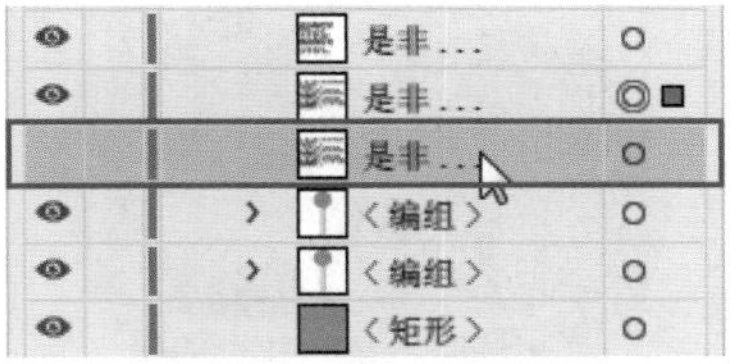

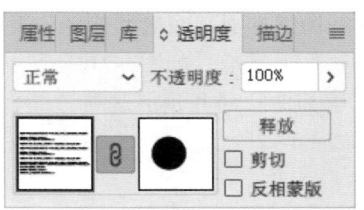

图4-67

图4-64

图4-68

03 使用椭圆工具 ⬭，按住Shift键创建一个正圆形，填充黑色，无描边，如图4-65所示。按快捷键Ctrl+C复制，按住Shift键在"图层"面板中文字图层的选择列表单击，将文字与圆形同时选取，如图4-66所示。

技巧与提示 通过"剪切"选项可以控制不透明度蒙版的遮盖区域。关于不透明度蒙版，后面章节会详细介绍，在此不做讲解。

图4-65

05 在隐藏的文字图层面前单击，显示该图层，如图4-69所示。按快捷键Ctrl+F，将前面复制的圆形粘贴到画板中，如图4-70所示。

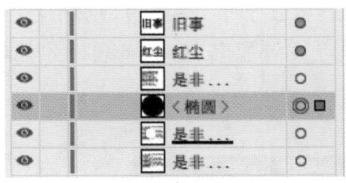

图4-69

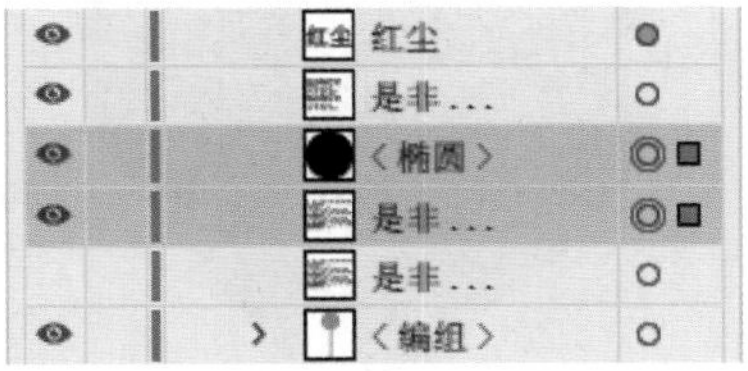

图4-66

04 单击"透明度"面板中的"制作蒙版"按钮，创建不透明度蒙版，同时取消勾选"剪切"选项，如图4-67所示，效果如图4-68所示。

图4-70

06 按住Shift键在文字图层的选择列表单击，将文字与圆形同时选取，如图4-71所示。执行"对象"|"封套扭曲"|"用顶层建立"命令，创建封套扭曲，如图4-72所示。

图4-71

图4-72

07 使用选择工具，将画板以外的放大镜拖动到文字上方，调整位置后，最终效果如图4-73所示。

图4-73

4.3.4 实战——使用封套扭曲制作心形文字

封套扭曲是Illustrator中最灵活、最具可控性的变形功能，它可以使对象按照封套的形状产生变化。下列实战案例中，使用封套扭曲工具制作心形文字，操作简单易懂。

01 打开相关素材中的"实战——心形.ai"文件，使用"钢笔工具"按钮 ✐ ，任意画两条曲线，描边粗细为10pt，如图4-74和图4-75所示。

图4-74

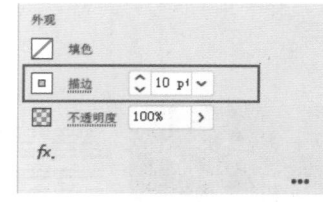

图4-75

02 调整好钢笔路径的位置，按住Shift键选择全部对象进行编组，或者按快捷键Ctrl+G进行编组，如图4-76所示。执行"窗口"|"路径查找器"命令，单击"分割"按钮 ▣ ，如图4-77所示。

图4-76

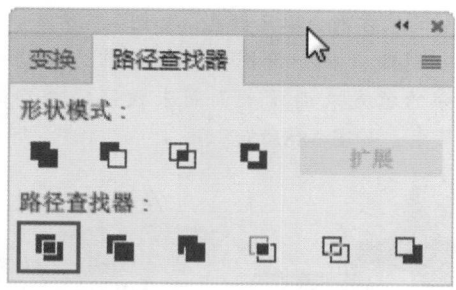

图4-77

03 取消编组，此时图形被分割成三部分，移动调整图形位置。再使用工具箱中的"文字工具"按钮 **T**，输入三行文字，文字内容可自由发挥，如图4-78所示。

图4-78

04 单击文本框，右击，执行右键菜单中的"排列"|"置于底层"命令，分别将三行文字置于心形底层，如图4-79所示。

图4-79

05 编辑图形之前，给文字填充红色，如图4-80所示。再执行"对象"|"封套扭曲"|"用顶层对象建立"命令，如图4-81所示。

图4-80

图4-81

06 执行两次重复命令后，最终效果如图4-82所示。

图4-82

4.4　路径查找器

"路径查找器"能够从重叠对象中创建新的形状。"路径查找器"面板中的路径查找器效果可以应用于任何对象、组和图层组合，单击"路径查找器"按钮即创建了最终的形状组合，创建之后便不能再编辑原始对象。

4.4.1 路径查找器命令详解

选择要进行操作的对象，在"路径查找器"面板中单击相应的按钮，即可观察到不同效果，如图4-83所示。

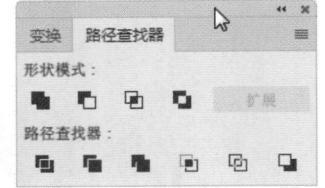

图4-83

➤ 联集 ▣：描摹所有对象的轮廓，就像它们是单独的、已合并的对象一样。该选项产生的形状会采用顶层对象的上色属性交集，描摹被所有对象重叠的区域轮廓，如图4-84所示。

图4-84

➤ 减去顶层 ▣：从最后面的对象中减去最前面的对象。应用该选项，可以通过调整堆栈顺序来删除插图中的某些区域，如图4-85所示。

➤ 交集 ▣：描摹被所有对象重叠的区域轮廓，如图4-86所示。

图4-85　　　　图4-86

➤ 差集 ▣：描摹对象所有未被重叠的区域，并使重叠区域透明。若有偶数个对象重叠，则重叠处会变成透明。而有奇数个对象时，重

叠的地方则会填充颜色，如图4-87所示。

➤ 分割 ▣：将一份图稿分割为作为其构成成分的填充表面（表面是未被线段分割的区域），如图4-88所示。

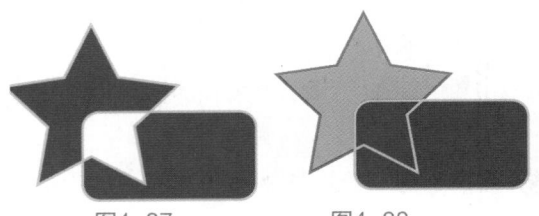

图4-87　　　　图4-88

➤ 修边 ▣：删除已填充对象被隐藏的部分，会删除所有修边，且不会合并相同颜色的对象，如图4-89所示。

图4-89

➤ 合并 ▣：删除已填充对象被隐藏的部分。会删除所有描边，且会合并具有相同颜色的相邻或重叠的对象，如图4-90所示。

➤ 裁剪 ▣：将图稿分割为作为其构成成分的填充表面。然后删除图稿中所有落在最上方对象的边界之外的部分，而且还会删除所有描边，如图4-91所示。

图4-90　　　　图4-91

➤ 轮廓 ▣：将对象分割为其组件线段或边缘。准备需要对叠印对象进行陷印的图稿时，该选项非常有用，如图4-92所示。

➤ 减去后方对象 ▣：从最前面的对象中减去后面的对象。应用该选项，可以通过调整堆栈顺序来删除插画中的某些区域，如图4-93所示。

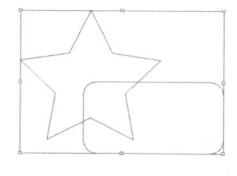

图4-92

图4-93

4.4.2 复合形状

1. 创建复合形状

要将进行复合形状的对象选中，在"路径查找器"面板中，按住Alt键单击"形状模式"选项组中的按钮，会按照不同的方式对对象进行组合，如图4-94所示。

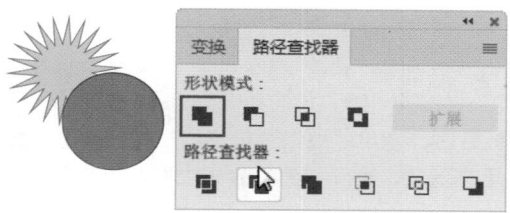

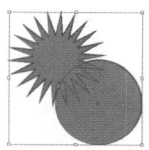

图4-94

2. 释放和扩展复合形状

释放复合形状可将其拆分为单独的对象。在"路径查找器"面板菜单中选择"释放复合形状"命令即可，如图4-95所示。

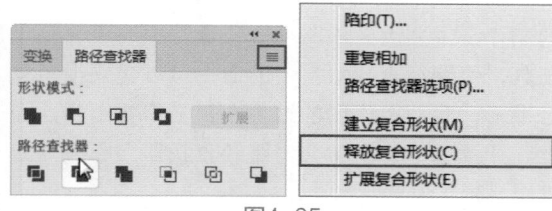

图4-95

扩展复合路径会保持复合对象的形状，但不能再选择其中的单个组件。首先要将进行复合形状的对象选中，在"路径查找器"面板中单击"扩展"按钮，或者从"路径查找器"面板菜单中选择"扩展复合形状"命令即可，如图4-96所示。

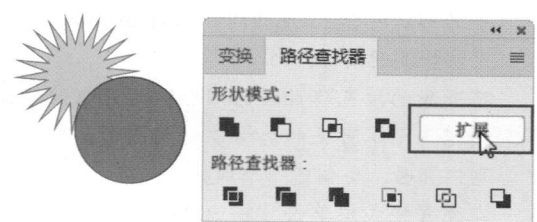

图4-96

4.4.3 形状生成器工具选项

双击"形状生成器工具"按钮 ，可以打开"形状生成器工具选项"对话框，如图4-97所示。

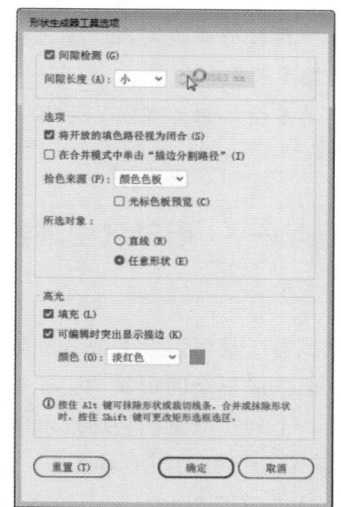

图4-97

➤ 间隙检测/间隙长度：勾选"间隙检测"复选框后，可以在"间隙长度"下拉列表中设置间隙长度，包括小（3点）、中（6点）、大（12点）。如果想要定义精确的间隙长度，可选择该下拉列表中的"自定义"选项，然后设置间隙数值，此后Illustrator会查找仅接近指定间隙长度值的间隙，因此应确保间隙长度与实际间隙长度接近（大概接近）。例如，如果设置间隙长度为12点，然而需要合并的形状包含了3点的间隙，则Illustrator可能无法检测此间隙。

➤ 将开放的填色路径视为闭合：为开放的路径创建一个不可见的边缘以封闭图形，单击图形内部时，会创建一个形状。

➤ 在合并模式中单击"描边分割路径"：在进行合并图形操作时，单击描边可分割路径。

➤ 拾色来源/光标色板预览：在该选项的下拉列表中，选择"颜色色板"选项，可以从颜色色板中选择颜色来给对象上色，此时可勾选"光标色板预览"选项预览和选择颜色，Illustrator会提供实时上色风格光标色板，它允许使用方向键循环选择色板面板中的颜色。选择"图稿"选项，则从当前图稿所有的颜色中选择颜色。

➤ 填充：勾选该选项后，当光标位于可合并的路径上方时，路径区域会以灰色突出显示。

➤ 可编辑时突出显示描边/颜色：勾选该复选框后，当光标位于图形上方时，Illustrator会突出显示可编辑的描边。在"颜色"选项中可以修改显示颜色。

➤ 重置：单击该按钮，可恢复为Illustrator默认的参数。

4.4.4 实战——用形状生成器工具构建新形状

形状生成器工具可以合并或者删除多个简单的图形，从而生成复杂的形状。它非常适合处理简单的路径。下列实战案例将通过形状生成器工具的删减来制作一个新的图形形状。

01 打开Illustrator CC 2018，使用"矩形工具"按钮▭和"椭圆工具"按钮◯绘制对象；这是由单独的圆形和矩形组成的烧杯。按住Shift键将所有对象选择，如图4-98所示。

02 选择"形状生成器工具"按钮◉，将光标放在一个图形上方（光标会变成▶状），单击并拖动鼠标至另外一个图形，如图4-99所示，释放鼠

标后，即可将这两个图形合并，如图4-100所示。

图4-98　　图4-99　　图4-100

03 按住Alt键（光标会变成▶状态）单击边缘，如图4-101所示，可删除边缘，如图4-102所示。如果按住Alt键单击一个图形（也可以是多个图形的重叠区域），则可删除图形。

图4-101　　　　图4-102

04 最后，使用"编组选择工具"按钮▷选择图形并填充蓝色，删除描边，效果如图4-103所示。

图4-103

4.4.5 实战——绘制分割色块背景

此案例和读者分享一个炫酷分割色块背景的制作，主要用到"路径查找器"中的"分割"工具，"路径查找器"中的命令可以建立很多复合图形，我们在作图的过程中常常需要用到，因此，让读者了解和学会"路径查找器"中命令的使用显得尤为重要。

01 打开Illustrator CC 2018，新建一个550px×330px大小的画布，选择工具箱中的"矩形工具"按钮▭绘制一个同画布大小的矩形并填充颜色，无描边，如图4-104和图4-105所示。

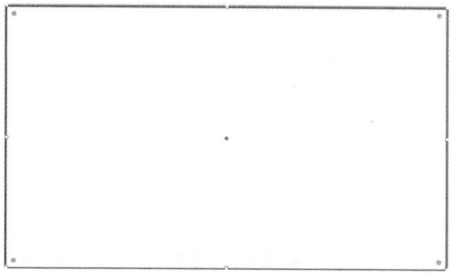

图4-104

图4-105

02 选择工具箱中的"直线段工具"按钮／在画面绘制直线，如图4-106和图4-107所示（注：直线一定要穿过整个画布，不可停留在画面中间）。

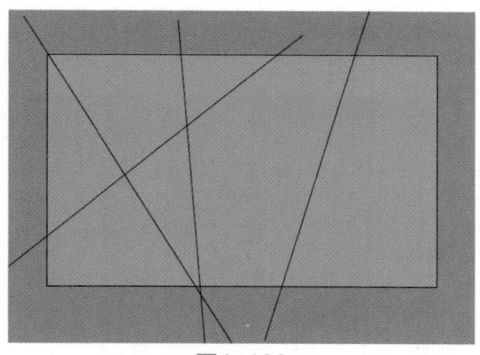

图4-106

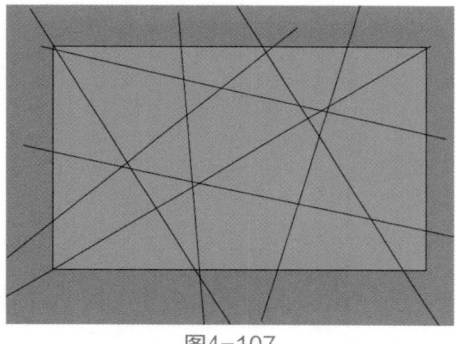

图4-107

03 选择所有绘制的线段和矩形框，如图4-108所示。打开"路径查找器"面板，单击"分割"按钮，如图4-109所示。

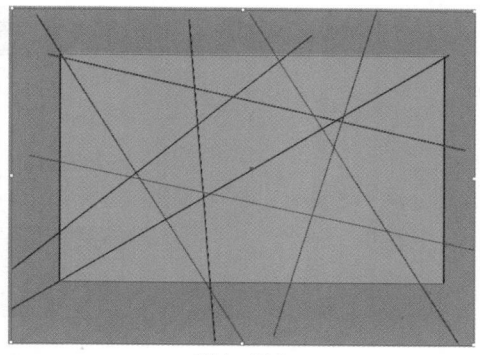

图4-108

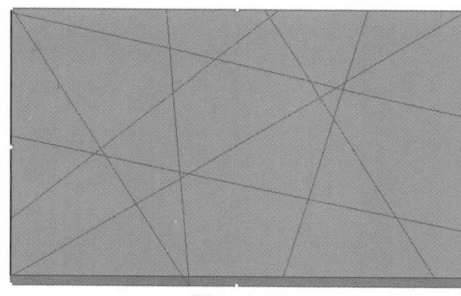

图4-109

04 选择"分割"后的新对象，右击"取消编组"，得到"分割"后的小块，如图4-110和图4-111所示。

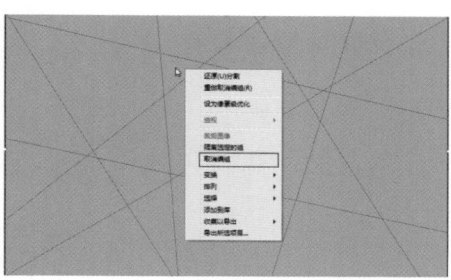

图4-110

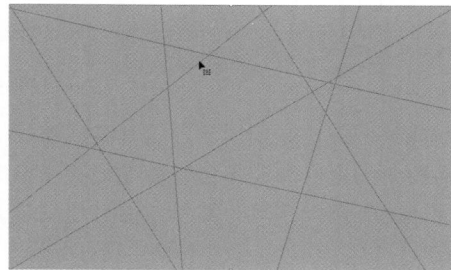

图4-111

05 按快捷键Ctrl+A全选，选择所有被"分割"后的小色块，给小色块添加一个渐变色，并在"渐变"面板中调整渐变色的颜色，如图4-112和图4-113所示。

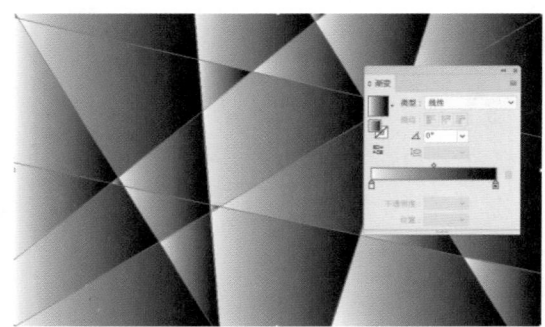

图4-112

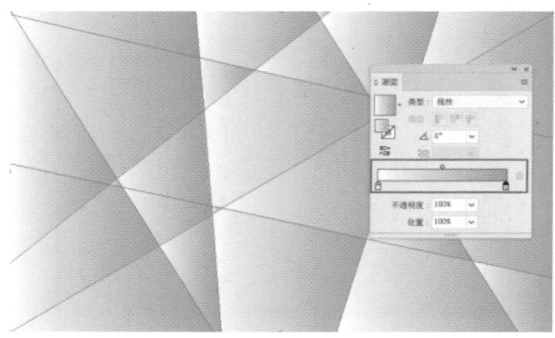

图4-113

06 最终效果如图4-114所示。

图4-114

4.4.6 实战——绘制吊灯

在此案例中，主要用到的工具是"路径查找器"面板中的命令和对不透明度的调整来绘制一款吊灯，此案例操作较为简单，而且通过学习此绘制方法可以绘制更多其他不同类型的物体。

01 打开Illustrator CC 2018，新建一个550px×330px大小的画布，选择工具箱中的"矩形工具"按钮▢绘制一个同画布大小的矩形并填充渐变色、无描边来作为背景面板，按快捷键Ctrl+2进行锁定，如图4-115所示。

图4-115

02 选择工具箱中的"矩形工具"按钮▢和"椭圆工具"按钮◯绘制灯罩的部分，如图4-116所示。再使用"矩形工具"按钮▢和"椭圆工具"按钮◯绘制需要裁剪的部分，如图4-117所示（注：在此步骤为了方便读者观察，将灯罩部分设置为无填充的描边对象，裁剪完毕后可以调整填充色和描边）。

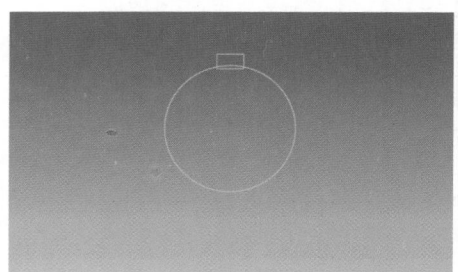

图4-116

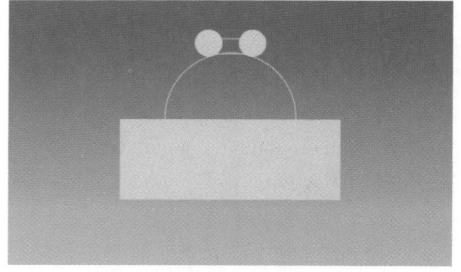

图4-117

03 选择未填充的圆和矩形，单击"路径查找器"面板中的"联集"按钮▣，如图4-118所示。再选择需要裁剪的部分，单击"路径查找器"面板中的"减去顶层"按钮▣，如图4-119所示。

图4-118

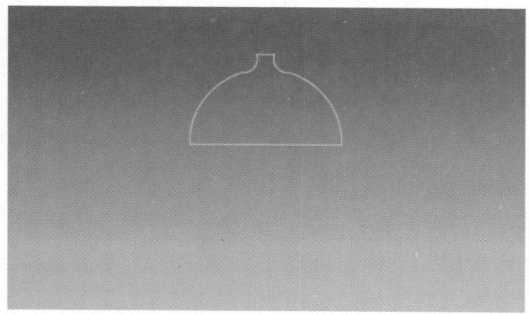

图4-119

04 给绘制好的灯罩部分填充白色，无描边，调整不透明度，效果如图4-120所示。

图4-120

05 使用"椭圆工具"绘制灯泡，并调整好图层关系，给绘制的灯泡添加一个渐变色，如图4-121和图4-122所示。

图4-121

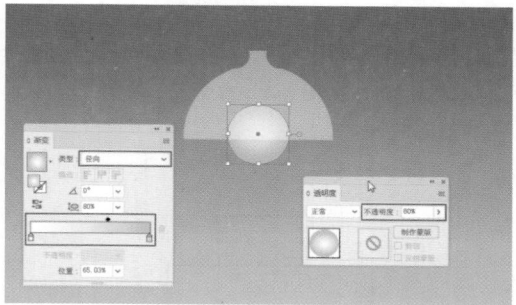

图4-122

06 选中灯泡部分，执行"效果"|"风格化"|"外发光"命令，给灯泡添加一个外发光效果，如图4-123所示。复制一层，并调整大小，调整渐变和不透明度，效果如图4-124所示。

图4-123

图4-124

07 调整好对象的位置，使用"直线段工具"按钮／来绘制灯绳，调整不透明度和图层的层次关系，如图4-125所示。

图4-125

08 选择工具箱中的"矩形工具"按钮▢拖动鼠标绘制矩形，给矩形设置一个由透明色过渡到白色的渐变，如图4-126和图4-127所示。

图4-126

图4-127

09 选择工具箱中的"自由变换工具"按钮▣，选择矩形下方的一个点，同时按住Shift+Ctrl+Alt键拖拉出一个梯形，效果如图4-128所示。再调整梯形的不透明度和位置，最终效果如图4-129所示。

图4-128

图4-129

4.5　混合工具

混合功能可以在两个或多个对象之间生成一系列的中间对象，使之产生形状到颜色的全面过渡效果。用于创建混合的对象可以是图形、路径和混合路径，也可以是使用渐变和图案填充的对象。

4.5.1　实战——用混合工具创建混合

使用混合工具可以混合对象以创建形状，并在两个对象之间平均分布形状。因此，根据此工作原理，用户可以使用混合工具来创建很多有意思的图像。

01 打开相关素材中的"实战——用混合工具创建混合素材"文件，选择工具箱中的"混合工具"按钮▣，将光标放在如图4-130所示的图形上，当捕捉到对象后，光标变为▶。状，单击鼠标，再将光标放在另一个图形上方，当光标变成▶+状时，如图4-131所示，单击鼠标创建混合，如图4-132所示。

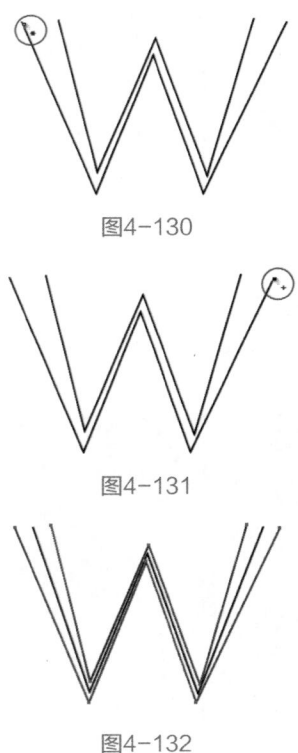

图4-130

图4-131

图4-132

02 双击"混合工具"按钮 ![]，打开"混合选项"对话框，设置间距为"指定的步数"，如图4-133所示，然后单击"确定"按钮关闭对话框，混合效果如图4-134所示。

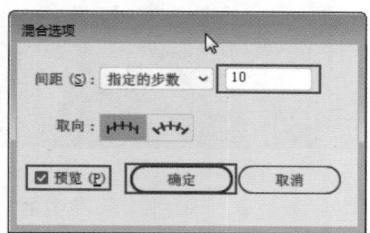

图4-133

图4-134

4.5.2　实战——用混合命令创建混合

如果用于创建混合的图形较多或比较复杂，则使用混合工具很难正确地捕捉锚点，创建混合效果时可能会发生扭曲。使用实战案例的混合操作命令即可避免出现这一问题。

01 打开Illustrator CC 2018，新建一个550px×330px大小的画布，选择工具箱中的"文字工具"按钮 **T** 在画布中单击并输入文字SUPPLY，如图4-135所示。使用"选择工具"按住Alt键向上拖动文字复制，将复制后的文字的颜色与描边都设置为白色，调整描边粗细为2pt，如图4-136所示。

SUPPLY

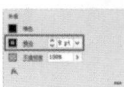

图4-135

SUPPLY

图4-136

02 按快捷键Ctrl+A全选，执行"对象"|"混合"|"建立"命令，或按快捷键Alt+Ctrl+B，创建混合。双击"混合工具"按钮 ![]，在打开的对话框中选择"指定的步数"，设置参数和效果如图4-137和图4-138所示。

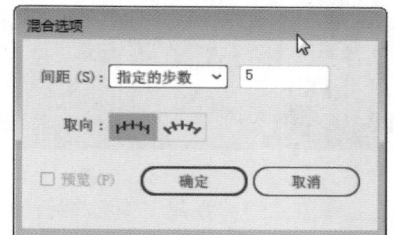

图4-137

SUPPLY

图4-138

03 使用"编组选择工具"按钮 ![] 单击白色的文字，按快捷键Ctrl+C复制，再按快捷键Ctrl+F粘贴到最前面，并调整文字的填色和描边，如图4-139和图4-140所示。

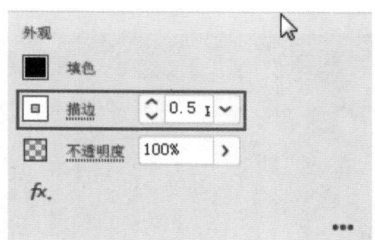

图4-139

图4-140

4.5.3　实战——混合工具制作炫酷曲线

此案例和用户分享炫酷曲线的制作，可以使用此方法制作背景，操作非常简单，主要使用"混合工具"来完成。

01 打开Illustrator CC 2018，新建一个550px×330px大小的画布，选择工具箱中的"矩形工具"按钮 ![] 绘制一个同画布大小的矩形，给矩形填充颜色，无描边，按快捷键Ctrl+2锁定，作为背景面板，如图4-141所示。

图4-141

02 选择工具箱中的"钢笔工具"按钮 ✐，绘制一条曲线，如图4-142和图4-143所示。

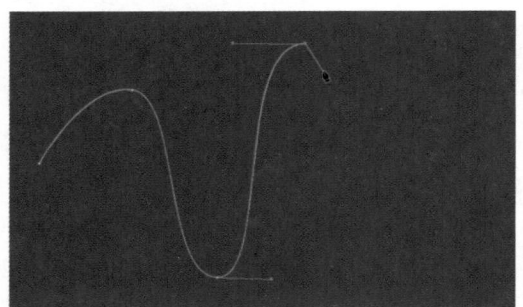

图4-142

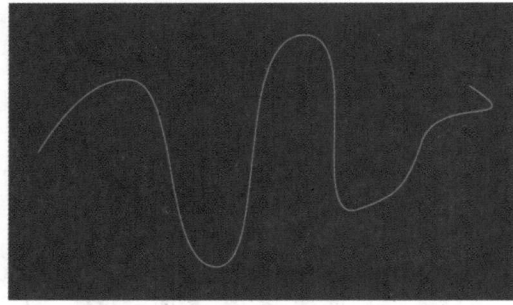

图4-143

03 重复上述步骤，绘制另外一条曲线，如图4-144和图4-145所示。

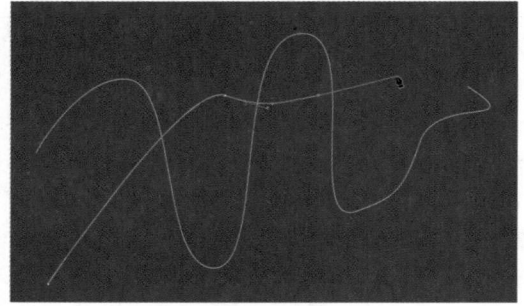

图4-144

图4-145

04 调整好线段位置，双击工具箱中的"混合工具"按钮 ▣，弹出"混合选项"对话框，设置参数如图4-146所示，应用到路径中效果如图4-147所示。

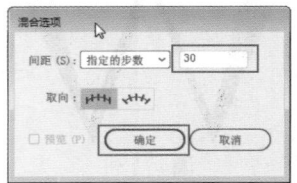

图4-146

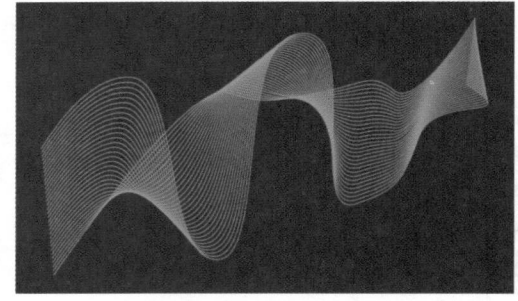

图4-147

技巧与提示 在使用"钢笔工具"按钮 ✐ 绘制路径时，不可能一步到位，可以后期通过修改锚点来调整路径。

4.6　本章小结

本章详细地介绍了Illustrator CC 2018中图形的变换操作、液化工具组、封套扭曲、路径查找器的使用方法。通过本章的学习，希望读者能够在以后的制图过程中灵活运用各类编辑图形工具。另外，在实际工作过程中，也希望读者能多运用快捷键的操作，这样会大大提高工作效率。

在Illustrator CC 2018中提供了强大的文本编辑和图文混排功能。文本对象和一般图形对象一样可以进行各种变换和编辑，同时还可以通过应用各种外观和样式属性，制作出绚丽多彩的文本效果。Illustrator CC 2018支持多个国家的语言，对于汉语等双字节语言具有竖排功能。

本章重点

- ⊙ 掌握多种文字工具的使用方法
- ⊙ 文本格式的熟练使用
- ⊙ 掌握段落面板的使用方法

5.1 创建文本

在所有应用软件中，创建文本最基本的方法就是通过键盘进行输入。在Illustrator CC 2018中输入文字时，可以使用文字工具、区域文字工具、路径文字工具、直排文字工具、直排区域文字工具和直排路径文字工具等来完成。

5.1.1 使用文字工具

文字工具是Illustrator CC 2018中最常用的创建文本的工具，使用该工具可以按照横版的方式，由左至右进行文字的输入。

单击工具箱中的"文字工具"按钮**T**或按T键，然后在要创建文字的位置上单击并输入文字，即可创建点文本，如图5-1和图5-2所示。

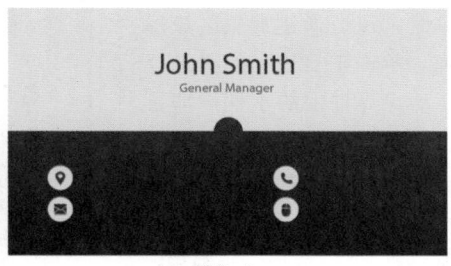

图5-1　　　　　　　　　　　　　　图5-2

若要创建文本区域，可在要创建文本的区域上拖动鼠标，创建一个矩形文本框，如图5-3所示。在此矩形文本框中输入文本（按Enter键可以换行），使用选择工具选择文本对象，完成文本的输入，回到图像的编辑状态，如图5-4所示。

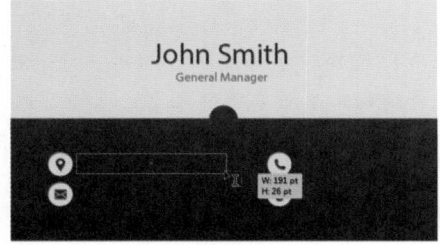

图5-3　　　　　　　　　　　　　　图5-4

5.1.2 使用区域文字工具创建文本

区域文本可以利用对象的边界来控制字符排列。当文本触及边界时，会自动换行，以落在所定义区域的外框内。当创建包含一个或多个段落的文本时，这种输入文本的方式相当有用。区域文本常常用于大量的文字排版上，如图书、杂志的封面。

单击工具箱中的"椭圆工具"按钮○，在画板上绘制一个圆形，如图5-5所示。

单击工具箱中的"区域文字工具"按钮▥，然后单击对象路径上的任意位置，将路径转换为文字区域，在其中输入文字，可以看到文字将充满椭圆形状，如图5-6所示。

| 图5-5 | 图5-6 |

1.调整文本区域的大小

使用区域文字工具时，可以通过调整区域形状改变文本对象的排列。单击工具箱中的"选择工具"按钮▶，然后拖动定界框上的手柄，即可改变区域的形状，如图5-7和图5-8所示。

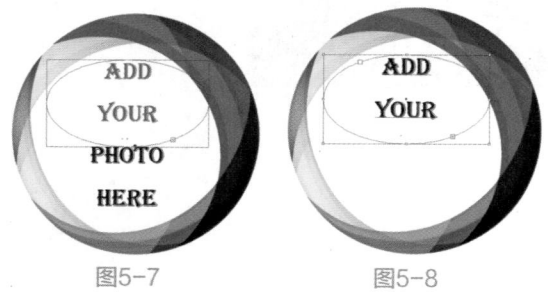

| 图5-7 | 图5-8 |

单击工具箱中的"直接选择工具"按钮▷，选择文字路径上的锚点，拖动以调整路径的形状，如图5-9和图5-10所示。

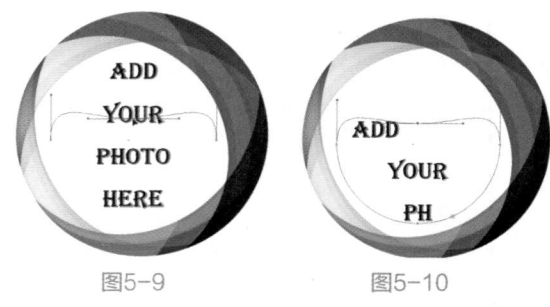

| 图5-9 | 图5-10 |

2.设置区域文字选项

选择文本对象，然后执行"文字"|"区域文字选项"命令，在弹出的"区域文字选项"对话框中可以进行相应的设置，如图5-11所示。

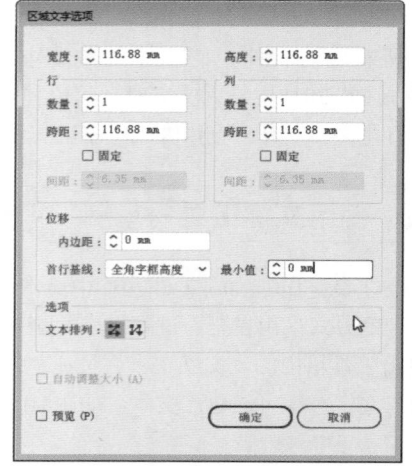

图5-11

- ➢ 高度和宽度：确定对象边框的尺寸。
- ➢ 数量：指定希望对象包含的行数和列数。
- ➢ 跨距：指定单行高度和单列宽度。
- ➢ 固定：确定调整文本区域大小时行高和列高的变化情况。选中该复选框后，若调整区域大小，只会更改行数和栏数，而行高和列宽不会改变。
- ➢ 间距：指定行间距或列间距。
- ➢ 内边距：可以控制文本和边框路径之间的边距。
- ➢ 首行基线：选择"字母上缘"选项，字符d的高度将降到文本对象顶部之下；选择"大写字母高度"选项，大写字母的顶部触及文字对象的顶部；选择"行距"选项，将以文本的行距值作为文本首行基线和文本对象顶部之间的距离；选择"X高度"选项，字符

"X"的高度降到文本对象顶部之下；选择"全角字框高度"选项，亚洲字体中全角字框的顶部将触及文本对象的顶部。

➤ 最小值：指定文本首行基线与文本对象顶部间的距离。

➤ "按行"按钮✍或"按列"按钮✍：选择"文本排列"选项，以确定行和列的文本排列方式。

5.1.3　使用路径文字工具

使用路径文字工具可以将普通路径转换为文字路径，然后在该路径上输入或编辑文字，文字将沿路径形状进行排列。

1. 创建路径文字

单击工具箱中的"钢笔工具"按钮✒或按快捷键P，在图像中定义一条路径（可以是开放路径，也可以是闭合路径），如图5-12所示。

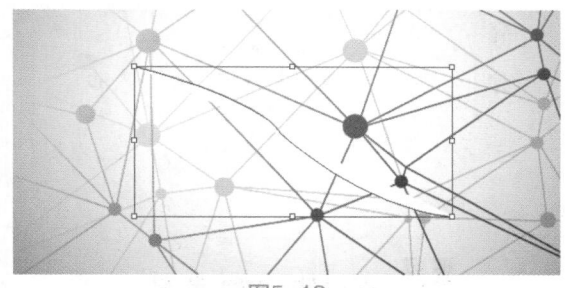

图5-12

单击工具箱中的"路径文字工具"按钮✎，将光标置于路径上并单击，然后使用键盘输入文字，即可看到文字沿路径排列，如图5-13所示。

图5-13

2. 设置路径文字选项

选择路径文字对象，然后执行"文字"|"路径文字"命令，在弹出的子菜单中选择一种效

果，如图5-14和图5-15所示。

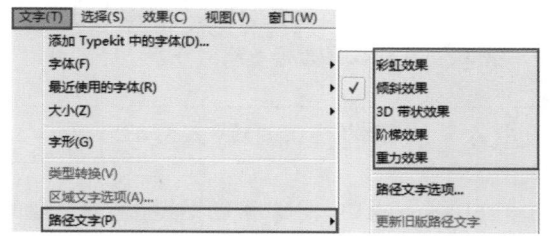

图5-14

图5-15

也可以执行菜单"文字"|"路径文字"|"路径文字选项"命令，在弹出的对话框的"效果"下拉列表中选择一个选项，然后单击"确定"按钮，如图5-16所示；通过"对齐路径"下拉列表框，可以指定所有字符对齐到路径的方式，如图5-17所示。

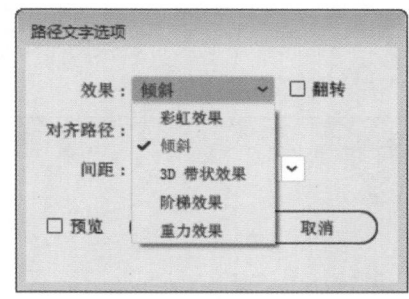

图5-16

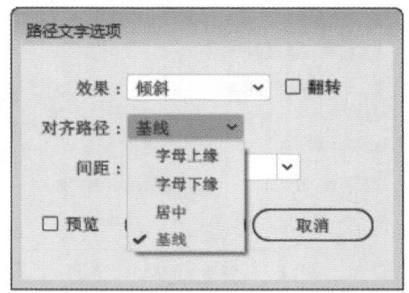

图5-17

➤ 字母上缘：沿字母上边缘对齐。

> 字母下缘：沿字母下边缘对齐。
> 居中：沿字幕上、下边缘间的中心点对齐。
> 基线：默认设置为沿基线对齐。

5.1.4 从其他程序中导入文字

在Illustrator中，用户可以将其他程序创建的文本导入图稿中使用。直接导入与复制文字然后粘贴到Illustrator中相比，导入的文本可以保留字符和段落格式。

1. 将文本导入新建的文档中

执行"文件"|"打开"命令，在"打开"对话框中选择要打开的文本文件，单击"打开"按钮，可以将文本导入到新建的文件中。

2. 将文本导入现有的文档中

执行"文件"|"置入"命令，在打开的对话框中选择要导入的文本文件，单击"置入"按钮即可将其置入当前文件中。如果置入的是纯文本（.txt）文件，则可以指定更多的选项，如图5-18所示，包括用以创建文件的字符集和平台。"额外回车符"选项可以确定Illustrator在文件中如何处理额外的回车符。如果希望Illustrator用制表符替换文件中的空格字符串，可以选择"额外空格"选项，并输入要用制表符替换的空格数，然后单击"确定"按钮。

图5-18

5.1.5 实战——文字工具制作海报

海报是视觉传达的表现形式之一，而海报的组成少不了文字的宣传；这就要求设计者要将文字等元素进行很好的组合，以恰当的形式向人们展示出宣传信息。下面将讲解通过复制、移动等操作以及结合文字工具制作文字海报的具体方法。

01 打开Illustrator CC 2018，新建一个大小为297pt×210pt的画布，创建一个新的文档。

02 单击工具箱中的"文字工具"按钮**T**，在空白区域单击，在控制栏中设置合适的字体和大小，输入文字Happy并填充为黑色，如图5-19和图5-20所示。

图5-19

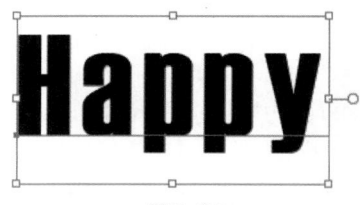

图5-20

03 保持文字工具的选中状态，在Happy的上方单击并输入文字Shopping，然后在控制栏中设置合适的字体和大小，并填充黑色，如图5-21和图5-22所示。

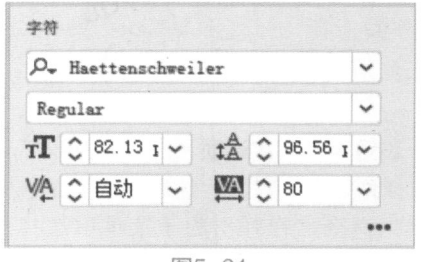

图5-21

图5-22

04 按照同样方法创建另外一些文本，然后单击工具箱中的"选择工具"按钮 ▶，选中文本并进行大小及角度的调整，如图5-23所示。

图5-23

05 单击工具箱中的"选择工具"按钮 ▶，不断调整画面文本位置，选择文本Shopping，将其复制、粘贴到空白区域。单击工具箱中的"自由变换工具"按钮 ▶◀，此时文本Shopping的周围出现了一个定界框，将光标放置到定界框的外侧，拖动鼠标将定界框旋转成垂直方向，如图5-24所示。

图5-24

06 导入文件夹中的背景图，将背景图层放置在最底层位置，如图5-25和图5-26所示。

图5-25

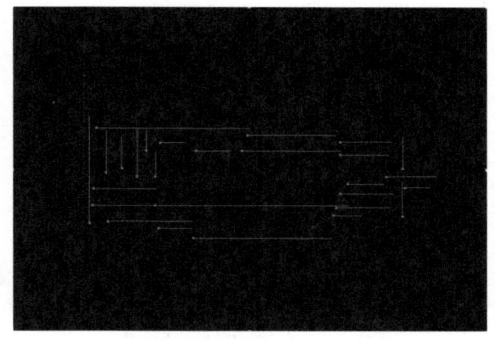

图5-26

07 单击工具箱中的"选择工具"按钮 ▶，框选所有文本，然后执行"窗口"|"颜色"命令，在打开的"颜色"面板中选中白色，最终效果如图5-27所示。

图5-27

5.2 设置文本格式

设置文本格式就是指设置字体、大小、间距和行距等属性。创建文字之前或创建文字之后，都可以通过"字符"面板或控制面板中的选项设置字符格式。

5.2.1 设置文字属性

1. "字符"面板概述

使用"字符"面板可以为文档中的单个字符应用格式设置选项，如图5-28所示。在默认情况下，"字符"面板中只显示最常用的选项，要显示所有选项，可以从面板菜单中选择"显示选项"命令。当选择了文字或文字工具时，也可以使用控制面板中的选项来设置字符格式。

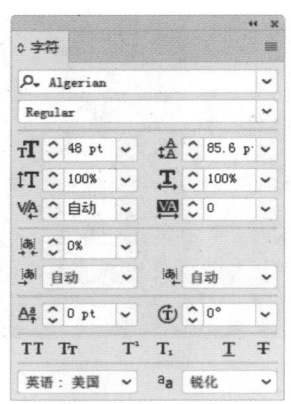

图5-28

2. 选择字体和样式

单击"字符"面板中设置字体系列选项右侧的 ⌄ 按钮，在打开的下拉列表中可以选择字体，如图5-29所示。对于一部分英文字体，还可以继续在"设置字体样式"下拉列表中为它选择一种样式，包括Regular（规则的）、Italic（斜体）、Bold（粗体）和Bold Italic（粗斜体）等，如图5-30所示。

图5-29

Hello   *Hello*
Regular   Italic

Hello   ***Hello***
Bold   Bold Italic

图5-30

3. 设置字体大小

在"字符"面板中设置字体大小选项 ⅠT 右侧的文本框中输入字体大小数值并按回车键，或单击该选项右侧的按钮 ⌄，在打开的下拉列表中可以选择字体大小，如图5-31所示。

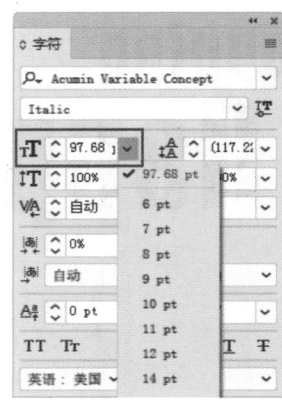

图5-31

技巧与提示　在"文字"|"大小"命令下拉菜单中可以选择字体大小。此外，按快捷键Shift+Ctrl+>可以将文字调大；按快捷键Shift+Ctrl+<可以将文字调小。

4. 缩放文字

选择需要缩放的字符或者文本，在"字符"面板中设置水平缩放 Ⅰ 和垂直缩放 ⅠT 选项，可以对文字进行缩放。如果水平缩放和垂直缩放的比例相等，可进行等比缩放。如图5-32所示，是原文字，图5-33所示为等比缩放效果，图5-34所示为不等比缩放效果。

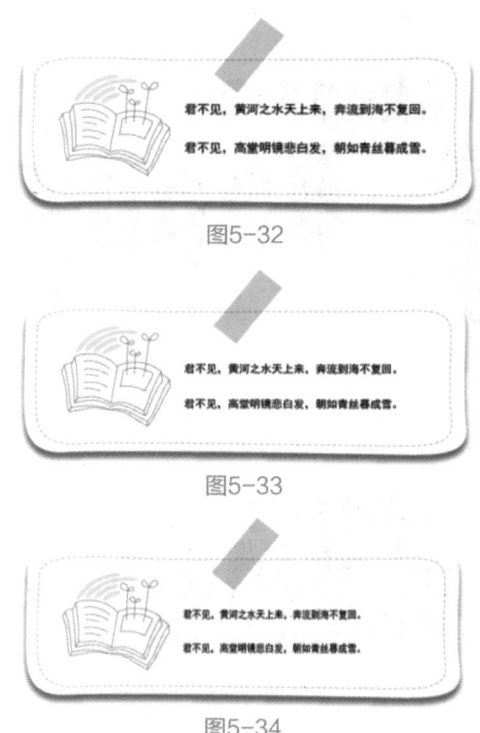

图5-32

图5-33

图5-34

5. 设置行距

在文本对象中，行与行之间的垂直间距称为行距。在"字符"面板的设置行距选项中可以设置行距。默认为"自动"，此时行距为字体大小的120%，如10点的文字使用12点的行距，该值越高，行距越宽。如图5-35和图5-36所示为文字大小为20pt时，分别设置行距为32pt和38pt的文本效果。

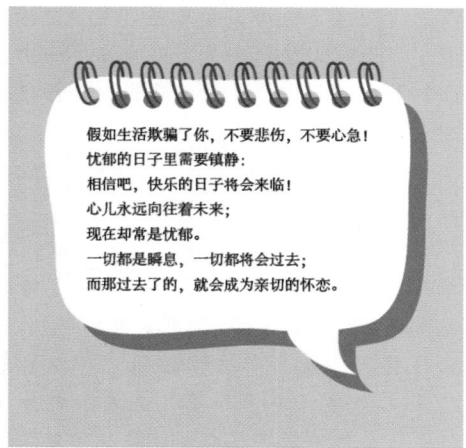

图5-35

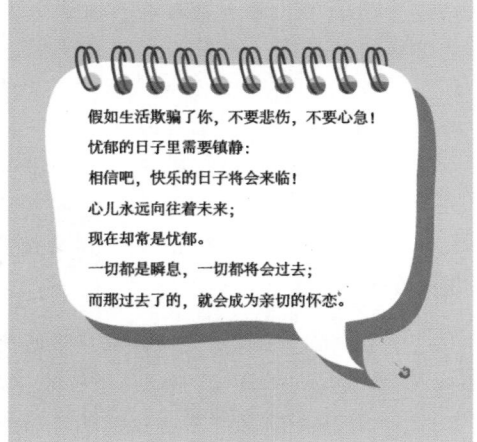

图5-36

6. 字距微调

字距微调是增加或减少特定字符之间间距的过程，使用任意文字工具在需要调整字距的两个字符中间单击，进入文本输入状态，如图5-37所示，在"字符"面板的"设置两个字符间的字距微调"选项中可以调整两个字符间的字距。该值为正数时，可以加大字距；该值为负数时，减小字距，如图5-38所示。

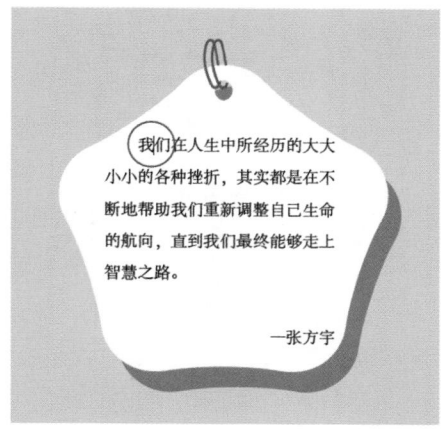

图5-37

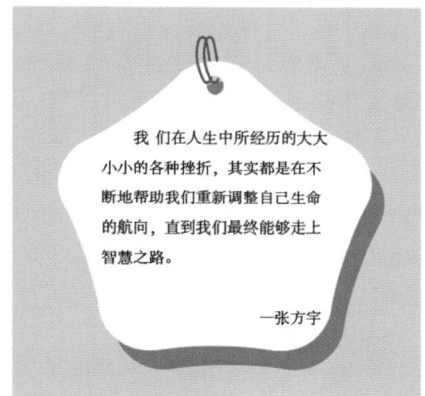

图5-38

7. 字距调整

字距调整可以放宽或收紧文本中的字符间距。选择需要调整的部分字符或整个文本对象后，在字符间距选项中可以调整所选字符的字距。该值为正数时，字距变大，如图5-39所示；该值为负数时，字距变小，如图5-40所示。

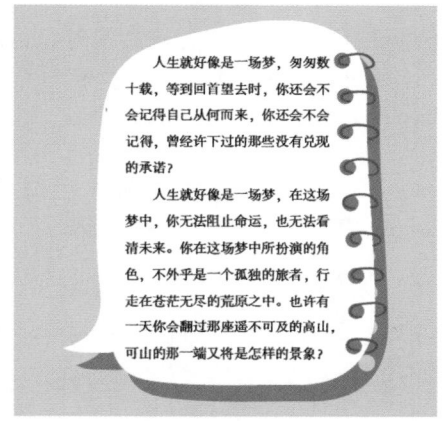

图5-39

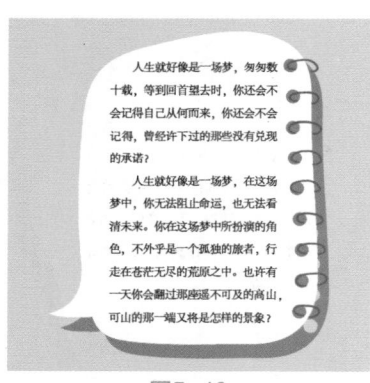

图5-40

5.2.2 特殊字符

在编辑文本时，许多字体都包括特殊的字符。根据字体的不同，这些字符可以包括连字、分数字、花饰字、装饰字、序数字、标题和文体替代字、上标和下标字符、变高数字和全高数字。插入替代字形的方式有两种，一种是使用OpenType面板设置字形的使用规则，另一种是"字形"面板插入字形。

1. OpenType面板

OpenType字体是Windows和Mac OS操作系统都支持的字体文件，因此，使用OpenType字体后，在这两个操作平台间交换文件时，不会出现字体替换或其他导致文本重新排列的问题。此外，OpenType字体还包含风格化字符。例如，花饰字是具有夸张花样的字符；标题替代字是专门为大尺寸设置（如标题）而设计的字符，通常为大写；文字替代字是可以创建纯美学效果的风格化字符。

选择要应用设置的字符或文字对象，确保选择了一种OpenType字体，执行"窗口"|"文字"|OpenType命令，打开OpenType面板，如图5-41所示。

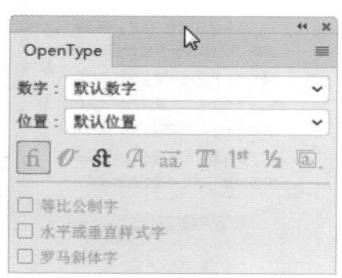

图5-41

- ➤ 标准连字 fi /自由连字 st ：单击"标准连字"按钮，可以启用或禁用标准字母对的连字。单击"自由连字"按钮 st ，可以启用或禁用可选连字（如当前字体支持此功能）。连字是某些字母对排版印刷时的替换字符。大多数字体都包括一些标准字母对的连字，例如fi、fl、ff、ffi和ffl。

- ➤ 上下文替代字 𝒪 ：单击该按钮，可以启用或禁用上下文替代字（如果当前字体支持此功能）。上下文替代字是某些脚本字体中所包含的替代字符，能够提供更好的合并行为。例如使用Caflisch Script Pro而且启用了上下文替代字时，单词bloom中的bl字母对便会合并，使其看起来像是手写的。

- ➤ 花饰字按钮 𝒜 ：单击该按钮，可以启用或禁用花饰字字符（如果当前文字支持此功能）。花饰字是具有夸张花样的字符。

- ➤ 文体替代字 aa ：单击该按钮，可以启用或禁用文体替代字（如果当前文字支持此功能）。文体替代字可以创建纯美学效果的风格化字符。

- ➤ 标题替代字 T ：单击该按钮，可以启用或禁用标题替代字（如果当前文字支持此功能）。标题替代字是专门为大尺寸设置（如标题）而设计的字符，通常为大写。

- ➤ 序数字 1ˢᵗ /分数字 ½ ：按下"序数字"按钮，可以用上标字符设置序数字。按下"分数字"按钮 ½ ，可以将用斜线分隔的数字转换成为斜线分数字。

技巧与提示　　OpenType面板可以设置字形的使用规则。与每次插入一个字形相比，使用OpenType面板更加简便，并且可以确保获得更一致的结果，但是该面板只能处理OpenType字体。

2. "字形"面板

字形是特殊形式的字符。例如，在某些字体中大写字母A有几种形式可用，如花饰字或小型大写字母。使用"字形"面板可以查看字体中的字形，并在文档中插入特定的字形。

使用"文字工具"按钮 T 在文本中单击，设置文字插入点，然后执行"窗口"|"文字"|"字形"

命令，打开"字形"面板，在面板中双击一个字符，即可将其插入到文本中，如图5-42和图5-43所示。

图5-42

图5-43

在默认情况下，"字形"面板中显示了当前所选字体的所有字形。在面板底部选择一个不同的字体系列和样式可以改变字体，如图5-44所示。如果在文档中选择了字符，则可以从面板顶部的"显示"菜单中选择"当前所选字体的替代字"来显示替代字符。

图5-44

在"字形"面板中选择OpenType字体时，可以从"显示"菜单中选择一种类别，将面板限制为只显示特定类型的字形，如图5-45所示。单击字形框右下角的三角图标，还可以显示替代字形的弹出式菜单。

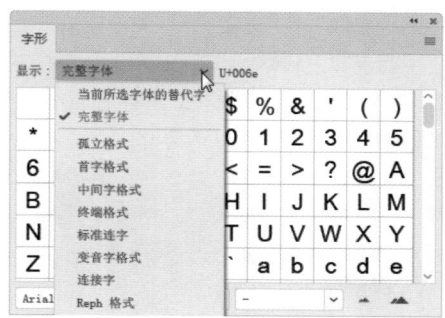

图5-45

5.2.3　实战——创建和使用字符样式

字符样式是许多字符格式属性的集合，可应用于所选的文本。熟练地使用字符样式可以节省调整字符属性的时间，并且能够确保本文格式的一致性。

01 打开相关素材中的"实战——创建和使用字符样式素材.ai"文件，选择文本，设置其字体、颜色、大小和旋转角度，如图5-46和图5-47所示。

图5-46

图5-47

02 执行"窗口"|"文字"|"字符样式"命令，打开"字符样式"面板，单击"创建新样式"按钮 ，将该文本的字符样式保存在面板中，如图5-48和图5-49所示。

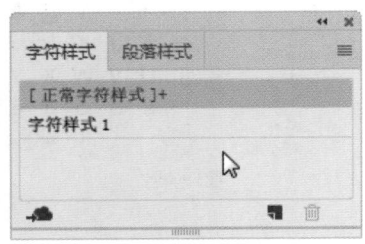

图5-48

图5-49

03 选择另一个文本对象，单击"字符样式"面板中的字符样式，即可将该样式应用到当前文本中，如图5-50所示。应用到文本后，使用对齐工具调整文字位置，最终效果如图5-51所示。

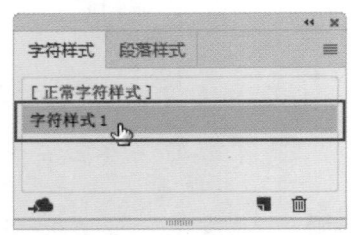

图5-50

图5-51

5.3 设置段落格式

段落格式是指段落的各种属性，包括段落的对齐与缩进、段落的间距和悬挂标点等。使用"段落"面板可以设置段落的格式。

5.3.1 段落面板概述

执行"窗口"|"文字"|"段落"命令，打开"段落"面板，如图5-52所示。当选择了文字或文字工具时，可以在控制面板中设置段落格式。选择文本对象后，可以设置整个文本的段落格式。如果选择了文本中的一个或多个段落，则可单独设置所选段落的格式。

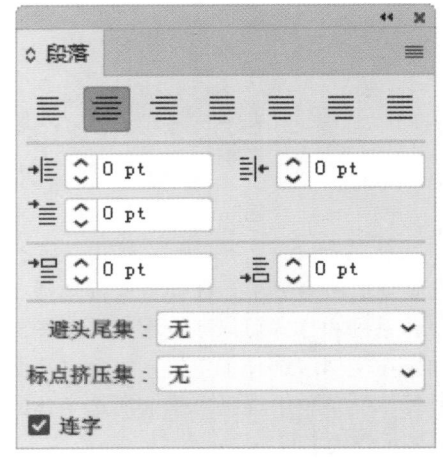

图5-52

5.3.2 段落的对齐方式

选择文字独享或在要修改的段落中单击鼠标插入光标，单击"段落"面板上方的一个按钮即可对段落对齐。

> 单击 按钮，文本左侧边界的字符对齐，右侧边界的字符参差不齐，如图5-53所示。
> 单击 按钮，每一行字符的中心都与段落的中心对齐，剩余的空间被均匀置于文本的两端，如图5-54所示。
> 单击 按钮，文本右侧边界的字符对齐，左侧边界的字符参差不齐，如图5-55所示。

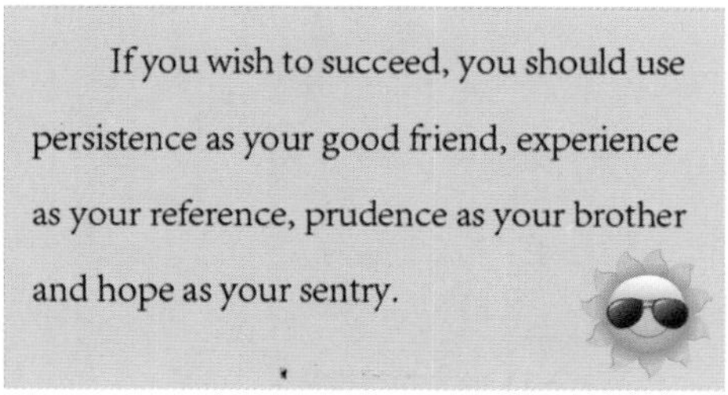

If you wish to succeed, you should use persistence as your good friend, experience as your reference, prudence as your brother and hope as your sentry.

图5-53

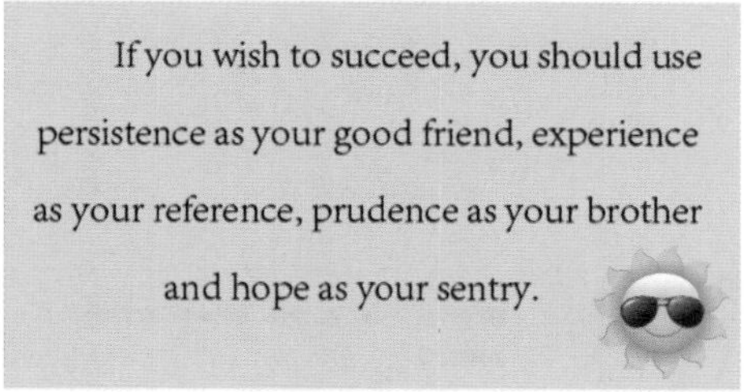

If you wish to succeed, you should use persistence as your good friend, experience as your reference, prudence as your brother and hope as your sentry.

图5-54

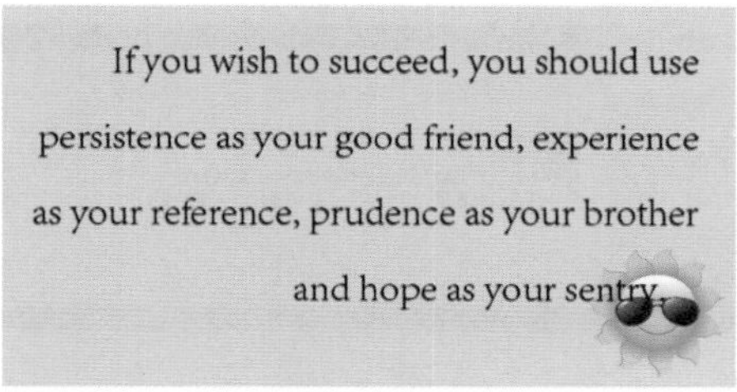

If you wish to succeed, you should use persistence as your good friend, experience as your reference, prudence as your brother and hope as your sentry.

图5-55

➢ 单击▤按钮，文本中最后一行左对齐，其他行左右两端强制对齐，如图5-56所示。

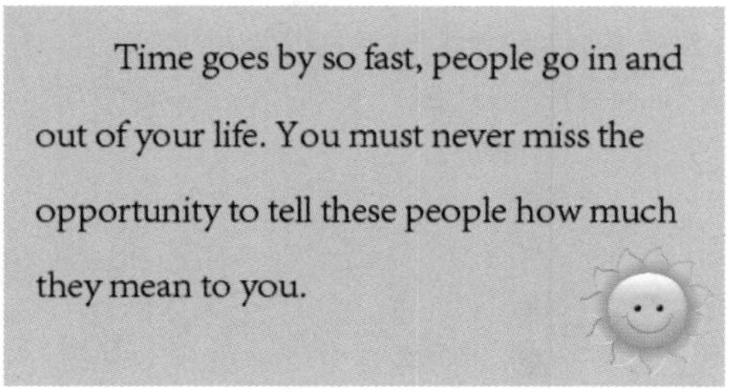

Time goes by so fast, people go in and out of your life. You must never miss the opportunity to tell these people how much they mean to you.

图5-56

➢ 单击▤按钮，文本中最后一行居中对齐，其他行左右两端强制对齐，如图5-57所示。

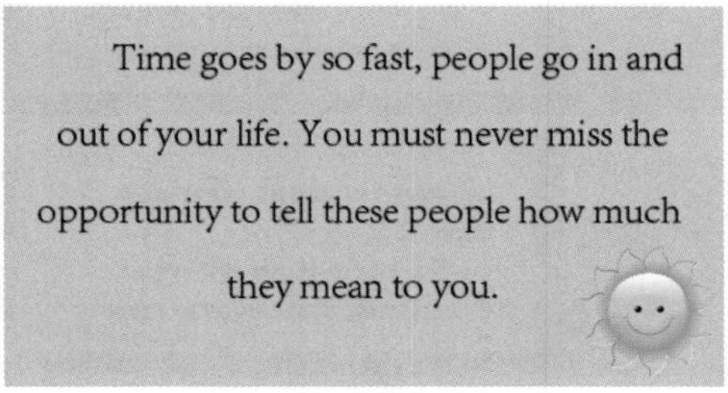

Time goes by so fast, people go in and out of your life. You must never miss the opportunity to tell these people how much they mean to you.

图5-57

➢ 单击▤按钮，文本中最后一行右对齐，其他行左右两端强制对齐，如图5-58所示。

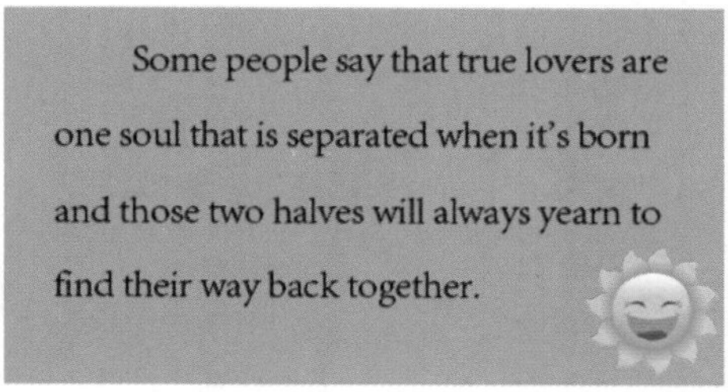

Some people say that true lovers are one soul that is separated when it's born and those two halves will always yearn to find their way back together.

图5-58

➢ 单击▤按钮，可在字符间添加额外的间距使其左右两端强制对齐，如图5-59所示。

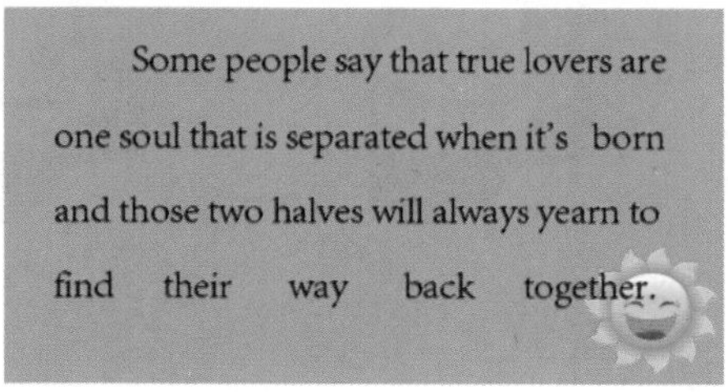

Some people say that true lovers are one soul that is separated when it's born and those two halves will always yearn to find their way back together.

图5-59

5.3.3 缩进文本

缩进是指文本和文字对象边界的间距量，它只影响选中的段落，因此，文中包含多个段落时，每个段落都可以设置不同的缩进量。

使用文字工具单击要缩进的段落，在"段落"面板的左缩进▤选项中输入数值，可以使文字向文本框的右侧边界移动，如图5-60所示。在右缩进▤选项中输入数值，可以使文字向文本框的左侧边界移动，如图5-61所示。

图5-60　　　　图5-61

119

如果要调整首行文字的缩进，可以在首行左缩进 选项中输入数值。输入正数时，文本首行向右侧移动，如图5-62所示；输入负值时，向左侧移动，如图5-63所示。

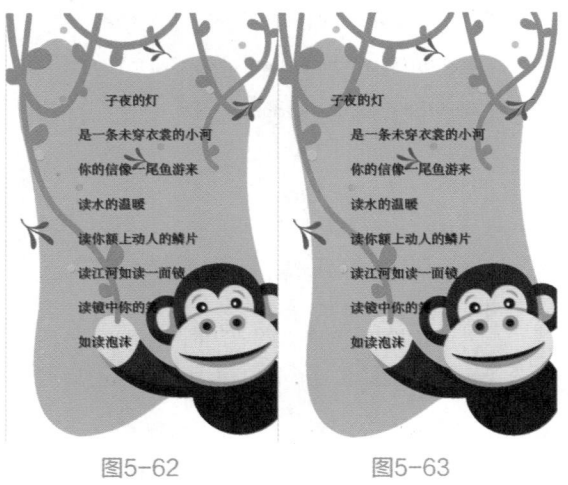

图5-62   图5-63

5.3.4 实战——创建和使用段落样式

段落样式是包括字符和段落格式的属性集合，可应用于所选的段落。使用段落样式可以节省调整段落属性的时间，并且能够确保文本格式的一致性。

01 打开相关素材中的"实战——创建和使用段落样式素材.ai"文件，选择文本，如图5-64所示。

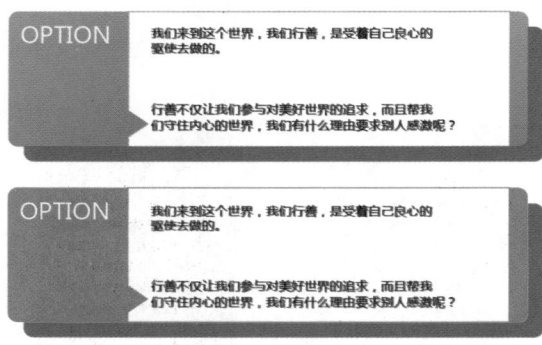

图5-64

02 在"段落"面板中设置段落格式，如图5-65所示。执行"窗口"|"文字"|"段落样式"命令，打开段落样式面板，单击"创建新样式"按钮 ，保存段落样式，如图5-66所示。

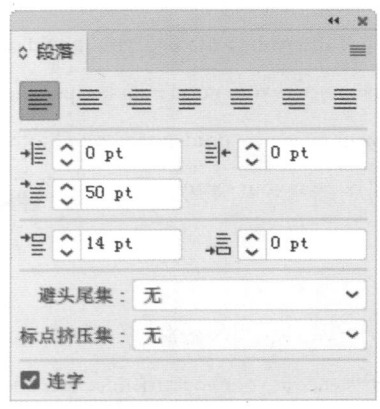

图5-65

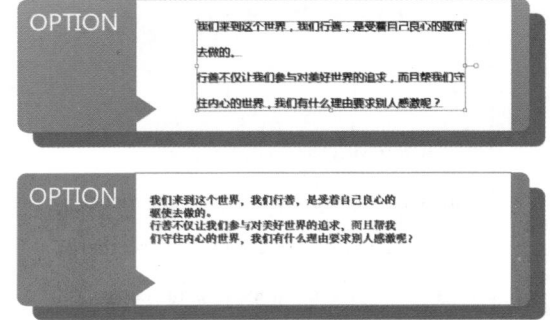

图5-66

03 选择另外一个文本，单击"段落样式"面板中的段落样式，即可将该样式应用到所选文本中，如图5-67和图5-68所示。

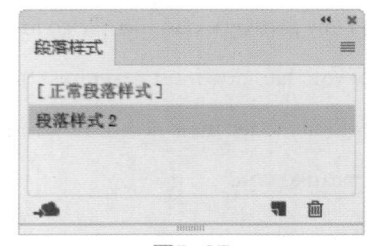

图5-67

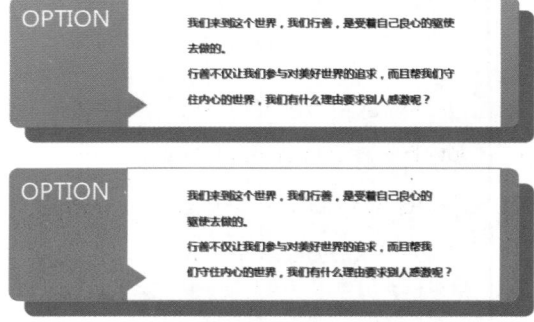

图5-68

5.4　制表符

制表符定点可以应用于整个段落。在设置第一个制表符时，Illustrator会删除其定位点左侧的所有默认制表符定位点。设置更多的制表符定位点时，Illustrator会删除所设置的制表符间的所有默认制表符。

5.4.1　设置制表符

在段落中插入光标，或选择要为所有段落设置制表符定位点的文字对象，然后执行"窗口"|"文字"|"制表符"命令，打开"制表符"面板，从中设置段落或文字对象的制表符，如图5-69所示。

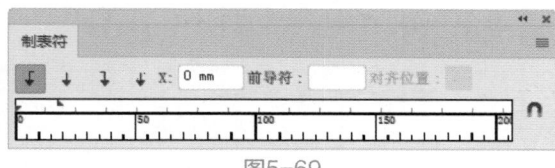

图5-69

在"制表符"面板中，单击任意制表符对齐按钮，指定如何相对于制表符位置来对齐文本。

➤ 左对齐制表符↓：靠左对齐横排文字，右边距可因长度不同而参差不齐。

➤ 居中对齐制表符↓：按制表符标记居中对齐文本。

➤ 右对齐制表符↓：靠右对齐横排文字，左边距可因长度不同而参差不齐。

➤ 小数点对齐制表符↓：将文本与指定字符对齐放置。在创建数字列时，此按钮尤为有用。

在X文本框中输入一个位置，然后按Enter键。如果选定了X值，按"↑"和"↓"键，可以分别增加或减少制表符的值（增量为1点）。

前导符号是制表符和后续文本之间的一种重复性字符模式（如一连串的点或虚线）。

单击"磁铁"图标Ω，"制表符"面板将移到选定文本对象的正上方，并且零点与左边距对齐。如有必要，可以拖动面板右下角的"调整大小"按钮以扩展或缩小标尺。

5.4.2　重复制表符

"重复制表符"命令可以根据制表符与左缩进，或前一个制表符定位点间的距离创建多个制表符。首先在段落中单击以设置一个插入点，然后在"制表符"面板中，从标尺选择一个制表位，再从面板菜单中选择"重复制表符"命令，如图5-70所示。

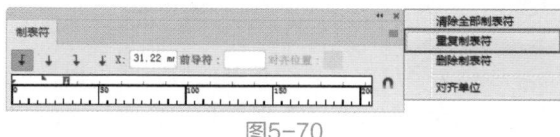

图5-70

5.4.3　使用制表符面板来设置缩进

使用文字工具单击要缩进的段落，然后在"制表符"面板中拖动最上方的标记，可以缩进首行文本；拖动下方的标记，可以缩进除第一行之外的所有行；如果按住Ctrl键，拖动下方的标记可同时移动这两个标记并缩进整个段落，如图5-71所示。

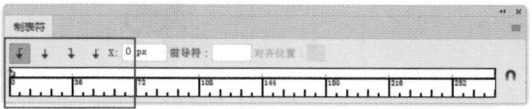

She had been shopping with her Mom in Wal-Mart.

She must have been 6 years old, this beautiful brown haired,

freckle-faced image of innocence. It was pouring outside.

The kind of rain that gushes over the top of rain gutters,

so much in a hurry to hit the Earth, it has no time to flow

down the spout.

She had been shopping with her Mom in Wal-Mart.

She must have been 6 years old, this beautiful brown haired,

freckle-faced image of innocence. It was pouring outside.

The kind of rain that gushes over the top of rain gutters,

so much in a hurry to hit the Earth, it has no time to flow

down the spout.

图5-71

121

5.5 编辑文本

文字元素是平面设计中不可或缺的一部分，而Illustrator CC 2018中具有强大的文字编辑功能，可以方便地在平面设计中制作多种多样的文字效果。

5.5.1 设置文字的填色和描边

选择文字后，可以在控制面板、"色板"、"颜色"和"颜色参考"等面板中修改文字的颜色，如图5-72所示。图案可以用来填充或描边文字，如图5-73所示。

图5-72

图5-73

5.5.2 修改文字方向

执行"文字"|"文字方向"命令，下拉菜单中包括"水平"和"垂直"两个命令，使用它们可以改变文本中字符的排列方向，将直排文字改为横排文字，如图5-74和图5-75所示。

图5-74 图5-75

5.5.3 转换文字类型

在Illustrator中，点文字和区域文字可以互相转换。例如，选择文字后，执行"文字"|"转换为区域文字"命令，可将其转换为区域文字。选择区域文字后，执行"文字"|"转换为点状文字"命令，可以将其转换为点文字。

5.5.4 转换文本为轮廓

选择文字对象，执行"文字"|"创建轮廓"命令，可以将文字转换为轮廓。文字在转换为轮廓后，可以保留描边和填色，并且可以像编辑其他图形对象一样对它进行处理。例如，可以应用效果、填充渐变，单文字的内容无法再编辑，如图5-76所示是转换为轮廓后的文字，图5-77所示是对文字轮廓进行处理并填充渐变的效果。

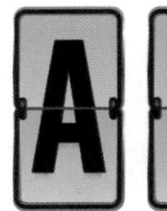

图5-76

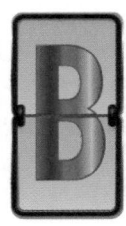

图5-77

5.5.5 实战——修改和删除文字

文字工具在编辑作图过程中的使用频率非常高，在编辑作图过程中，文字的字体、大小和颜色往往决定了图片的美观程度。在此案例中，我们通过修改和删除文字，来编辑文本内容，使得画面更加美观和谐。

01 打开相关素材中的"实战——文字"文件。选择工具箱中的"文字工具"按钮 **T**，在文字上单击并拖动鼠标选择文字，如图5-78所示。在控制面板或者"字符"面板中修改字体、大小和颜色等属性，如图5-79所示。

图5-78

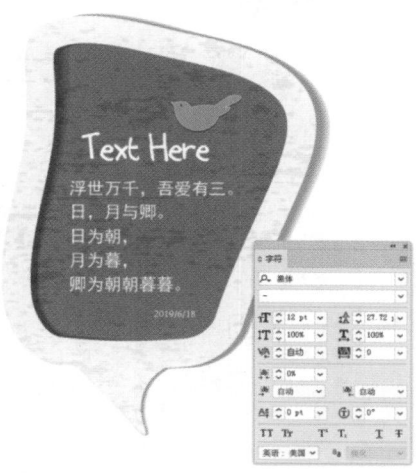

图5-79

02 输入文字可修改所选文字内容，如图5-80所示。在文本中单击，可在单击处设置插入点，此时输入文字可在文本中添加文字，如图5-81所示。

图5-80

图5-81

03 如果要删除部分文字，可以将它们选择，然后按Delete键即可，如图5-82所示。

图5-82

5.5.6 实战——查找和替换文字

使用"查找"和"替换"文字可以在文本中

查找需要修改的文字，并将其替换。在进行查找时，如果要将搜索范围限制在某个文字对象中，可选择该对象；如果要将其搜索范围限制在一定范围的字符中，可选择这些字符；如果要对整个文档进行搜索，则不需要选择任何对象。

01 打开相关素材中的"实战——查找和替换文字素材.ai"文件，如图5-83所示。执行"编辑"|"查找和替换"对话框，在"查找"文本框中输入要查找的文字，如果要自定义搜索范围，可以勾选对话框底部的复选框。在"替换为"文本框中输入用于替换的文字，如图5-84所示。

图5-83

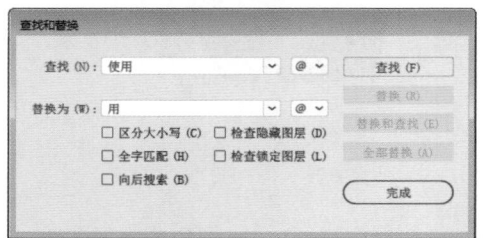

图5-84

02 单击"查找"按钮，Illustrator会将搜索到的文字突出显示，如图5-85所示。单击"全部替换"按钮，替换文档中所有符合搜索要求的文字，如图5-86所示。

图5-85

图5-86

技巧与提示　单击"替换"按钮，可替换搜索到的文字，此后可单击"查找下一个"按钮，继续查找下一个符合要求的文字。单击"替换和查找"按钮，可替换搜索到的文字并继续查找下一个文字。如果使用"查找和替换"命令查找了文字，并关闭了对话框，则执行"编辑"|"查找下一个"命令可以查找文本中符合查找要求的下一个文字。

5.5.7　实战——文本绕排

文本绕排是指让区域文本围绕一个图形、图像或其他文本排列，得到精美的图文混排效果。创建文本绕排时，应用区域文本，在"图层"面板中，文字与绕排对象位于相同的图层，且文字层位于绕排对象的正下方。

01 打开相关素材中的"实战——文本绕排素材.ai"文件，如图5-87所示。执行"窗口"|"图层"命令，打开"图层"面板，如图5-88所示。

图5-87

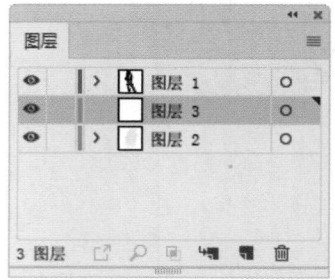

图5-88

02 使用钢笔工具根据人物的外形绘制出剪影图形，如图5-89所示。然后在画板右侧单击并拖动鼠标创建文本框，如图5-90所示。

图5-89　　　　　　图5-90

03 放开鼠标后，在文本框中输入文字，调整文字的大小、段落、格式等，效果如图5-91所示。调整文字与图片的位置关系，按住Shift键单击人物轮廓图形，将文本与人物轮廓图形同时选取，如图5-92所示。

图5-91　　　　　　图5-92

04 执行"对象"｜"文本绕排"｜"建立"命令，创建文本绕排，如图5-93所示。在空白区域单击取消选择。单击文本，将它移向任务，文字会重新排列，文本框右下角如果出现红色的"⊞"标记，说明有溢出的文字，此时可拖动文本框，将文本框扩大，使溢出的文字显示出来，如图5-94所示。

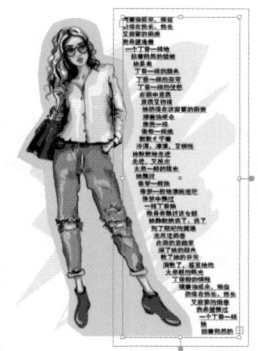

图5-93　　　　　　图5-94

05 最后再根据画面的显示效果，进行文字的版式排列，最终效果如图5-95所示。

图5-95

5.5.8　实战——选区与路径文字制作字母T

此实战案例中，用选区与路径文字制作字母T，操作方法简单，可以根据此制作方法，来制作文字海报，也常常可见。

01 打开Illustrator CC 2018，创建一个540px×330px大小的画布，使用"矩形工具"按钮▭绘制两个矩形，如图5-96所示，并选择"路径查找器"面板中的"联集"按钮▪，如图5-97所示。

图5-96

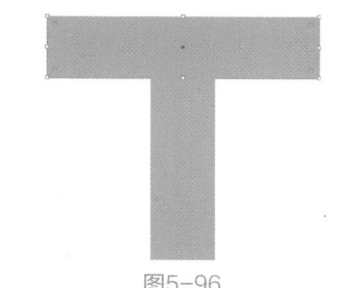

图5-97

02 选择工具箱中的"文字工具"按钮 **T**，将鼠标放置在复合图形上，当鼠标显示为 I 时，可编辑文本。打开相关素材中的"文字素材.txt"文件，将文字复制到复合图形上，并调整其大小，如图5-98所示。

图5-98

03 删除复合图形，选择文本对象进行编组，并旋转文本对象的角度，如图5-99所示。

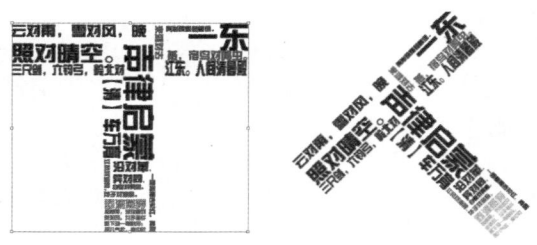

图5-99

04 使用文字工具编辑其他字体并旋转，最终效果如图5-100所示。

图5-100

5.6 本章小结

应用好Illustrator CC 2018的文本输入、编辑和处理功能，读者可以快速地设计制作出美观实用的文本。本章详细介绍了文本格式、文字工具的使用方法等知识点。通过本章的学习，相信读者一定对处理文本的方法和技巧有了更为深入的了解。

相对于传统绘画的"单一平面操作"模式而言，以Illustrator、Photoshop为代表的"多图层"模式数字制图大大地增强了图像编辑的扩展空间。在使用Illustrator制图时，使用图层可以快捷有效地管理图形对象，通过执行"窗口"|"图层"命令，可以调出"图层"面板，默认情况下，每个新建的文档都包含一个图层，而每个创建的对象都在该图层之下列出，并且用户可以根据需要来创建新的图层。

第6章

图层与蒙版

本章重点

- ⊙ 熟练使用图层面板
- ⊙ 透明度面板
- ⊙ 掌握图层剪切蒙版的使用方法

6.1 图层概述

图层用来管理对象，它就像是结构清晰的"文件夹"，包含了所有图稿内容。图层可以控制对象的堆叠顺序、显示模式，以及进行锁定和删除等。此外，绘制复杂的图稿时，使用图层可以有效地选择和管理对象，提高工作效率。

6.1.1 认识图层面板

通过执行"窗口"|"图层"命令，可以调出"图层"面板，默认情况下，每个新建的文档都会包含一个图层，而每个创建的对象都在该图层之下，并且用户可以根据需要创建新的图层，如图6-1所示。

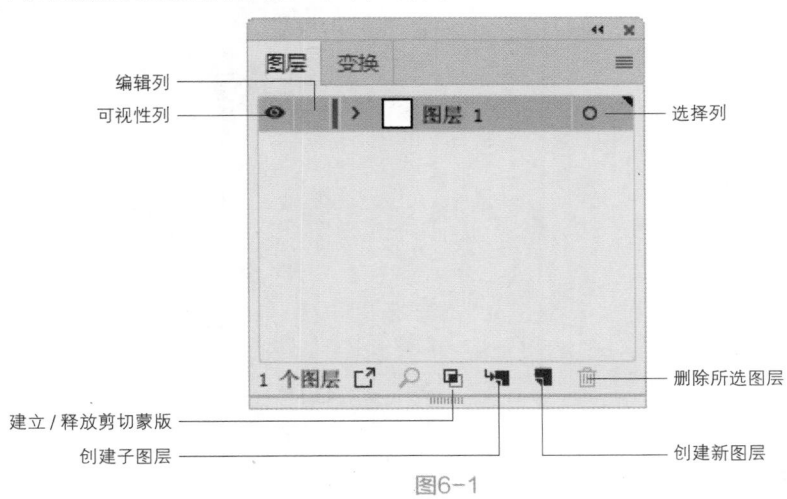

图6-1

- ➢ 可视性列：在这里显示当前图层的显示/隐藏状态以及图层的类型。例如 ◉ 表示项目是可见的，▢ 表示项目是隐藏的。
- ➢ 编辑列：指项目是锁定还是非锁定的。🔒 为锁定状态，不可编辑；▢ 为非锁定状态，可以进行编辑。
- ➢ 选择列：显示是否已经选定项目。当选定项目时，会显示一个颜色框。如果一个项目（如图层或组）包含一些已选定的对象以及其他一些未选定的对象，则父项中的对象会一并选中，且选定项目的颜色框大小将与选定对象旁的标记大小相同。

➢ 建立/释放剪切蒙版：用于创建图层中的剪切蒙版，图层中最顶部的图层将作为蒙版轮廓。

➢ 创建子图层：在当前集合图层下创建新的子图层。

➢ 创建新图层：单击该按钮即可创建新图层，按住Alt键单击该按钮即可弹出"图层选项"对话框。

➢ 删除所选图层：单击该按钮即可删除所选图层。

6.1.2 创建图层和子图层

单击"图层"面板中的"创建新图层"按钮█，可以在当前选择的图层上方新建一个图层，如图6-2所示。单击"创建新子图层"按钮█，则可以在当前选择的图层中创建一个子图层，如图6-3所示。

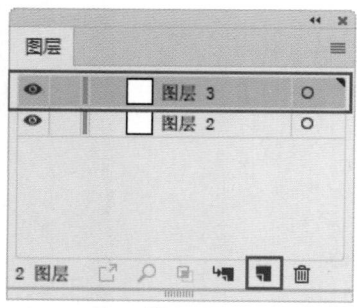

图6-2

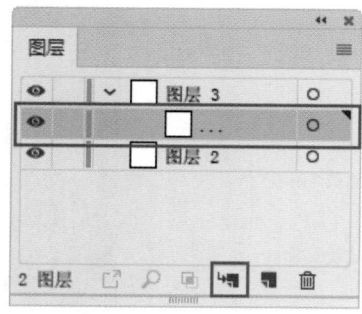

图6-3

6.1.3 复制图层

在"图层"面板中，将一个图层、子图层或

组拖至面板底部的"创建新图层"按钮█上，即可复制它，如图6-4和图6-5所示。按住Alt键向上或向下拖动图层、子图层或组，可以将其复制到指定位置，如图6-6和图6-7所示。

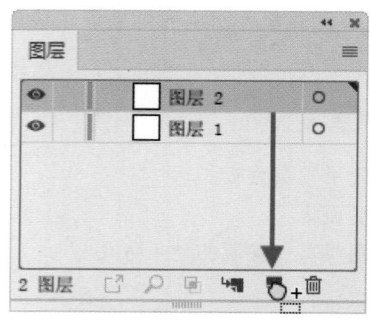

图6-4

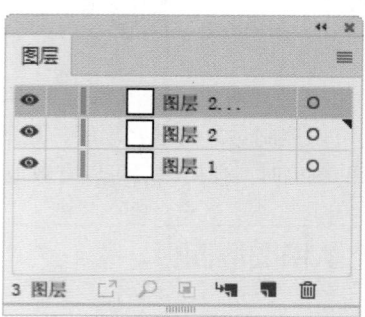

图6-5

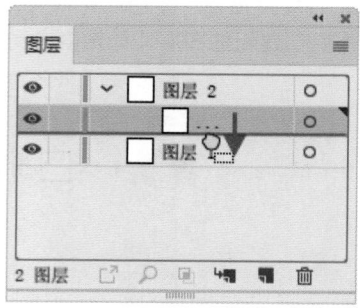

图6-6

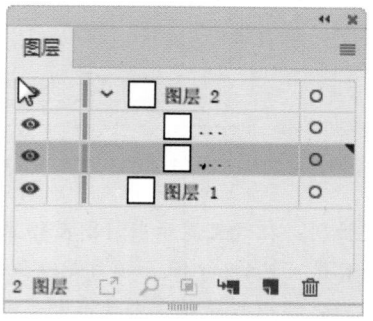

图6-7

6.2 编辑和管理图层

图层可以被调整顺序、修改命名、设置易于识别的颜色，也可以进行隐藏、合并或删除。

6.2.1 设置图层选项

双击"图层"面板中的图层，如图6-8所示。或单击一个图层后，执行面板菜单中"(图层名称)图层的选项"命令，可以打开"图层选项"对话框，如图6-9所示。

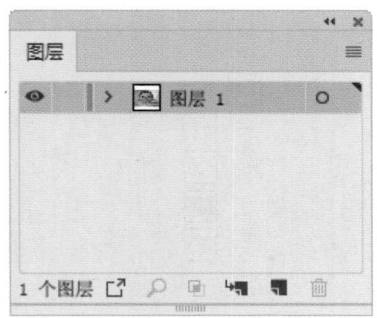

图6-8

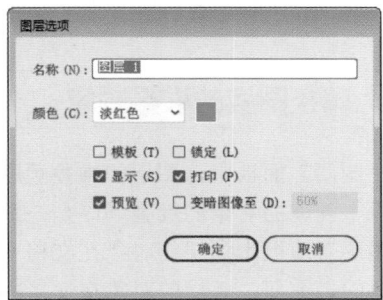

图6-9

➤ 名称：可以修改图层的名字。在图层数量较多的情况下，给图层命名可以更加方便地查找和管理对象。

➤ 颜色：在该选项下拉列表中可以为图层选择一种颜色，也可以双击右侧的色块来选择。在默认情况下，Illustrator会为每一个图层指定一种颜色，该颜色会显示在"图层"面板图层缩览图的前面，选择该图层的定界框、路径、锚点以及中心点也会显示与此相同的颜色。

➤ 模板：选择该选项后，可以将当前图层创建为模板图层。模板图层前会显示 状图标，

图层的名称为倾斜的字体，并自动处于锁定状态（有 🔒 状图标）。模板不能被打印和导出，取消模板选项的选择时，可以将模板图层转换为普通图层。

> **技巧与提示** 选择"模板"命令后，"视图"|"隐藏模板"命令可用，执行该命令可以隐藏模板图层。

➤ 显示：选择该选项，当前图层为可见图层，图层前面会显示眼睛图标👁。取消选择时，则隐藏图标。

➤ 预览：选择该选项时，当前图层中的对象为预览模式，图层前面会显示👁状图标。取消选择时，图层中的对象为轮廓模式，图层前面会显示◎状图标。

> **技巧与提示** 按住Ctrl键单击图层前面的眼睛图标👁，可以将该图层的对象切换为轮廓模式。

➤ 锁定：选择该选项，可以将当前图层锁定，图层前方会出现🔒状图标。

➤ 打印：选择该选项，表示当前图层可进行打印。如果取消选择，则该层中的对象不能被打印，图层的名称也会变成斜体。

➤ 变暗图像至：选择该选项，然后再输入一个百分比值，可以淡化当前图层中位图图像和链接图像的显示效果。该选项只对位图有效，矢量图不会发生任何变化，这一功能在描摹位图图像时十分有用。如图6-10所示为未选择该选项的图稿（此图片是位图），图6-11所示为选择该选项并设置百分比为50%后的效果。

图6-10

图6-11

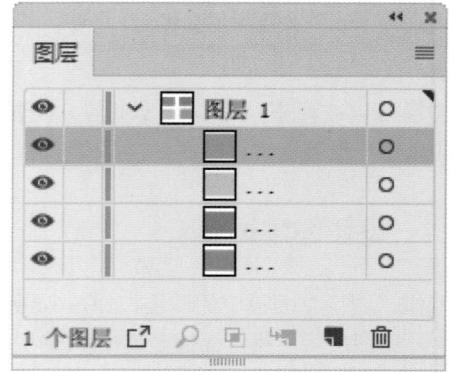

图6-14

6.2.2 选择图层

单击"图层"面板中的一个图层，即可选择该图层，如图6-12所示，所选图层称为"当前图层"。刚开始绘图时，创建的对象会出现在当前图层中。如果要同时选择多个图层，可以按住Ctrl键单击它们，如图6-13所示。如果要同时选择多个相邻的图层，可以按住Shift键单击最上面和最下面的图层，如图6-14和图6-15所示。

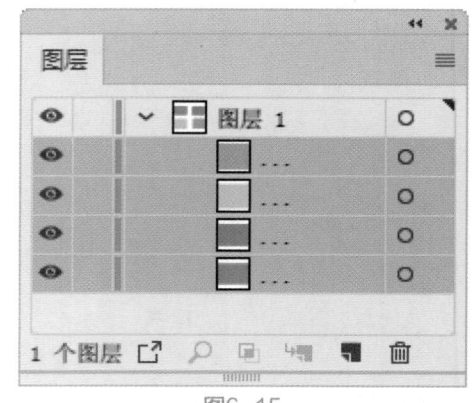

图6-15

6.2.3 调整图层的堆叠顺序

在"图层"面板中，图层的堆叠顺序与绘图时在画板中创建的对象的堆叠顺序是一致的，因此，"图层"面板中顶层的对象在文档中也位于所有对象的最前面，底层的对象在文档中位于所有对象的最后面，如图6-16和图6-17所示。

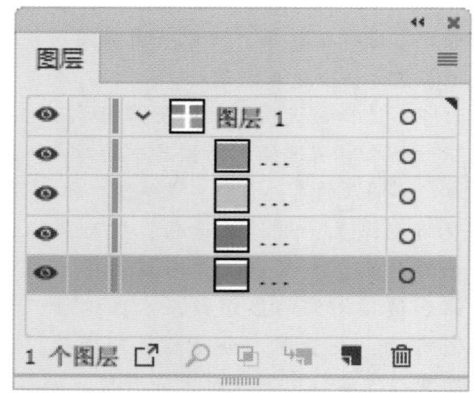

图6-12

图6-16

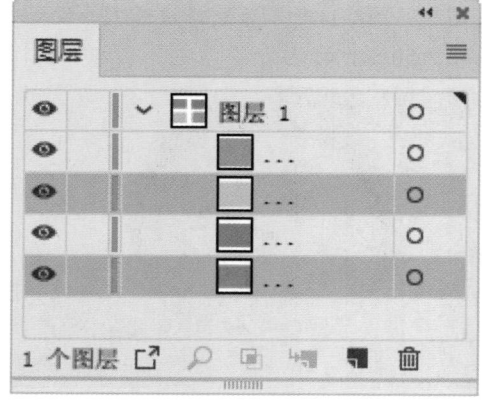

图6-13

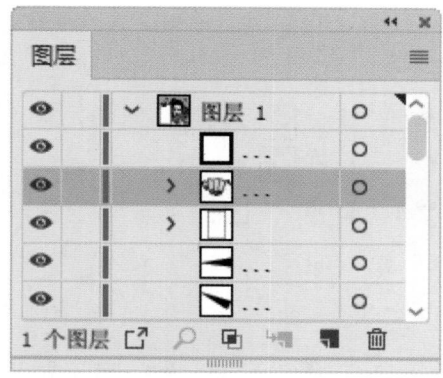

图6-17

单击并将一个图层、子图层或图层中的对象拖动到其他图层（或子图层）的上面或下面，可以调整图层的堆叠顺序，如图6-18和图6-19所示。如果将图层拖至另外的图层内，则可以将其设置为目标图层的子图层。

图6-18

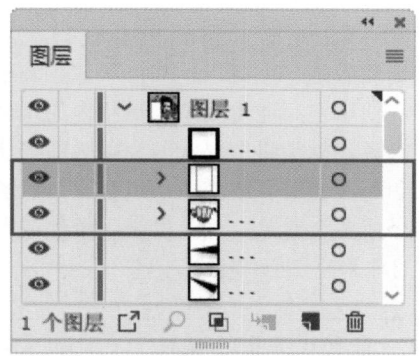

图6-19

选择多个图层后，执行"图层"面板菜单中的"反向顺序"命令，可以反转它们的堆叠顺序。

6.2.4　将对象移动到其他图层

在文档中选择一个对象后，"图层"面板中该对象所在图层的缩览图右侧会显示一个■状图标，如图6-20所示。将该图标拖动到其他图层，可以将当前选择的对象移动到目标图层中，如图6-21所示。■状图标的颜色取决于当前图层的颜色，由于Illustrator会为不同的图层分配不同的颜色，因此，将对象调整到其他图层后，该图标的颜色也会变为目标图层的颜色。

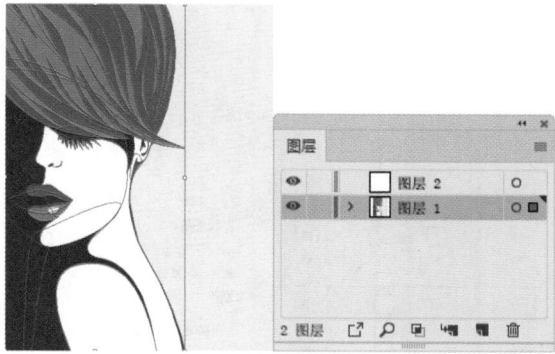

图6-20

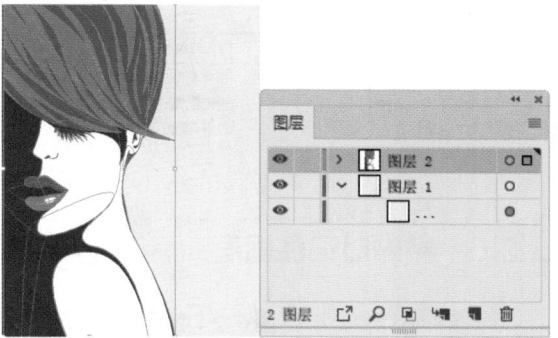

图6-21

选择一个对象后，单击"图层"面板中目标图层的名称，然后执行"对象"|"排列"|"发送至当前图层"命令，可以将对象移动到目标图层中。

6.2.5　定位对象

在文档窗口中选择对象后，如图6-22所示，如果想要了解所选对象在"图层"面板中的位置，可单击"定位对象"按钮，或执行"图

层"面板菜单中的"定位对象"命令，如图6-23
所示。该命令对于定位复杂图稿，尤其是重叠图
层中的对象非常有用。

图6-22

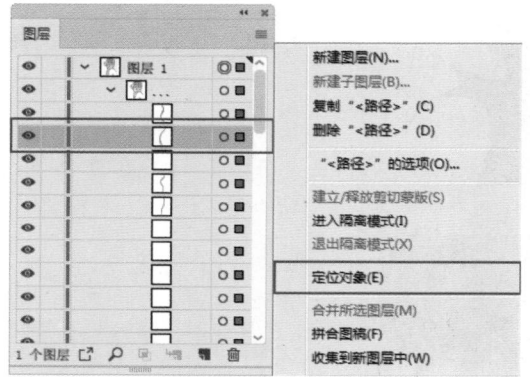

图6-23

6.2.6 粘贴时记住图层

选择一个对象，如图6-24所示，按快捷键
Ctrl+C复制，再选择一个图层，按快捷键Ctrl+V，
可以将对象粘贴到所选图层中，如图6-25所示。

图6-24

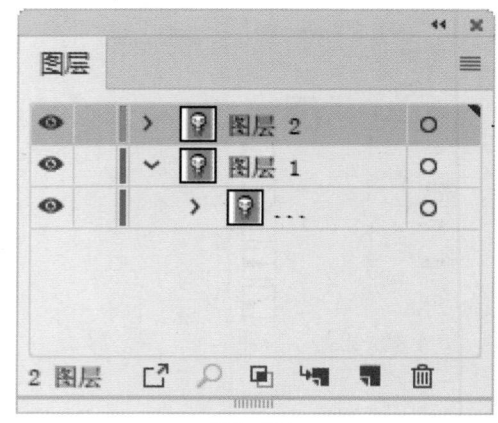

图6-25

如果要将对象粘贴到原图层，可以在"图层"
面板菜单中选择"粘贴时记住图层"命令，再进
行粘贴操作，对象会粘贴至原图层中，如图6-26所
示，且不管该图层在"图层"面板中是否处于选择
状态，对象将始终位于画板的中心。

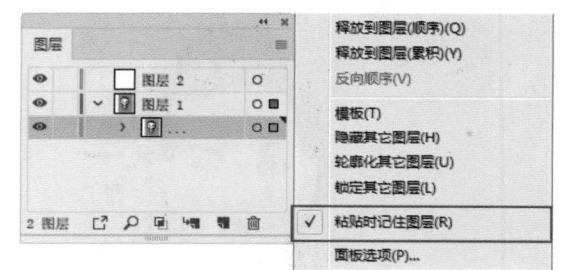

图6-26

6.3 剪切蒙版

剪切蒙版是一个可以用其形状遮盖其他图稿
的对象，使用它只能看到蒙版形状内的区域。从
效果上来说，就是将图稿裁剪为蒙版的形状。剪
切蒙版和遮盖的对象成为剪切组合，可以通过选
择的两个或多个对象，也可以是一个组或图层中
的所有对象来建立剪切组合。

6.3.1 剪切蒙版原理

剪切蒙版使用一个图形的形状来隐藏其对
象，使得位于该图形范围内的对象显示，位于该
图形以外的对象被蒙版遮盖而不可见，如图6-27
和图6-28所示。

图6-27

图6-28

在"图层"面板中，只有矢量对象可以作为
蒙版对象（此对象被称为剪贴路径），但任何对
象都可以作为被遮盖的对象。如果使用图层或组
来创建剪切蒙版，则图层或组中的第一个对象将
会遮盖图层或组中的所有内容。此外，无论蒙版
对象属性如何，创建剪切蒙版后，都会变成一个
无填色和描边的对象。

6.3.2 创建剪切蒙版

剪切蒙版可以通过两种方法创建。第一种方
法是选择对象，如图6-29所示，单击"图层"面
板中的 按钮进行创建，此时蒙版会遮盖同一图
层中的所有对象，如图6-30所示。

图6-29

图6-30

第二种方法是在选择对象后，执行"对
象"|"剪切蒙版"|"建立"命令进行创建，此时
蒙版只遮盖所选的对象，不会影响其他对象，如
图6-31和图6-32所示。

图6-31

图6-32

 技巧与提示　　在同一图层中制作剪切蒙版时，蒙版
图形（剪切路径）应该位于被遮盖对象的
上方。如果图形位于不同的图层，则制作
剪切蒙版时，应将蒙版图形（剪切路径）
所在的图层调整到被遮盖对象的上层。

6.3.3 在剪切组中添加或删除对象

在"图层"面板中,创建剪切蒙版时,蒙版图形被其遮盖的对象会移到"剪切组"内,如图6-33所示。如果将其他对象拖入包含剪切路径的组或图层,可以对该对象进行遮盖,如图6-34所示。如果将剪切蒙版中的对象拖至其他图层,则可以排除对该对象的遮盖。

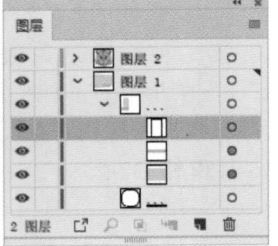

图6-33

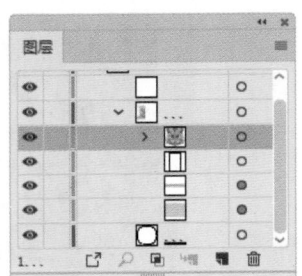

图6-34

6.3.4 释放剪切蒙版

选择剪切蒙版对象,执行"对象"|"剪切蒙版"|"释放"命令,或单击"图层"面板中的"建立/释放剪切蒙版"按钮,即可释放剪切蒙版,被使用剪贴路径遮盖的对象将重新显示出来。如果将剪切蒙版中的对象拖至其他图层,也可释放该对象,使其显示出来,如图6-35和图6-36所示。

图6-35

图6-36

6.3.5 实战——剪切蒙版制作纹理

剪切蒙版是一个可以用其形状遮盖其他图稿的对象,使用它只能看到蒙版状态内的区域。根据蒙版的特殊性,制作简单的蒙版纹理。

01 打开相关素材中的"实战——剪切蒙版制作纹理.ai"文件,选择工具箱中的"矩形工具"按钮,拖动鼠标绘制一个矩形,将矩形置于素材上面,执行右键菜单中的"建立剪切蒙版"命令,如图6-37和图6-38所示。

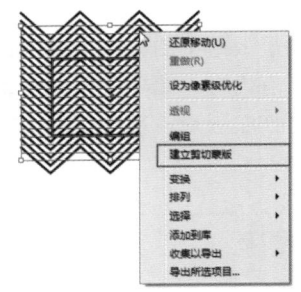

图6-37　　　　　　　　图6-38

02 选择工具箱中的"椭圆工具"按钮,按照上述方法建立剪切蒙版,如图6-39和图6-40所示。

图6-39

图6-40

03 使用此方法，可以编辑图形的外轮廓，来制作剪切蒙版，如图6-41所示。

图6-41

6.3.6 实战——绘制百叶窗效果

蒙版功能应用非常广泛，能制作出的图形效果也多种多样。此案例中，主要运用"直线段工具""字符工具"和"蒙版"命令按钮来制作一款百叶窗的效果。

01 打开Illustrator CC 2018，创建一个540px×330px大小的画布，使用"直线段工具" ✐绘制一条线段，无填充，描边大小自定，并按住Alt键移动复制多个，按快捷键Ctrl+D移动并复制使之布满画布，并将所有线段编组，如图6-42和图6-43所示。

图6-42

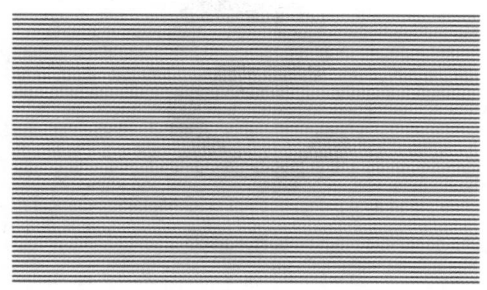

图6-43

02 选择工具箱中的"文字工具"按钮**T**，输入文字，如图6-44所示。单击鼠标右键，选择"创建轮廓"命令，将文字转曲，如图6-45所示。

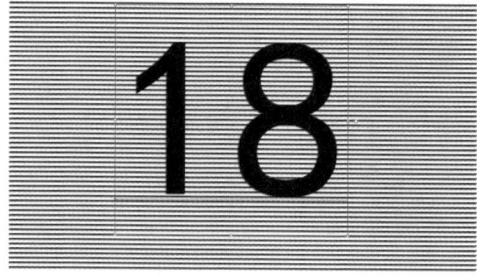

图6-44

图6-45

03 选择转曲后的对象，执行右键菜单中的"取消编组"命令，并调整对象的位置，如图6-46和图6-47所示。

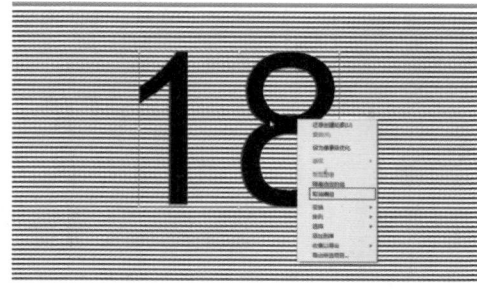

图6-46

图6-47

04 选择背景的线段组，按快捷键Ctrl+C和Ctrl+F原位前置复制粘贴，上下调整位置，产生不同的效果，如图6-48所示。选择调整好的线段组，进行原位前置复制粘贴，如图6-49所示。

图6-48

图6-49

05 按住Shift键选择复制好的线段组和数字对象，执行右键菜单中的"建立剪切蒙版"命令，然后按"↓"键，使之产生百叶窗效果，如图6-50和图6-51所示。

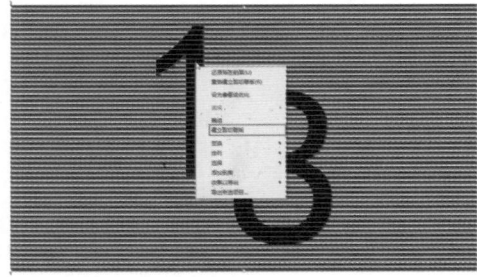

图6-50

图6-51

06 使用上述方法制作另外一个数字，调整位置，效果如图6-52所示。

图6-52

6.3.7 实战——创建和编辑剪切蒙版制作名片

蒙版在作图时常常会用到，因为蒙版的特殊性，可以使图片效果变得更加丰富和绚丽，下列案例中，讲解了如何用剪切蒙版来制作名片。

01 打开相关素材中的"实战——蒙版素材.ai"文件，单击工具箱中的"文字工具"按钮 **T**，在控制栏中设置合适的字体和大小，并输入大写英文字母S，如图6-53所示。

图6-53

02 单击工具箱中的"选择工具"按钮 ▶，选中英文字母S，按快捷键Ctrl+2将英文字母S锁定，如图6-54所示。

图6-54

技巧与提示　锁定对象的快捷键为Ctrl+2，解除锁定对象的快捷键为Ctrl+Alt+2。

03 单击工具箱中的"椭圆工具"按钮◯，在字母S上绘制出不同大小的圆，并分别设置为不同的颜色，效果如图6-55所示。

04 单击工具箱中的"选择工具"按钮▶，框选所有圆形，执行"窗口"|"路径查找器"命令，在打开的"路径查找器"面板中单击"分割"按钮▣，完成后可以将所有重叠的部分分隔开，并改变其颜色，如图6-56所示。

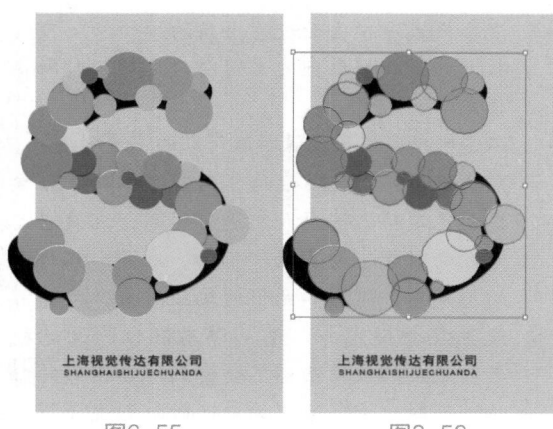

图6-55　　　　　　　图6-56

05 按下解除锁定快捷键Ctrl+Alt+2将锁定的字母S解锁，再次选中英文字母S，执行"对象"|"扩展"命令，在弹出的"扩展"对话框中选中"对象"和"填充"复选框，单击"确定"按钮完成操作，这时可以看到英文字母S被扩展成为一个闭合路径，如图6-57所示。

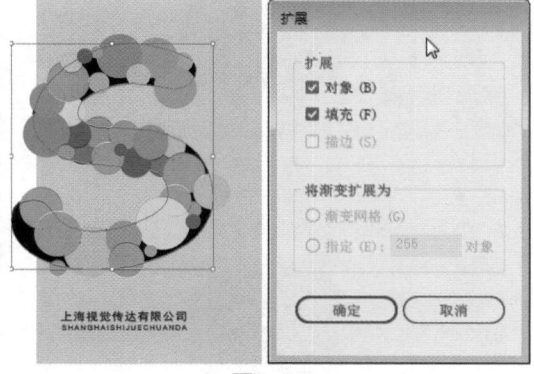

图6-57

06 选中字母S并右击，在弹出的快捷菜单中执行"排列"|"置于顶层"命令，将其移至顶层，如图6-58所示。

07 选中所有图形，右击，在弹出的快捷菜单中执行"建立剪切蒙版"命令，完成操作，如图6-59所示。

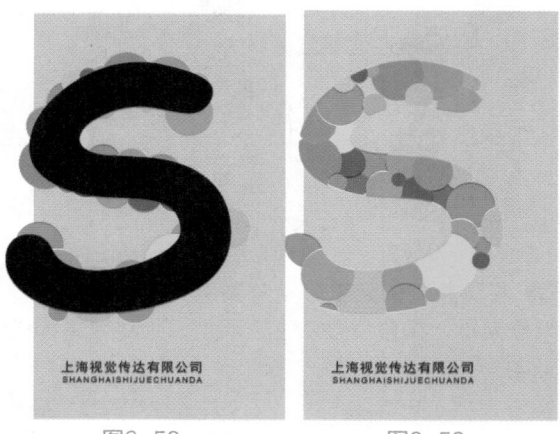

图6-58　　　　　　　图6-59

08 单击工具箱中的"椭圆工具"按钮◯，在剪切后的S上方绘制出多个小圆，并分别填充不同的颜色，排列好位置，如图6-60所示。

09 在素材中将名片LOGO移至画板中，调整位置。然后单击工具箱中的"文字工具"按钮**T**，在控制栏中设置合适的字体大小，调整字体位置，如图6-61所示。

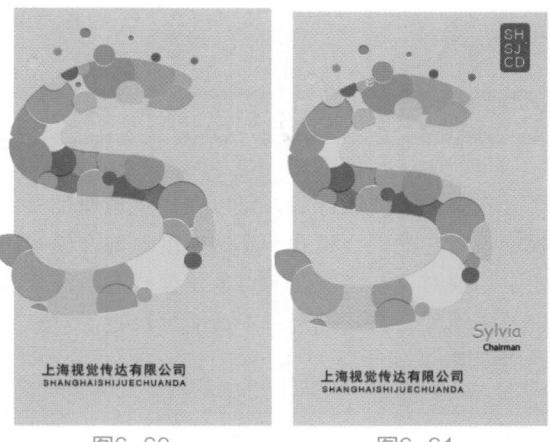

图6-60　　　　　　　图6-61

10 绘制一个同名片大小相等的矩形，并且右击，在弹出的快捷菜单中执行"排列"|"置于顶层"命令，排列至顶层后，再次执行"建立剪切蒙版"命令，如图6-62所示，建立后效果如图6-63所示。

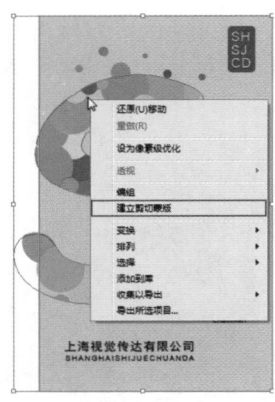
图6-62

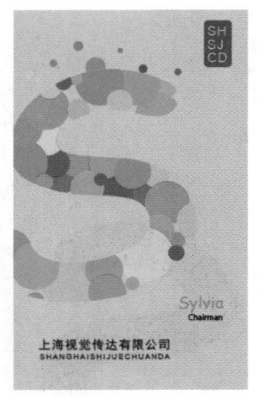
图6-63

11 将调整好的元素移动复制到另外的版面上，缩放大小，调整位置及不透明度，最终效果如图6-64所示。

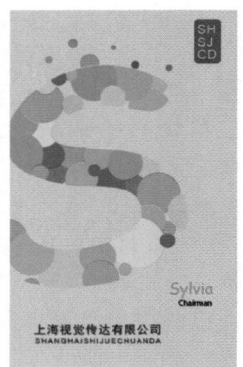

图6-64

6.4 透明度效果和混合模式

　　选择图形或图像后，可以在"不透明度"面板中设置它的混合模式和不透明度。混合模式决定了当前对象与它下面的对象堆叠时是否混合，以及采用什么方式混合；不透明度决定了对象的透明程度。

6.4.1 认识透明度面板

　　"透明度"面板用来设置对象的不透明度和混合模式，并可以创建不透明度蒙版来挖空效果。打开该面板后，选择面板菜单中的"显示选项"命令，可以显示全部选项，如图6-65所示。在"透明度"面板中，"制作蒙版"按钮以及"剪切"和"反相蒙版"选项用于创建和编辑不透明度蒙版。

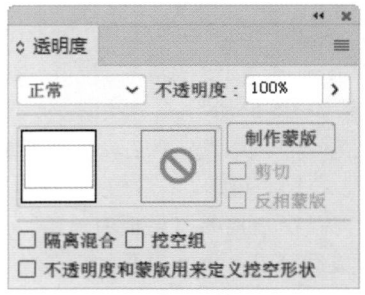

图6-65

➤　混合模式：单击面板左上角的按钮 ，可在打开的下拉列表中为当前对象选择一种混合模式。

➤　不透明度：用来设置所选对象的不透明度。

➤　隔离混合：勾选该复选框后，可以将混合模式与已定位的图层或组进行隔离，以使它们下方的对象不受影响。例如，在图6-66所示的图稿中，星形和圆形为编组对象，为它们设置混合模式并勾选"隔离混合"复选框后，底层的底纹图形不会受到混合模式的影响。而取消该复选框的勾选时，则混合模式会影响条纹，如图6-67所示。要进行隔离混合操作，可以在"图层"面板中选择一个组或图层，然后在"透明度"面板中选择"隔离混合"复选框。

图6-66

图6-67

➤ 挖空组：选中该复选框后，可以保证编组对象中单独的对象或图层在相互重叠的地方不能透过彼此而显示，如图6-68所示。图6-69所示为取消选中该复选框时的编组对象。

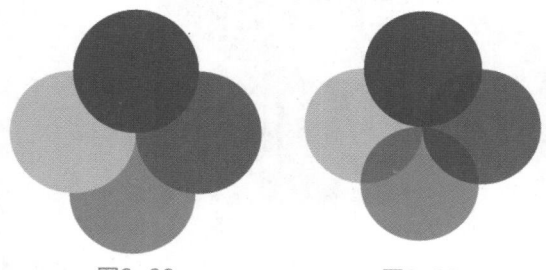

图6-68   图6-69

➤ 不透明度和蒙版用来定义挖空形状：选中该复选框可以创建与对象不透明度成比例的挖空效果。在接近100%不透明度的蒙版区域中，挖空效果较强；在具有较低不透明度的区域中，挖空效果较弱。

6.4.2 混合模式

选择一个或多个对象，单击"透明度"面板顶部的 ﹀ 按钮打开下拉列表，选择一种混合模式，所选对象会采用这种模式与下面的对象混合。Illustrator提供了16种混合模式，它们分为6组，如图6-70所示。每一组的混合模式都有着相近的用途。

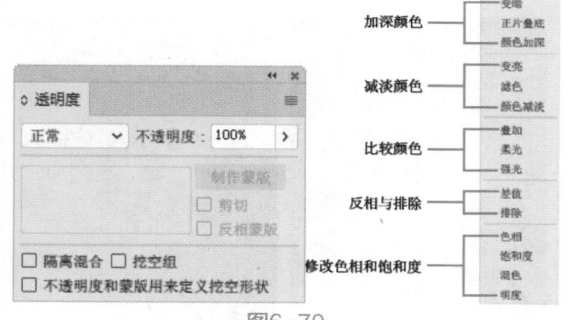

图6-70

在图6-71所示的文件中，默认状态下图为"正常"模式，此时对象的不透明度为100%，它会完全遮盖住下面的对象，如图6-72所示。选择红、绿、蓝和黑白渐变图形并调整混合模式，可以让它们与下面的人物图像产生混合效果。

图6-71

图6-72

➤ 变暗：选择基色或混色中较暗的一个作为结果色。比混合色亮的区域会被结果色取代，比混合色暗的区域将保持不变，如图6-73所示。

图6-73

➤ 正片叠底：将基色与混合色相乘，得到的颜色比基色和混合色都要暗一些。将任何颜色与黑色相乘都会产生黑色，将任何颜色与白色相乘则颜色保持不变，其效果类似于使用多个魔术笔在页面上绘图，如图6-74所示。

➤ 颜色加深：加深基色以反映混合色，与白色混合后不产生变化，如图6-75所示。

图6-74   图6-75

> 变亮：选择基色或混合色中较亮的一个作为结果色。比混合色暗的区域将被结果色取代，比混合色亮的区域将保持不变，如图6-76所示。

图6-76

> 滤色：将混合色的反相颜色与基色相乘，得到的颜色总是比基色和混合色都要亮一点。用黑色滤色时颜色保持不变，用白色滤色将产生白色。此效果类似于多个幻灯片图像在彼此之上投影，如图6-77所示。

> 颜色减淡：加亮基色以反映混合色。与黑色混合则不发生变化，如图6-78所示。

图6-77   图6-78

> 叠加：对颜色进行相乘或滤色，具体取决于基色。图案或颜色叠加在现有的图稿上，在与混合色混色以反映原始颜色的亮度和暗度的同

时，保留基色的高光和阴影，如图6-79所示。

图6-79

> 柔光：使颜色变暗或变亮，具体取决于混合色，此效果类似于漫射聚光灯照在图稿上。如果混合色（光源）比50%灰色亮，图片将变亮，就像被减淡了一样；如果混合色（光源）比50%灰度暗，则图稿变暗，就像加深后的效果；使用纯黑或纯白上色会产生明显的变暗或变亮区域，但不会出现纯黑或纯白，如图6-80所示。

> 强光：对颜色进行相乘或过滤，具体取决于混合色，此效果类似于耀眼的聚光灯照在图稿上。如果混合色（光源）比50%灰色亮，图片将变亮，就像过滤后的效果，这对于给图稿添加高光很有用；如果混合色（光源）比50%灰度暗，则图稿变暗，就像正片叠底后的效果，这对于给图稿添加阴影很有用；用纯白或纯黑上色会产生纯白或纯黑，如图6-81所示。

图6-80   图6-81

> 差值：从基色减去混合色或从混合色减去基色，具体取决于哪一种的亮度值较大。与白色混合将反转基色值，与黑色混合则不发生变化，如图6-82所示。

> 排除：创建一种与"差值"模式类似但对比度更低的效果。与白色混合将反转基色分量，与

黑色混合则不发生变化,如图6-83所示。

➤ 色相:用基色的亮度和饱和度以及混合色的色相创建结果色,如图6-84所示。

图6-82

图6-83 图6-84

➤ 饱和度:用基色的亮度和色相以及混合色的饱和度创建结果色,在无饱和度(灰度)的区域上用此模式着色不会产生变化,如图6-85所示。

图6-85

➤ 混色:用基色的亮度以及混合色的色相和饱和度创建结果色,这样可以保留图稿中的灰阶,对于给彩色图稿染色都会非常有用,如图6-86所示。

➤ 明度:用基色的色相和饱和度以及混合色的亮度创建结果色,此模式可创建与"颜色"模式相反的效果,如图6-87所示。

图6-86 图6-87

6.4.3 创建和编辑不透明蒙版

选中要添加蒙版的一个或多个对象,也可以选择组对象,执行"窗口"|"透明度"命令,或使用快捷键Shift+Ctrl+F10打开"透明度"面板,此时在该面板中会显示选中的对象,如图6-88和图6-89所示。

图6-88

图6-89

接着从"透明度"菜单中选择"建立不透明蒙版"命令,或者直接在"透明度"面板的缩略图右侧双击,建立蒙版,如图6-90所示。

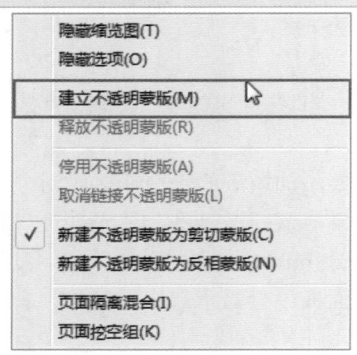

图6-90

默认情况下，创建蒙版以后，该对象将被隐藏，也就相当于使用黑色的图形进行蒙版剪切。在"透明度"面板中单击右侧的蒙版图标，进入蒙版的编辑状态。可以使用工具箱中任何绘制图形的工具，采用不同的灰度定义蒙版的状态，重新将图形显示出来，如图6-91所示为在不透明蒙版添加了3个白色圆形的效果。此外，还可以在不透明蒙版中添加或编辑任意形状。

图6-91

> 剪切：默认情况下，"剪切"复选框是被选中的，此时蒙版为全部隐藏状态，通过编辑蒙版可以将图形显示出来。如果不选中"剪切"复选框，图形将完全被显示，绘制蒙版将把相应的区域隐藏。

> 反相蒙版：选中该复选框的时候，将对当前的蒙版进行翻转，使原始显示的部分隐藏，隐藏的部分将显示出来，这会反相被蒙版图像的不透明度。

6.4.4 实战——绘制透视空间

此实战案例中，主要运用"自由变换工具""蒙版工具"来绘制一个透视空间，通过此案例的制作，使读者明白"蒙版工具"的主要原理就是黑透白不透。

01 打开Illustrator CC 2018，创建一个540px×330px大小的画布，使用"矩形工具"按钮▢绘制一个同画布大小相同的矩形，填充深蓝色，无描边，并按快捷键Ctrl+2锁定，如图6-92所示。

图6-92

02 选择工具箱中的"矩形工具"按钮▢绘制一个矩形，然后按住Alt键移动复制出一组矩形组，如图6-93所示。

图6-93

续图6-93

03 继续复制一组矩形组，如图6-94所示。选择下面一组的矩形，右击，在弹出的快捷菜单中选择"编组"命令，将矩形组进行编组，如图6-95所示。

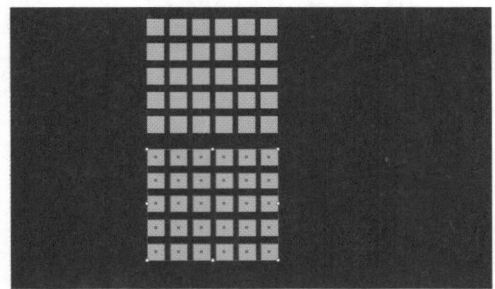

图6-94

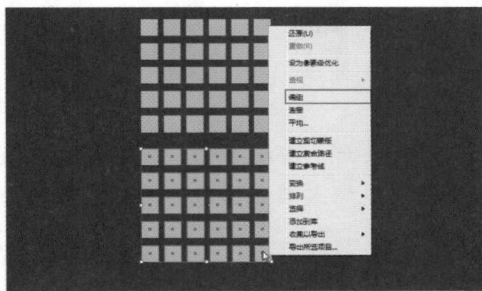

图6-95

04 选择工具箱中的"自由变换工具"按钮中的"透视变换"按钮向外拖拉变形，如图6-96所示。再选择"矩形工具"绘制一个同变形后的矩形组大小的矩形，填充一个渐变色，如图6-97所示。

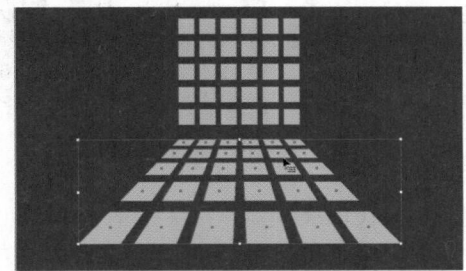

图6-96

图6-97

05 打开"渐变"面板，在面板中调整渐变的参数，如图6-98和图6-99所示。

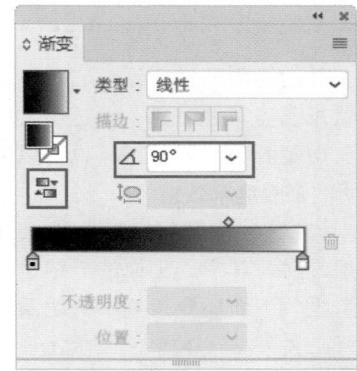

图6-98

图6-99

06 打开"透明度"面板，选择矩形组和渐变矩形，单击"透明度"中的"制作蒙版"按钮，效果如图6-100和图6-101所示。

图6-100

图6-101

6.4.5 实战——用不透明蒙版制作滑板

蒙版工具的运用非常广泛，它可以通过蒙版图形的形状来遮盖其他对象。不透明蒙版可以创建类似于剪切蒙版的遮罩效果，也可以创建透明和渐变透明的蒙版遮罩效果。

01 打开相关素材中的"滑板素材.ai"文件，画板中包含两组素材，其中，上面的一组通过剪切蒙版制作成滑板，下面还要用到不透明蒙版功能。使用"选择工具"按钮▶单击画板图形，按快捷键Ctrl+C复制，或按快捷键Ctrl+V粘贴滑板图形，如图6-102所示。

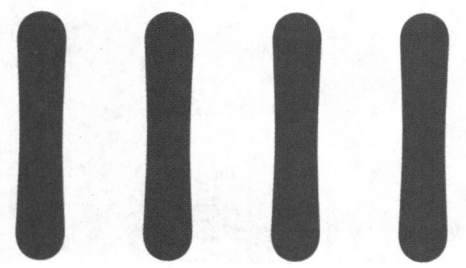

图6-102

02 调整素材的堆叠位置，按住Ctrl键单击素材，将它与画板一同选取，如图6-103所示。

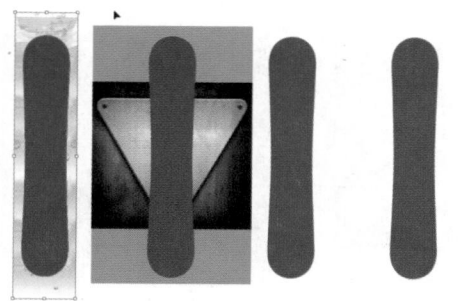

图6-103

03 选择画板和素材后，按快捷键Ctrl+7创建剪切蒙版，如图6-104所示。后面的蒙版也采用同样的方法制作，其中效果滑板制作好后，可以采用"编组工具"按钮❧单击它的画板图形，设置描边为黑色、描边粗细为1pt，效果如图6-105所示。

图6-104

图6-105

04 下面的这两个滑板需要用到不透明蒙版。制作方法是先修改填充颜色为黑色，按快捷键Shift+Ctrl+[移动到图像后方，并单击滑板图形，如图6-106所示。

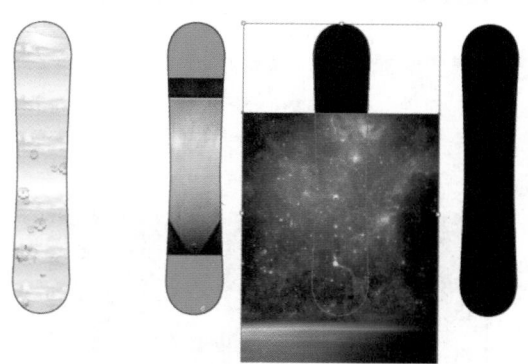

图6-106

05 按快捷键Ctrl+C复制，按快捷键Ctrl+F粘贴到前面，再按快捷键Shift+Ctrl+]移动到图像前方，为它添加渐变色，如图6-107所示。

图6-107

图6-109

06 按住Shift键单击图像，将它与滑板同时选取，然后单击"透明度"面板中的"制作蒙版"按钮，创建不透明蒙版，效果如图6-108所示。采用同样的方法制作最后一个画板，最终效果如图6-109所示。

图6-108

6.5 本章小结

本章详细介绍了Illustrator常用面板的主要功能及使用方法，重要知识点包括"图层""透明度"和"蒙版"。通过本章内容的学习，希望读者能够将所述面板中的选项及参数全部掌握，提高对Illustrator CC 2018的整体认识。

"外观"面板是使用外观属性的"入口",在该面板中还显示了已应用于对象、组或图层的填充、描边、图形样式以及效果。在"外观"面板中可以为对象编辑外观属性,也可以添加特殊效果。

本章重点

⊙ 掌握外观面板的使用方法
⊙ 掌握效果的添加与编辑方法
⊙ 掌握Illustrator效果的使用

7.1 外观属性

外观属性是一组在不改变对象基础结构的前提下影响对象外观的属性,包括填色、描边、透明度和效果。外观属性赋予对象后,可随时进行修改和删除。

7.1.1 外观面板

执行"窗口"|"外观"命令,或者按快捷键Shift+F6打开"外观"面板,来查看和调整对象、组或图层的外观属性。填充和描边将按堆栈顺序列出,面板中从上到下的顺序对应于图稿中从前到后的顺序。各种效果按其在图稿中的应用顺序从上到下排列,如图7-1所示。

图7-1

执行"窗口"|"外观"命令,打开"外观"面板。选中要更改的对象,在"外观"面板中单击"填色"选项,如图7-2所示;在弹出的窗口中选择另外一种填充,如图7-3所示;可以看到当前对象的属性发生了变化,如图7-4所示。

图7-2

图7-3

图7-4

展开"描边"和"填充"选项，还可以查看到单独的某一项"描边"或"填充"的不透明度属性，单击即可在弹出的"透明度"面板中进行不透明度、混合模式等属性的调整，如图7-5所示。

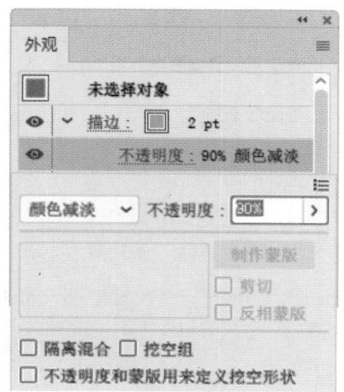

图7-5

如果没有对不透明度进行任何设置，将显示为"默认值"字样，如图7-6所示。

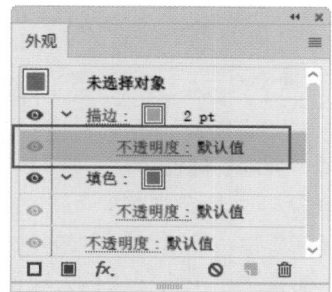

图7-6

单击"不透明度"链接，如图7-7所示；可以对整个对象进行不透明度属性的调整，如图7-8所示。

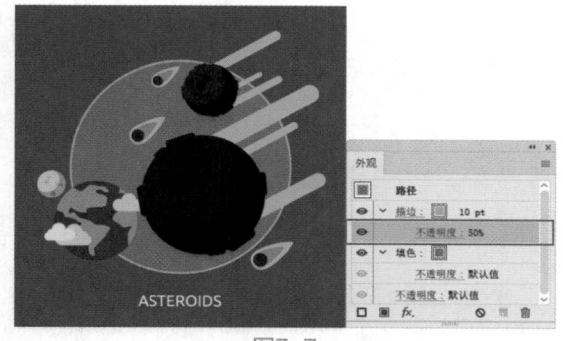

图7-7

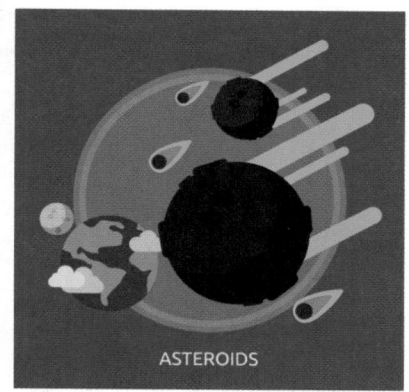

图7-8

7.1.2 编辑属性

1. 使用"外观"面板调整属性的层次

更改"外观"面板中属性的层次能够影响当前对象的显示效果。在"外观"面板中向上或向下拖动外观属性，当光标拖移外观属性的轮廓出现在所需位置时，释放鼠标即可，如图7-9和图7-10所示。

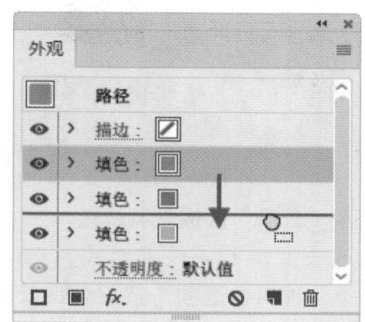

图7-9

图7-10

2. 使用"外观"面板编辑或添加效果

选中要添加新效果的对象，在"外观"面板中选中相应的填充或描边选项，单击"添加新效果"按钮 *fx.*，在子菜单中选中某一效果命令，在

弹出的相应效果对话框中进行参数设置后，单击
"确定"按钮，即可为相应属性添加效果，如图
7-11和图7-12所示。

图7-11

图7-12

3. 使用"外观"面板复制属性

　　首先选中要复制属性的对象，在"外观"
面板中选择一种属性选项，然后单击该面板中的
"复制所选项目"按钮 ▇ ，如图7-13所示，即
可复制当前属性。或从面板菜单中执行"复制项
目"命令，如图7-14所示，也可以直接将需要复
制的外观属性拖动到面板中的"复制所选项目"
按钮上，如图7-15所示。

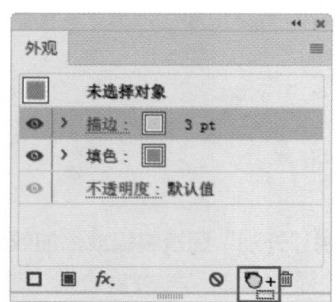

图7-13

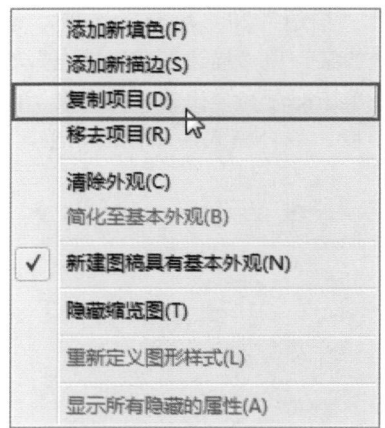

图7-14

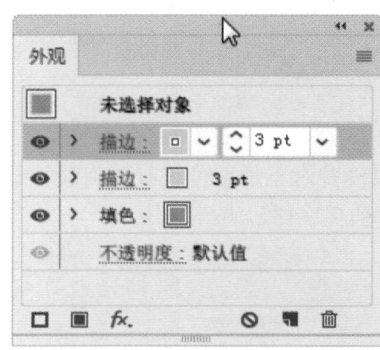

图7-15

4. 删除"外观"属性

　　若要删除一个特定属性，可以在"外观"
面板中选择该属性，然后单击"删除"按钮。或
从"外观"面板菜单中执行"移去项目"命令，
也可以将该属性拖到"删除"按钮上，如图7-16
所示。

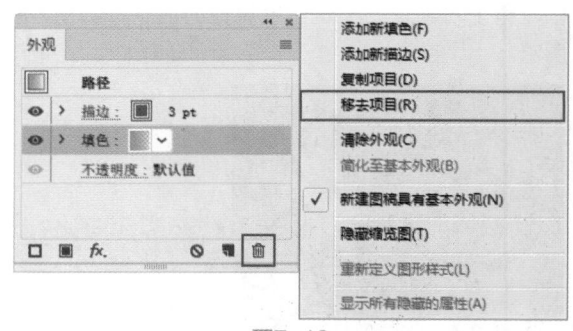

图7-16

　　若要清除对象所有的外观属性，可以直接
单击"外观"面板中的"清除外观"按钮，或
从面板菜单中执行"清除外观"命令，如图7-17
所示。

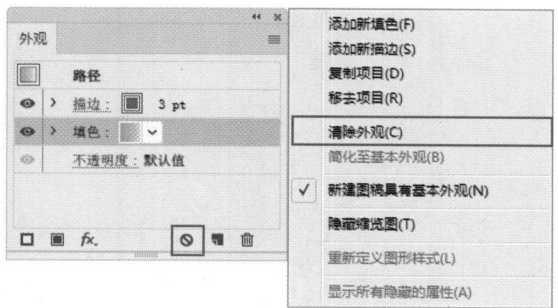

图7-17

5. 使用"外观"面板隐藏属性

在Illustrator中可以快速地更改外观属性的显示或隐藏状态。要暂时隐藏应用于画板的某个属性，单击"外观"面板中的"可视性"按钮 👁 ，再次单击它可再次看到应用的属性。如果要将所有隐藏的属性重新显示出来，可以单击该面板中的菜单，执行"显示所有隐藏的属性"命令，如图7-18所示。

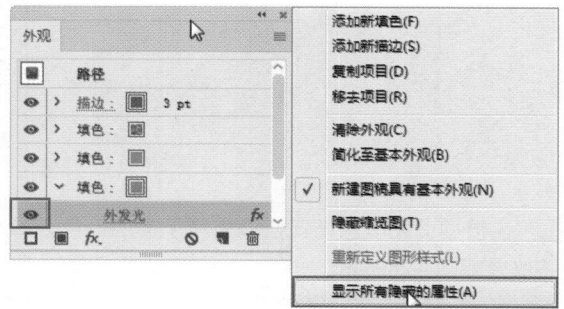

图7-18

7.1.3 实战——创建新的填色和描边

在作图过程中，经常会使用到配色，可以通过修改对象的填充颜色和描边颜色，来使画面颜色搭配更协调、更舒适。本案例将通过讲解填充颜色和描边颜色让读者直观地了解"面板"中的这些修改命令。

01 打开相关素材中的"实战——创建新的填色和描边素材.ai"文件，选择气球图形，如图7-19所示。执行"外观"面板菜单中的"添加新填色"命令，可以为对象增加一个新的填色属性，如图7-20所示。

02 单击"填色"属性中的 ∨ 按钮，在打开的面板中选择渐变色，如图7-21和图7-22所示。

图7-19

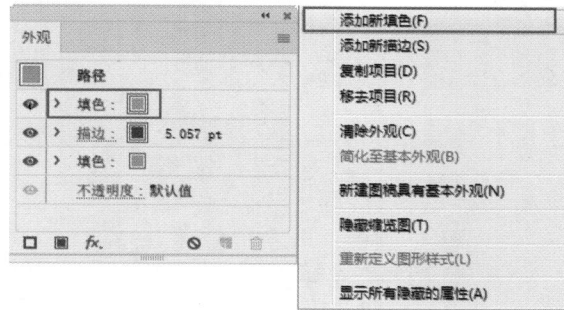

图7-20

图7-21

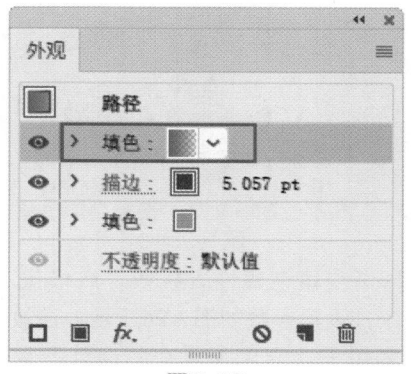

图7-22

03 选择面板菜单中的"添加新描边"命令，为对象增加一个新的描边，设置描边颜色为紫色，如图7-23和图7-24所示。

图7-23

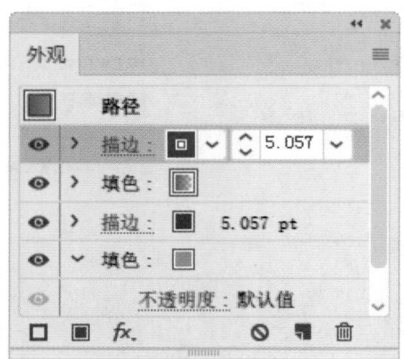

图7-24

04 重复上述步骤，将所有描边应用到气球绳子上，如图7-25所示。

图7-25

05 选择渐变填色属性，执行"风格化"|"涂抹"命令，设置参数如图7-26所示。该效果仅作用于渐变填充，原图所具有的颜色不受任何影响，如图7-27所示。

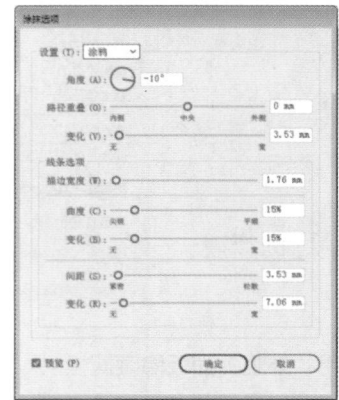

图7-26

图7-27

06 在根据上述填色情况，调整箱子盖的颜色，最终效果如图7-28所示。

图7-28

7.2 添加矢量效果

效果是用于修改对象外观的功能，例如，可以为对象添加投影、使对象扭曲，或呈现线条状，以及创建立体效果等。

7.2.1　各种变形效果

"变形"效果组包含了15种效果，如图7-29所示。它们可以扭曲路径、文本、外观、混合以及位图，创建弧形、拱形和旗帜等变形效果。这些效果与Illustrator预设的封套扭曲样式相同，具体效果请参阅"4.3.1　用变形建立"。

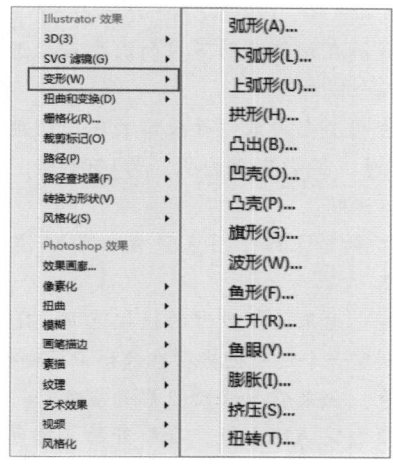

图7-29

7.2.2　各种风格化效果

1. 内发光

"内发光"效果可以在对象内部创建发光效果。如图7-30所示为"内发光"对话框，如图7-31所示为原图。

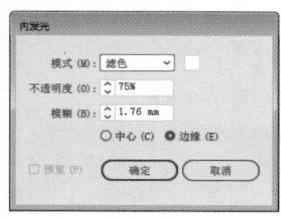 

图7-30　　　　图7-31

➢ 模式：用来设置发光的混合模式。如果要修改发光颜色，可以单击选项右侧的颜色框，打开"拾色器"进行设置。

➢ 不透明度：用来设置发光效果的不透明度。

➢ 模糊：用来设置发光效果的模糊范围。

➢ 中心/边缘：选中"中心"单选按钮，可以从

对象中心产生发散的发光效果，如图7-32所示；选中"边缘"单选按钮，可在对象边缘产生发光效果，如图7-33所示。

图7-32　　　　图7-33

2. 圆角

"圆角"效果可以将矢量对象的边角控制点转换为平滑的曲线，使图形中的尖角变为圆角。如图7-34所示为"圆角"对话框，通过"半径"选项可以设置圆滑曲线的曲率。图7-35所示为原图，图7-36所示为添加圆角效果后的对象。

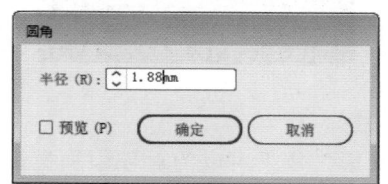

图7-34

图7-35　　　　图7-36

3. 外发光

"外发光"效果可以在对象的边缘产生向外发光的效果。如图7-37所示为"外发光"对话框，其中的选项与"内发光"效果相同。图7-38示为原图，图7-39所示为添加外发光后的效果。

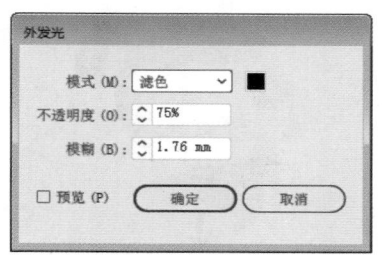

图7-37

图7-38

图7-39

4. 投影

"投影"效果可以为对象添加投影,创建立体效果。图7-40所示为"投影"对话框,图7-41和图7-42所示分别为原图形及添加投影后的效果。

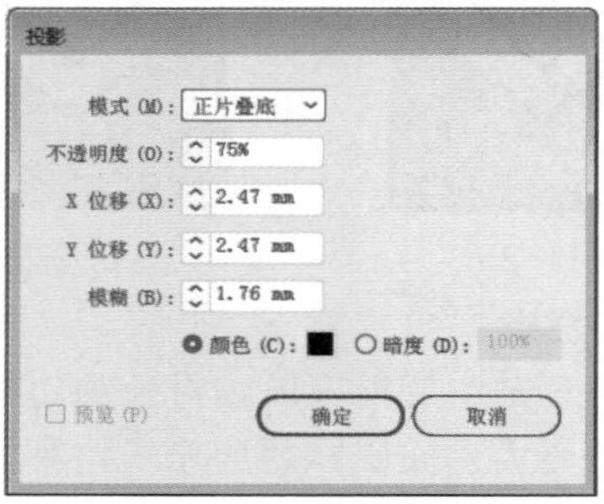

图7-42

> 模式:在该选项的下拉列表中可以选择投影的混合模式。

> 不透明度:用来设置投影的不透明度。该值为0时,投影完全透明,为100%时,投影完全不透明。

> X位移/Y位移:用来设置投影偏离对象的距离。

> 模糊:用来设置投影的模糊范围。Illustrator会创建一个透明栅格对象来模拟模糊效果。

> 颜色:如果需要修改投影的颜色,可以单击选项右侧的颜色框,在打开的"拾色器"对话框中进行设置。

> 暗度:用来设置为投影添加的黑色深度百分比。选中该单选按钮后,将以对象自身的颜色与黑色混合作为阴影。"暗度"为0时,投影显示为对象的自身颜色,为100%时,投影显示为黑色。

5. 涂抹

"涂抹"效果可以将图形创建为类似素描般的手绘效果。如图7-43所示为原图形,将其选择后,执行"效果"|"风格化"|"涂抹"命令,打开"涂抹选项"对话框,如图7-44所示。

图7-40

图7-41

图7-43

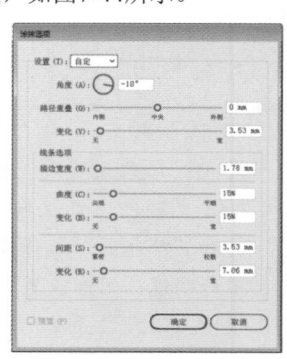

图7-44

➤ 设置：如果是用Illustrator预设的涂抹效果，可以在该选项的下拉列表中选择一个选项，图7-45所示为使用各种预设创建的涂抹效果。如果要创建自定义的涂抹效果，可以从任意一种预设的涂抹效果开始，然后在此基础上设置其他选项。

默认值　　　　　涂鸦　　　　　密集

松散　　　　　波纹　　　　　锐利

素描　　　　　缠结　　　　　泼溅

密集　　　　　蜿蜒

图7-45

➤ 角度：用来控制涂抹线条的方向。可单击角

度图标中的任意点，也可以围绕角度图标拖动角度线，或在框中输入一个-179~180的值。

➤ 路径重叠/变化：用来设置涂抹线条在路径边界内部距路径边界的距离，或在路径边界外距离路径的距离。负值可以将涂抹线条控制在路径边界内部；正值则将涂抹线延伸到路径边界的外部。"变化"选项用来设置涂抹线条彼此之间相对的长度差异。

➤ 描边宽度：用来设置涂抹线条的宽度。

➤ 曲度/变化：用来设置涂抹曲线在改变方向之前的曲度。

➤ 间距/变化：用来设置涂抹之间的折叠间距量。

6. 羽化

"羽化"效果是可以柔化对象的边缘，使其产生从内部到边缘逐渐透明的效果。图7-46所示为"羽化"对话框，通过"羽化半径"可以控制羽化的范围。图7-47和图7-48所示分别为原图形及羽化结果。

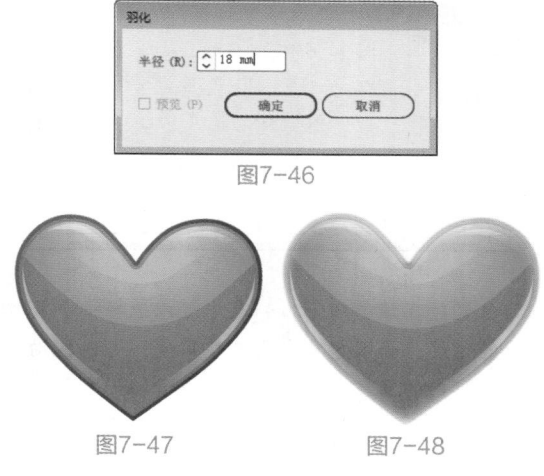

图7-46

图7-47　　　　　图7-48

7.3　3D效果

3D效果可以将开放路径、封闭路径或者是位图对象等转换成为可以旋转、打光和投影的3D对象。在操作时还可以将符号作为贴图投射到3D对象表面，以模拟真实的纹理和图案。

7.3.1 设置凸出和斜角效果

"凸出和斜角"效果会沿对象的Z轴凸出拉伸2D对象，以增加对象的深度，创建3D对象。图7-49所示为一个2D图形对象，将其选择，执行"效果"|"3D"|"凸出和斜角"命令，打开"3D凸出和斜角选项"对话框，如图7-50所示。

图7-49

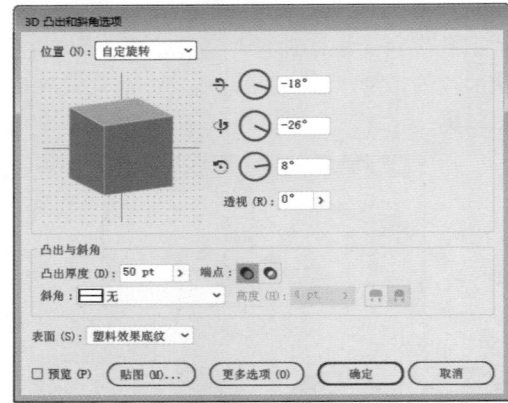

图7-50

➤ 位置：在该选项下拉列表中可以选择一个旋转的角度，如果想要自由调整角度，可以拖动观景窗内的立方体，如图7-51所示。如果要设置精确的旋转角度，可在指定绕X轴 ⇄ 旋转，指定绕Y轴 ⇕ 旋转和指定绕Z轴 ↻ 旋转右侧的文本框中输入角度值，如图7-52所示。

图7-51

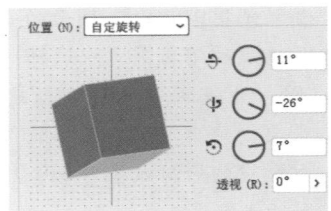

图7-52

➤ 透视：用来调整对象的透视角度，使立体感更加真实。在调整时，可以输入一个介于0和160之间的值，或单击选项右侧的 ⟩ 按钮，然后移动显示的滑块进行调整。较小的角度类似于长焦照相机镜头，如图7-53所示；较大的角度类似于广角照相机镜头，如图7-54所示。

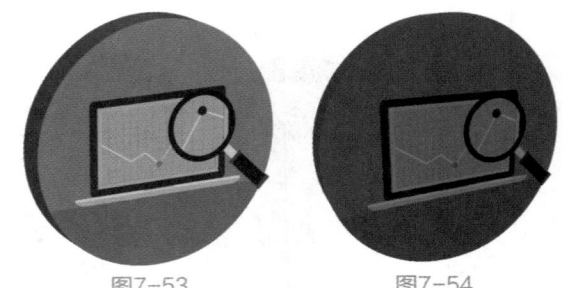

图7-53　　　　图7-54

➤ 凸出厚度：用来设置对象的深度。如图7-55和图7-56所示分别是设置该值为50pt和100pt时的挤压效果。

图7-55　　　　图7-56

➤ 端点：按下 ◖ 按钮，可以创建实心立体对象，如图7-57所示。按下 ◗ 按钮，可以创建空心立体对象，如图7-58所示。

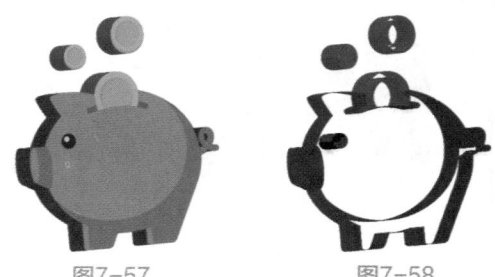

图7-57　　　　图7-58

➤ 斜角：在该选项的下拉列表中可以为对象的边缘指定一种斜角。如图7-59所示为选择不同斜角创建的3D效果。

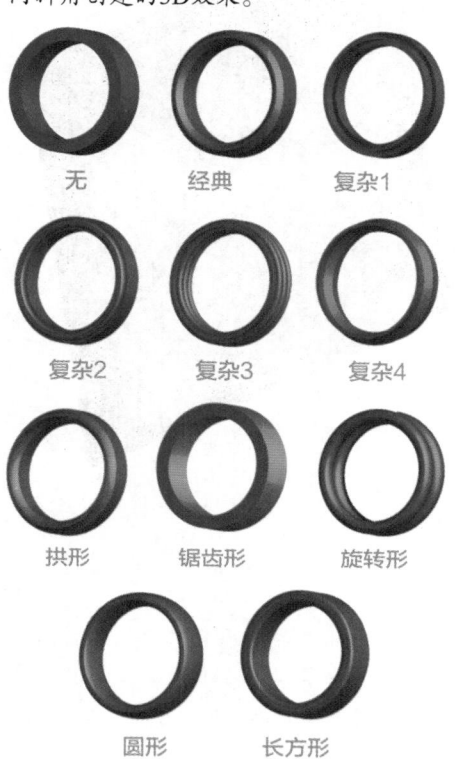

无　　　　　经典　　　　　复杂1

复杂2　　　　复杂3　　　　复杂4

拱形　　　　锯齿形　　　　旋转形

圆形　　　　长方形

图7-59

➤ 高度：为对象设置斜角后，可以在"高度"文本框中输入斜角的高度值。设置高度值后，单击该选项右侧的■按钮，可以在保持对象大小的基础上通过增加像素形成斜角，如图7-60所示。单击■按钮，则会从原对象上切除部分像素形成斜角，如图7-61所示。

图7-60　　　　　　图7-61

➤ 预览：选择该选项后，可以在文档窗口中预览对象的立体效果。

7.3.2　设置绕转效果

"绕转"效果可以让路径做圆周运动，从而

生成3D对象。由于绕转轴是垂直固定的，因此，用于绕转的路径应该是所需3D对象面向正前方时垂直剖面的一半，否则会出现偏差。

图7-62所示为一个酒杯的剖面图形，将它选中，执行"效果"|"3D绕转选项"命令，打开如图7-63所示的"3D绕转选项"对话框，"位置"选项组中的选项与"凸出和斜角"效果基本相同，下面介绍其他选项。

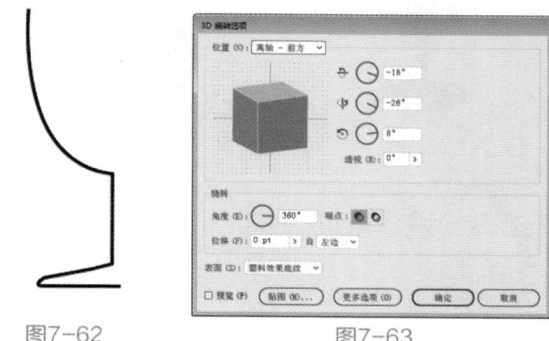

图7-62　　　　　　　　　　　　图7-63

➤ 角度：可设置0~360°的路径绕转度数。默认情况下，角度为360°，此时可生成完整的立体对象，如图7-64所示。如果角度值小于360°，则会出现断面，如图7-65所示（旋转角度为300°）。

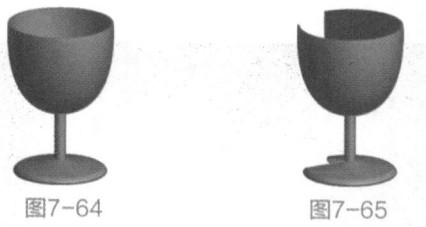

图7-64　　　　　　图7-65

➤ 端点：按下◔按钮，可以生成实心对象；按下◕按钮，则生成空心对象。

➤ 位移：用来设置绕转对象与自身轴心的距离，该值越高，对象偏离轴心越远，如图7-66和图7-67所示分别是设置该值为5pt和10pt时的效果。

图7-66　　　　　　图7-67

➤ 自：用来设置对象绕之转动的轴，包括"左边"和"右边"。如果用于绕转的图形是最终对象的左半部分，应该选择"右边"，如图7-68所示，如果从"左边"绕转，则会产生错误的结果，如图7-69所示。如果绕转的图形是对象的右半部分，选择从"转变"绕转才能得到正确的结果。

图7-68   图7-69

7.3.3 设置旋转效果

使用"旋转"效果可以在三维空间中旋转对象，使其产生透视效果。被旋转的对象可以是一个普通的2D图形或图像，也可以是一个由"凸出和斜角"或"绕转"命令生成的3D对象。

选择图7-70所示图像，执行"效果"|3D|"旋转"命令即可将其旋转，图7-71和图7-72所示为参数设置及对应效果，该效果的选项与"凸出与斜角"效果的相应选项基本相同。

图7-70

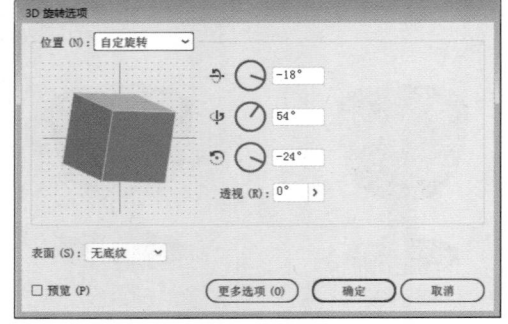

图7-71

图7-72

7.3.4 将图稿映射到3D对象上

使用"凸出和斜角"及"绕转"命令创建的3D对象由多个表面组成。例如，一个由正方形拉伸生成的正方体有6个表面：正面、背面及4个侧面，每一个表面都可以贴图。在进行贴图前，需要先将作为贴图的图稿保存在"符号"面板中，然后在"3D凸出和斜角"和"3D绕转"对话框中单击"贴图"按钮，打开"贴图"对话框进行设置。

图7-73所示是一个未贴图的3D对象，图7-74所示为用于贴图的符号，图7-75所示为打开的"贴图"对话框，在该对话框中可以设置以下选项。

图7-73

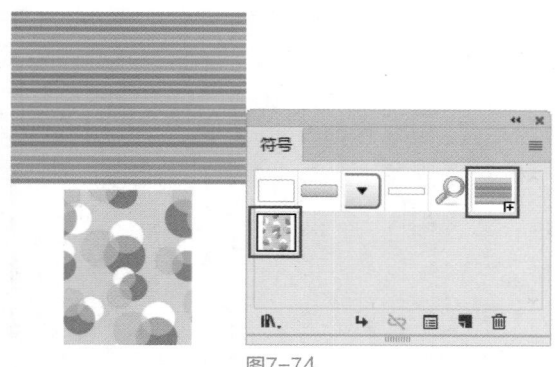

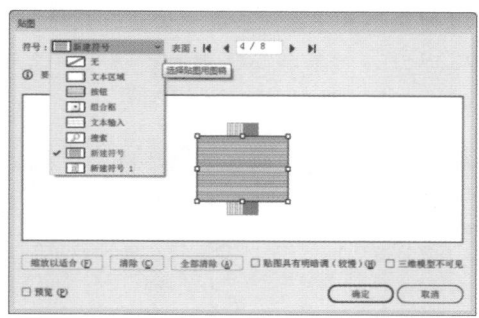

图7-77

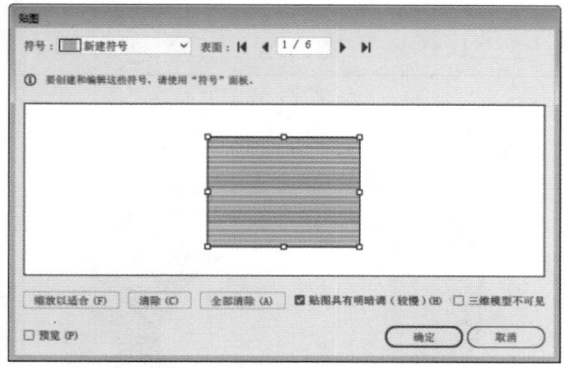

图7-74

图7-75

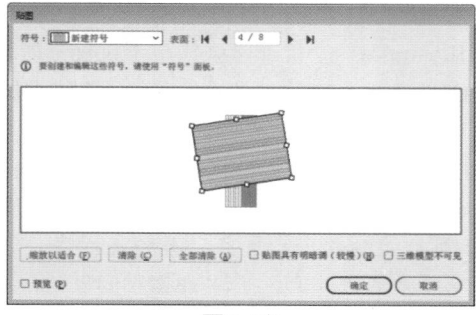

图7-78

> 表面：用来选择要为其贴图的对象表面。可
> 单击第一个按钮 ⏮、上一个按钮 ◀、下一个
> 按钮 ▶ 和最后一个按钮 ⏭ 切换表面，或在文
> 本框中输入一个表面的编号。切换表面时，
> 被选中的表面在文档窗口中会以红色的轮廓
> 显示，如图7-76所示。

> 缩放以适合：单击该按钮，可以自动缩放贴
> 图，使其适合所选的表面边界。

> 清除/全部清除：如果要删除当前选择的表
> 面贴图，可以单击"清除"按钮。如果要删
> 除所有表面的贴图，可单击"全部清除"
> 按钮。

> 贴图具有明暗调：选中该复选框后，可以为
> 贴图添加底纹或应用光照，使贴图表面产生
> 与对象一致的明暗变化。如图7-79所示是勾
> 选该复选框的效果，图7-80所示是取消选择
> 时的效果。

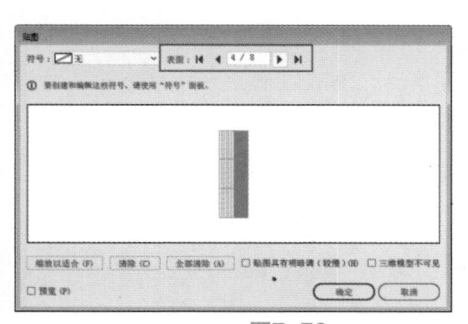

图7-76

> 符号：选择一个表面后，可以在"符号"
> 下拉列表中为它选择一个符号，如图7-77所
> 示。如果要移动调整符号的位置或者角度，
> 可在定界框内部单击并拖动鼠标，如图7-78
> 所示。

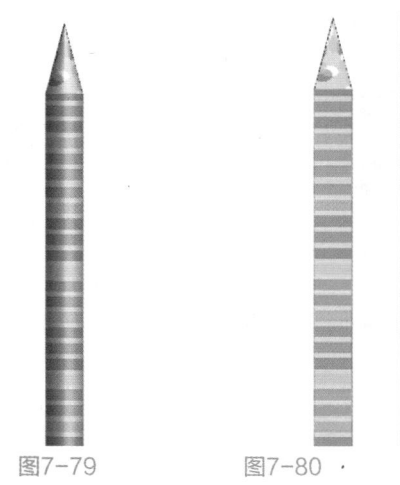

图7-79　　　　图7-80

> 三维模型不可见：未选中该复选框时，可以
> 显示立体对象和贴图效果；选中该复选框
> 后，仅显示贴图，隐藏立体对象。

> **技巧与提示** 用作贴图的符号可以是路径、复合路径、文本、栅格图像、网络对象以及编组的对象。

7.3.5 实战——3D绕转绘制游泳圈

Illustrator的功能非常强大，不仅仅只能编辑2D的视觉效果，3D立体的也能制作，熟练掌握3D工具的使用方法，可以使画面元素更为丰富。

01 打开Illustrator CC 2018，新建一个540px×330px大小的画布，选择工具箱中的"矩形工具"按钮 ▣，绘制两个矩形条，并填充颜色，无描边。选择矩形条对象，按住Alt键移动复制，并使用快捷键Ctrl+D重复复制多个，进行"编组"，如图7-81和图7-82所示。

图7-81　　　　图7-82

02 打开"符号"面板，将编组好的矩形组拖入符号面板中，如图7-83所示。

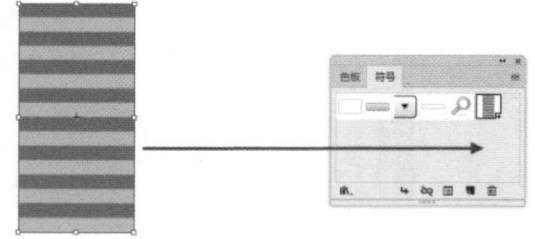

图7-83

03 选择工具箱中的"椭圆工具"按钮 ◯，按住Shift键拖动绘制一个正圆。执行"效果"|3D|"绕转"命令，设置参数，并单击"确定"按钮，如图7-84所示，效果如图7-85所示。

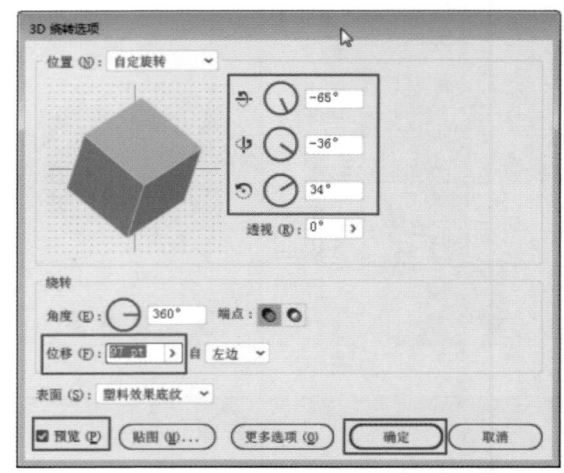

图7-84

图7-85

04 打开"外观"面板，双击面板中的"3D绕转"，弹出"3D绕转选项"对话框，如图7-86所示。单击对话框中的"贴图"按钮，弹出"贴图"对话框，在"贴图"对话框中选择"符号"选项，弹出下拉列表，选择刚刚添加为"符号"的对象，并单击"缩放以适合"和"贴图具有明暗调"按钮，如图7-87所示。

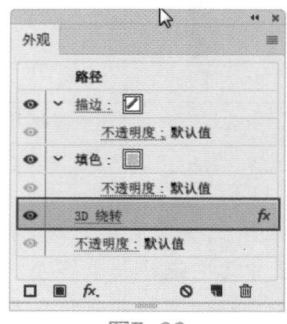

图7-86

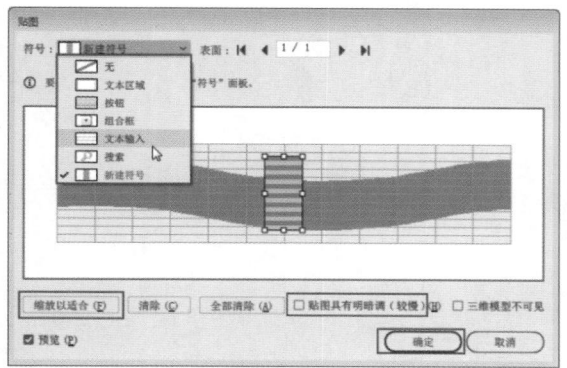

图7-87

05 单击"确定"按钮后，回到"3D绕转选项"对话框，选择"更多选项"弹出更多选项，在"底纹颜色"中选择"自定"并单击旁边的小色块选择颜色，如图7-78所示，应用后效果如图7-89所示。

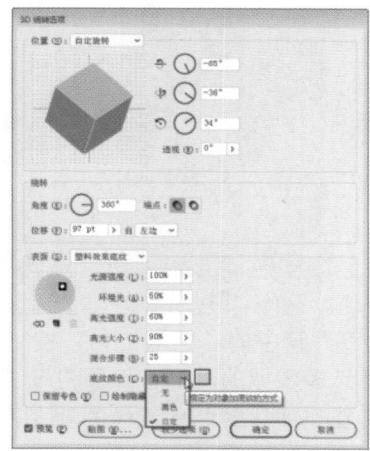

图7-88

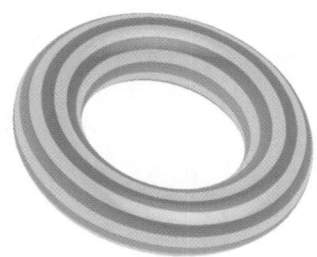

图7-89

06 选择工具箱中的"矩形工具"按钮绘制背景矩形，并调整图层的位置关系，如图7-90所示。再绘制一个渐变矩形，调整图层的位置关系，并调整"游泳圈"的大小，让画面看上去更有层次感，最终效果如图7-91所示。

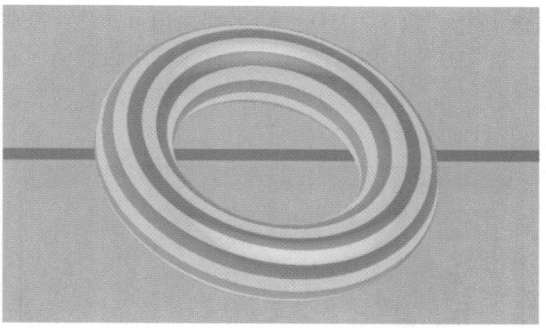

图7-90

图7-91

7.3.6 实战——使用凸出和斜角制作冰块

画面的元素构成，不单单只是二维平面的，有时候还需要制作三维立体的效果。此案例中，主要使用"3D"效果中"凸出和斜角"命令来制作写实冰块，操作难度适中。

01 打开相关素材中的"实战——制作冰块素材.ai"文件，单击工具箱中的"矩形工具"按钮，按住Shift键绘制一个正方形选框，将颜色设置为"灰色"，如图7-92所示。

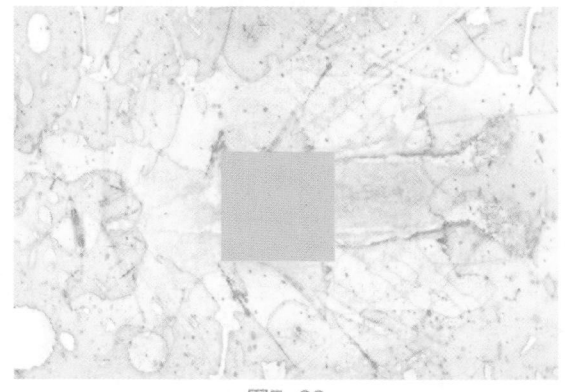

图7-92

02 执行"效果"|3D|"凸出和斜角"命令,在弹出的"3D凸出和斜角选项"对话框中设置为"自定旋转",拖动移动正方形,调整角度,具体参数及对应效果如图7-93所示。

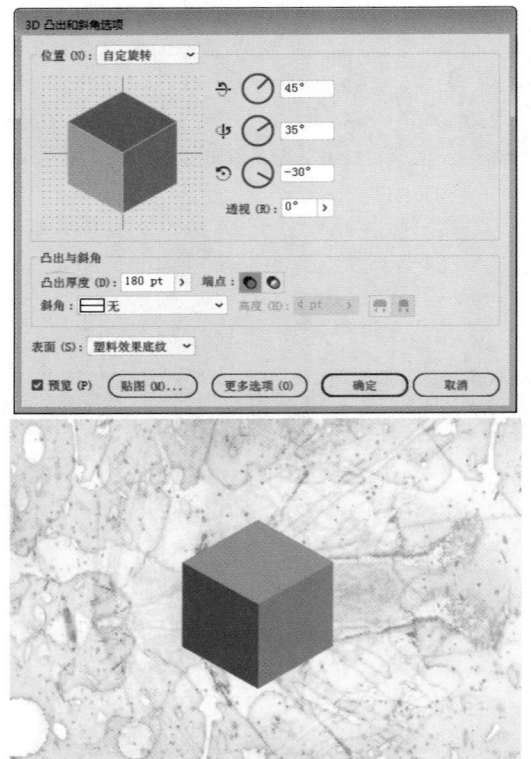

图7-93

03 执行"对象"|"扩展外观"命令,得到图形效果如图7-94所示。

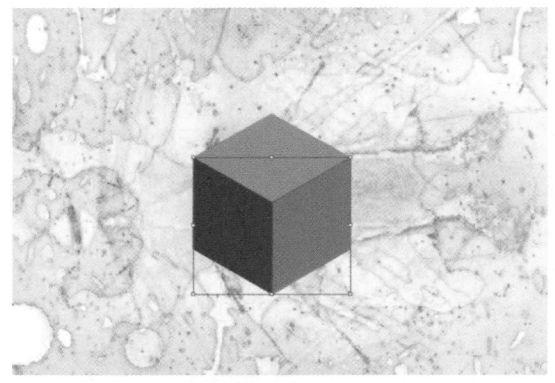

图7-94

04 保持对象的选中状态,然后右击,在弹出的快捷菜单中执行"取消编组"命令。选中正面,打开"渐变"面板为正面添加渐变效果,参照图7-95所示设置参数。

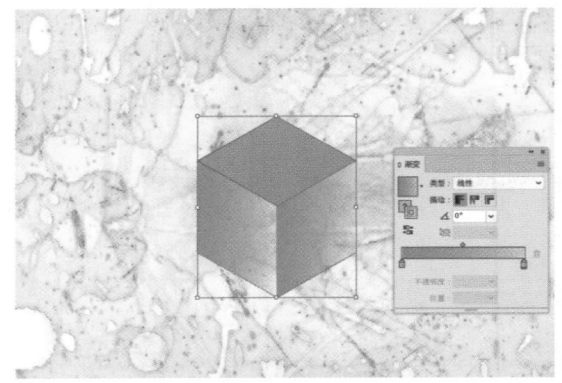

图7-95

05 采用同样的方法依次选择其他两个面,填充渐变,效果如图7-96所示。

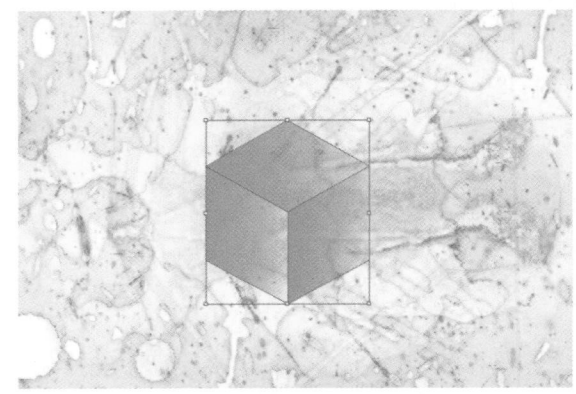

图7-96

06 单击工具箱中的"钢笔工具"按钮 ,在立面勾出光泽区域的轮廓,然后打开"渐变"面板,调整一种从白色到蓝色的渐变,效果如图7-97所示。

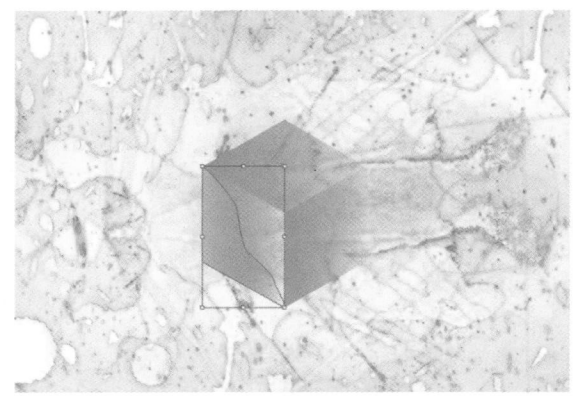

图7-97

07 采用同样的方法,制作其他几个面的光泽区域,如图7-98所示。

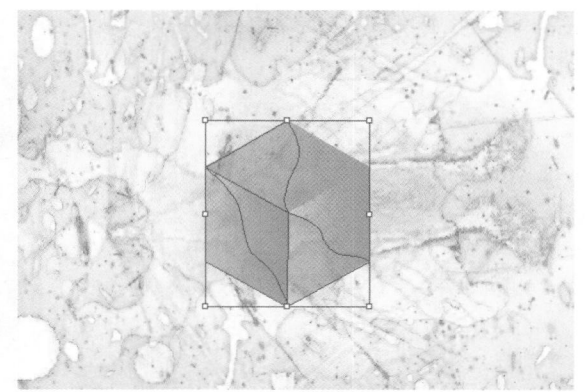

图7-98

08 使用钢笔工具，在底部勾出一个三角形。执行"效果"|"风格化"|"投影"命令，在弹出的"投影"对话框中，设置参数，具体参数及对应效果如图7-99和图7-100所示。

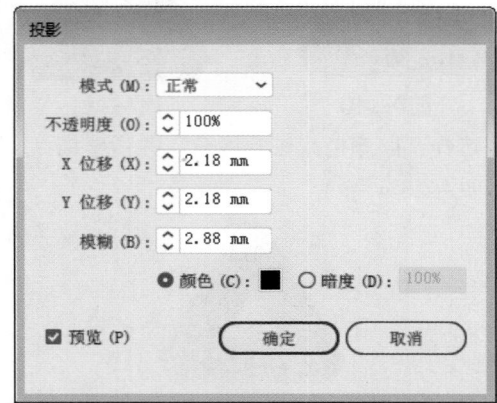

图7-99

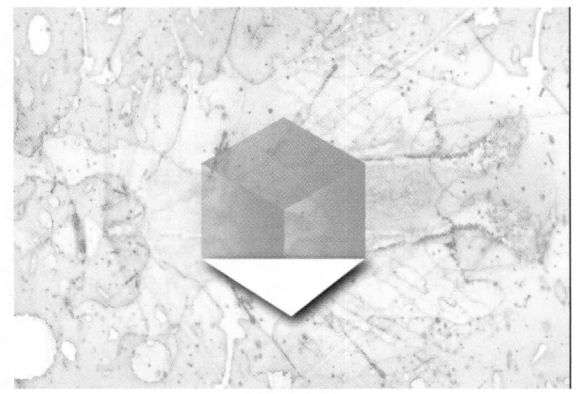

图7-100

09 调整投影的位置，在"透明度"面板中设置混合模式为"正片叠底"，如图7-101所示。

10 复制多个冰块，调整位置和大小，最终效果如图7-102所示。

图7-101

图7-102

7.3.7　实战——绘制矛盾空间效果

使用"3D"命令，可以绘制出视觉效果很强的3D元素。在本案例中，介绍使用"凸出和斜角"命令绘制一个矛盾空间效果的图形，操作难度适中。

01 打开Illustrator CC 2018，新建一个540px×330px大小的画布，选择工具箱中的"矩形工具"按钮，拖动光标绘制一个矩形，然后执行"效果"|3D|"凸出和斜角"命令，如图7-103所示。

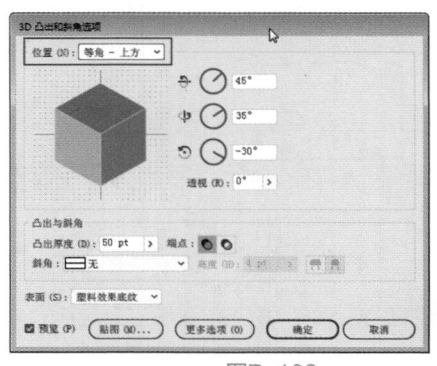

图7-103

02 选择3D后的对象，执行"对象"|"扩展外观"命令，将3D后的对象扩展外观，然后执行右键菜单中的"取消编组"命令，如图7-104和图7-105所示。

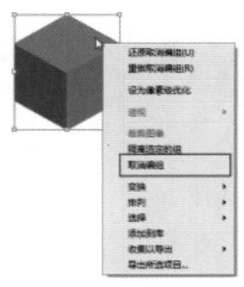
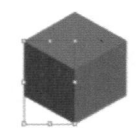

图7-104　　　　图7-105

03 选择工具箱中的"直接选择工具"按钮 ▷，选择扩展后的对象，选中左右两侧的两个面的锚点，如图7-106所示。使用"直接选择工具"按钮 ▷ 按住Shift键向下拖拉锚点，如图7-107所示。

图7-106　　　　图7-107

04 复制多个对象，选择工具箱中的"旋转工具"按钮 ◯，弹出参数对话框，依次设置旋转参数，如图7-108所示。

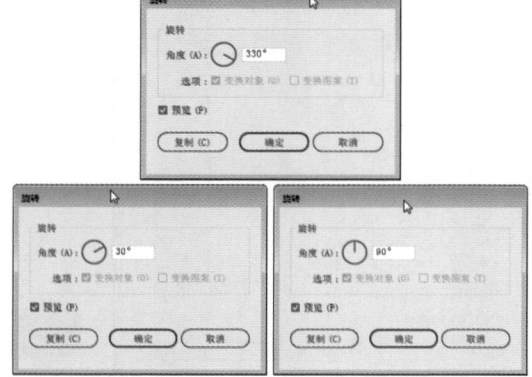

图7-108

05 调整好旋转后的对象的位置关系，如图7-109所示。

图7-109

06 将多余的面删除，并填充相同的颜色，如图7-110所示。选择工具箱中的"直接选择工具"按钮 ▷ 调整边缘的锚点，使之对齐，如图7-111所示。

图7-110　　　　图7-111

07 选择不同颜色来进行区分，并调整锚点，如图7-112所示。

图7-112

08 打开"路径查找器"面板，将颜色相同的面进行"联集" ▣ 操作，如图7-113和图7-114所示。

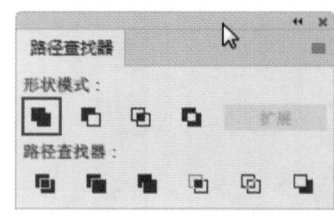

图7-113

图7-114

09 此时图层效果会出现错乱，使用"直接选择工具"按钮 ▷ 对锚点进行调整，如图7-115和图7-116所示。

图7-115　　　　　　图7-116

10 选择颜色相同的色块，给色块填充渐变色，最终效果如图7-117所示。

图7-117

7.3.8　实战——制作3D线条文字

Illustrator CC 2018的强大之处在于，不仅能做二维的平面效果，也能制作一些简单的3D效果。此综合案例主要介绍3D贴图效果的制作，通过使用"3D效果"和"3D贴图"命令，来让读者了解在平面中3D效果的制作。

01 打开Illustrator CC 2018，执行"文件"|"新建"命令，创建一个210mm×297mm大小的画布，选择工具箱中的"文字工具"按钮 **T**，输入英文字母S，如图7-118所示，然后使用快捷键Ctrl+Shift+O将文字转曲，并使用"剪刀工具"按钮 ✂ 截取锚点，将文字的路径打断，最后使用"钢笔工具"按钮 ✎ 将多余的点删除，如图7-119所示。

图7-118

图7-119

02 选择"矩形工具"按钮 ▢，绘制一个长条矩形，然后再复制一排长条矩形，并填充颜色，如图7-120所示。

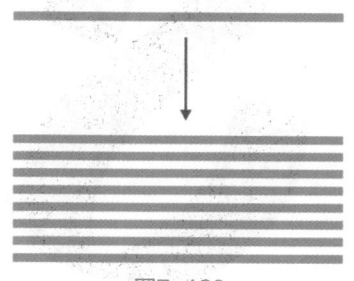

图7-120

03 执行"窗口"|"符号"命令，或者按快捷键Shift+Ctrl+F11打开"符号"面板，将上一步复制得到的多个长条矩形编组，如图7-121所示，然后直接将编组对象拖动至"符号"面板中，如图7-122所示。

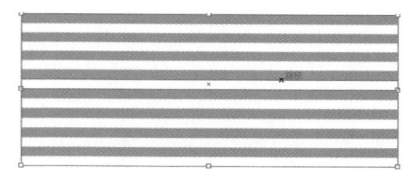

图7-121

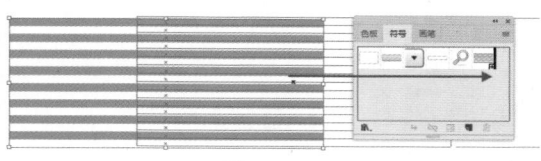

图7-122

04 选择S形路径，执行"效果"|3D|"凸出和斜角"命令，设置参数如图7-123所示，得到"3D"效果如图7-124所示。

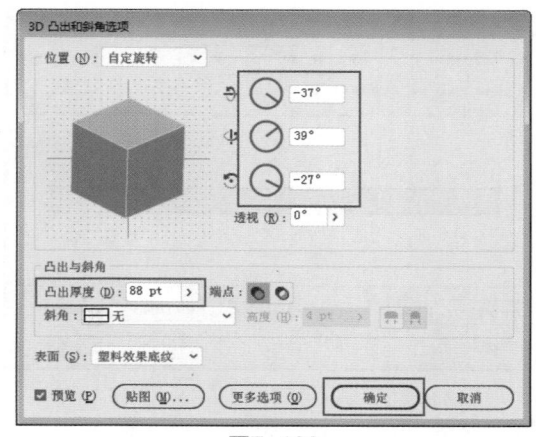

图7-123

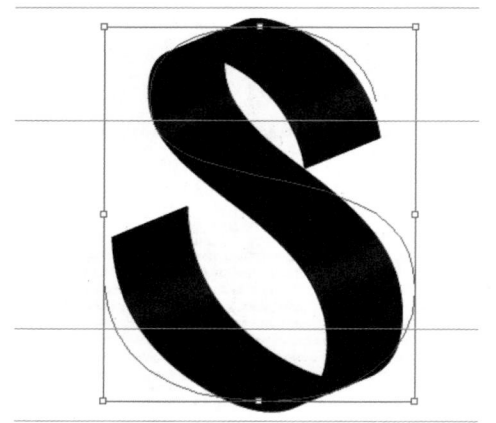

图7-124

05 再次执行上述"凸出和斜角"命令，打开"突出和斜角选项"面板，单击"贴图"按钮，打开"符号"选框，将添加的素材应用到"3D"模型上，并在"贴图"面板中单击"缩放以适合"和"贴图具有明暗调"选项，如图7-125所示。图形的每个面操作都一致，如图7-126所示。

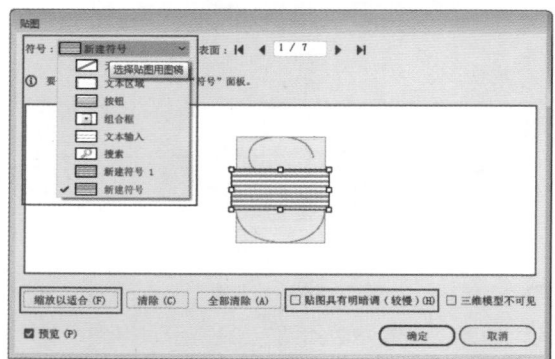

图7-125

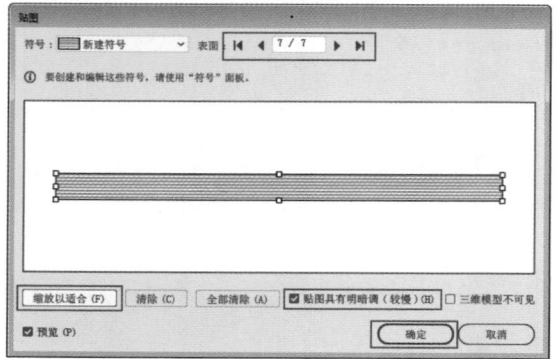

图7-126

06 此时得到的图形效果如图7-127所示。

图7-127

07 选择工具箱中的"矩形工具"按钮■、"椭圆工具"按钮○和"文字工具"按钮T来制作点缀装饰元素，并不断调整位置和大小关系，如图7-128所示。

图7-128

08 最终效果如图7-129所示。

图7-129

7.4 添加位图效果

在Illustrator中包含多种效果，单击菜单栏中的"效果"按钮，在弹出的菜单中可以看到多种效果菜单命令。可以对某个对象、组或图层应用这些效果，来更改对象特征。

7.4.1　"模糊"效果

"效果"菜单中的"模糊"子菜单中的命令是基于栅格的，无论何时对矢量对象应用这些效果，都将使用文档的栅格效果设置。

1. "径向模糊"效果

"径向模糊"效果用于模拟缩放或旋转相机时产生的模糊，产生的是一种柔化的模糊效果。如图7-130所示为原始图像、应用"径向模糊"效果以后的效果以及"径向模糊"对话框。

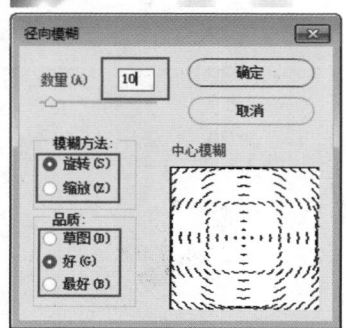

图7-130

- ➤ 数量：用于设置模糊的强度。数值越大，模糊效果越明显。
- ➤ 模糊方法：选中"旋转"单选按钮时，图像可以沿同心圆环线产生旋转的模糊效果；选中"缩放"单选按钮时，可以从中心向外产生反射模糊效果。
- ➤ 中心模糊：将光标放置在设置框中，使用鼠标拖动可以定位模糊的原点，原点位置不同，模糊中心也不同。
- ➤ 品质：用来设置模糊效果的质量。"草图"的处理效果较快，但会产生颗粒效果；"好"和"最好"的处理速度较慢，但是生成的效果比较平滑。

2. "特殊模糊"效果

"特殊模糊"效果可以精确地模糊图像。如图7-131所示为原始图像、应用"特殊模糊"效果以后的效果以及"特殊模糊"对话框。

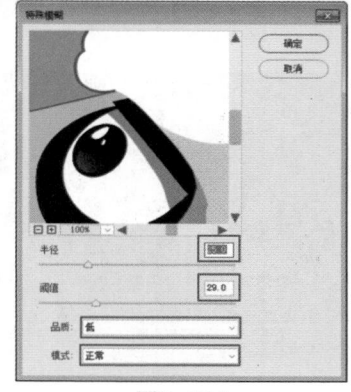

图7-131

- ➤ 半径：用来设置要应用模糊的范围。
- ➤ 阈值：用来设置像素具有多大差异后才会被模糊处理。
- ➤ 品质：设置模糊效果的质量，包含"低""中等"和"高"3种。
- ➤ 模式：设置模糊应用模式。选择"正常"选项时，不会在图像中添加任何特殊效果；选择"仅限边缘"选项时，图像轮廓将以黑白阴影的形式显示；选择"叠加边缘"选项时，图像轮廓将以白色的形式显示，如图7-132所示。

对矢量图形应用这些效果，都将使用文档的栅格效果设置。

1. "拼缀图"效果

"拼缀图"效果可以将图像分解为用图像中该区域的主色填充的正方形。如图7-134所示为原始图像和应用"拼缀图"效果。

图7-132

3. "高斯模糊"效果

"高斯模糊"效果以可调的量快速模糊选区。该效果将移去高频出现的细节，并产生一种朦胧的效果。如图7-133所示为原始图像、应用"高斯模糊"效果以后的效果以及"高斯模糊"对话框。

图7-134

2. "染色玻璃"效果

"染色玻璃"效果可以将图像重新绘制成用前景色勾勒的单色相邻的单元格色块。如图7-135所示为原始图像和应用"染色玻璃"效果以后的效果。

图7-133

7.4.2 "纹理"效果

"纹理"效果是基于栅格的效果，无论何时

图7-135

3. "纹理化"效果

"纹理化"效果可以将选定或外部的纹理应用于图像。如图7-136所示为原始图像和应用"纹理化"效果。

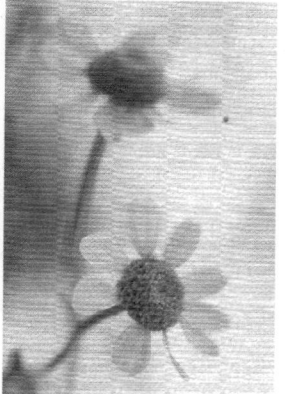

图7-136

4. "颗粒"效果

"颗粒"效果可以模拟多种颗粒纹理效果。如图7-137所示为原始图像和应用"颗粒"效果后的效果。

图7-137

5. "马赛克拼图"效果

"马赛克拼图"效果可以将图像用马赛克碎片拼贴起来。如图7-138所示为原始图像和应用"马赛克拼图"效果以后的效果。

图7-138

6. "龟裂缝"效果

"龟裂缝"效果可以将图像应用在一个高凸现的石膏表面上，以沿着图像等高线生成精细的网状裂缝。如图7-139所示为原始图像和应用"龟裂缝"效果以后的效果。

图7-139

7.4.3 "扭曲"效果

"扭曲"命令可能会占用大量内存空间。这些效果是基于栅格的效果，无论何时对矢量对象应用这些效果，都将使用文档的栅格效果设置。

1. "扩散亮光"效果

"扩散亮光"效果可以向图像中添加白色杂色，并从图像中心向外渐隐高光，使图像产生一种光芒漫射的效果。如图7-140所示为原始图像和应用"扩散亮光"效果以后的效果。

图7-140

2. "海洋波纹"效果

"海洋波纹"效果可以将随机分隔的波纹添

加到图像表面，使图像看上去像是在水中一样。如图7-141所示为原始图像和应用"海洋波纹"效果以后的效果。

图7-141

3. "玻璃"效果

"玻璃"效果可以使图像产生透过不同类型的玻璃进行观看的效果。如图7-142所示为原始图像和应用"玻璃"效果以后的效果。

图7-142

7.4.4　艺术效果

"艺术效果"是基于栅格的效果，无论何时对矢量对象应用这些效果，都将使用文档的栅格效果设置。

1. "塑料包装"效果

"塑料包装"效果可以在图像上涂上一层光亮的塑料，以表现出图像表面的细节。如图7-143所示为原始图像和应用"塑料包装"效果以后的效果。

图7-143

2. "壁画"效果

"壁画"效果可以使用一种粗糙的绘画风格来重绘图像。如图7-144所示为原始图像和应用"壁画"效果以后的效果。

图7-144

3. "干画笔"效果

"干画笔"效果可以使用干燥的画笔来绘制图像边缘。如图7-145所示为原始图像和应用"干画笔"效果以后的效果。

图7-145

4. "底纹效果"效果

"底纹效果"效果可以在带纹理的背景上绘制底纹图像。如图7-146所示为原始图像和应用

"底纹效果"效果以后的效果。

图7-146

5. "彩色铅笔"效果

"彩色铅笔"效果可以使用彩色铅笔在纯色背景上绘制图像，并且可以保留图像的重要边缘。如图7-147所示为原始图像和应用"彩色铅笔"以后的效果。

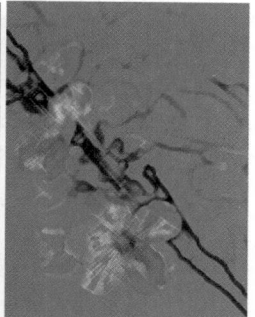

图7-147

6. "木刻"效果

"木刻"效果可以将高对比度的图像处理成剪影效果，将彩色图像处理成由多层彩纸组成的效果。如图7-148所示为原始图像和应用"木刻"效果后的效果。

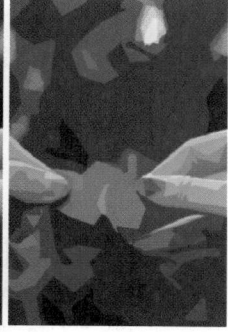

图7-148

7. "水彩"效果

"水彩"效果可以用水彩风格绘制图像，当边缘有明显的色调变化时，该效果会使颜色更加饱满，如图7-149所示为原始图像和应用"水彩"效果以后的效果。

图7-149

8. "海报边缘"效果

"海报边缘"效果可以减少图像中的颜色数量（对其进行色调分离），并查找图像的边缘，在边缘上绘制黑色的线条。如图7-150所示为原始图像和应用"海报边缘"效果以后的效果。

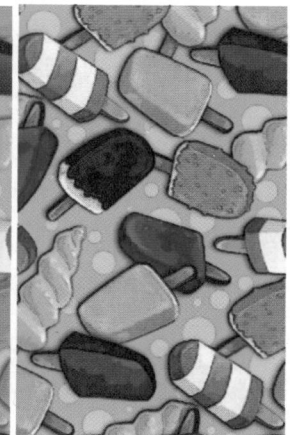

图7-150

9. "海绵"效果

"海绵"效果使用颜色对比度比较强烈、纹理较重的区域绘制图像，以模拟海绵效果。如图7-151所示为原始图像和应用"海绵"效果以后的效果。

10. "涂抹棒"效果

"涂抹棒"效果可以使用较短的对角描边涂

抹暗部区域，以柔化图像。如图7-152所示为原始图像和应用"涂抹棒"效果以后的效果。

图7-151

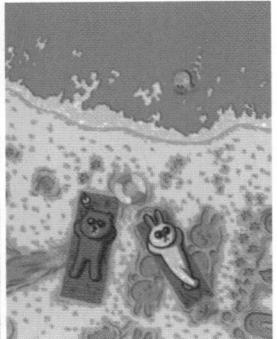

图7-152

11."粗糙蜡笔"效果

"粗糙蜡笔"效果可以在带纹理的背景上应用粉笔描边。在亮部区域，粉笔效果比较厚，几乎观察不到纹理；在深色区域，粉笔效果比较薄，而纹理效果非常明显。如图7-153所示为原始图像和应用"粗糙蜡笔"效果后的效果。

图7-153

12."绘画涂抹"效果

"绘画涂抹"效果可以使用6种不同类型的画

笔来进行绘画。如图7-154所示为原始图像和应用"绘画涂抹"效果后的效果。

图7-154

13."胶片颗粒"效果

"胶片颗粒"效果可以将平滑图案应用于阴影和中间色调上。如图7-155所示为原始图像和应用"胶片颗粒"效果以后的效果。

图7-155

14."调色刀"效果

"调色刀"效果可以减少图像中的细节，以生成淡淡的描绘效果。如图7-156所示为原始图像和应用"调色刀"效果以后的效果。

图7-156

15."霓虹灯光"效果

"霓虹灯光"效果可以将霓虹灯等效果添加

到图像上,该效果可以在柔化图像外观时为图像着色。如图7-157所示为原始图像和应用"霓虹灯光"效果以后的效果。

图7-157

7.4.5 实战——啤酒瓶盖花纹绘制

Illustrator中,艺术效果种类非常多,而且有些效果的运用和Photoshop一样,都是调整参数来进行艺术效果的绘制,在此案例中,主要是通过前面基础工具的运用再加艺术效果的运用制作一款啤酒瓶盖。

01 打开Illustrator CC 2018,新建一个540px×330px大小的画布,选择工具箱中的"椭圆工具"按钮 ,按住Shift键绘制一个无填充,有描边的圆,调整描边值,如图7-158所示。选择圆,按快捷键Ctrl+C和Ctrl+F进行原位前置粘贴,并调整其大小和描边大小,如图7-159所示。

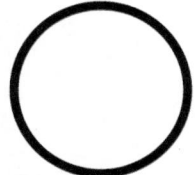

图7-158

图7-159

02 选择先前制作的圆,按快捷键Ctrl+C和Ctrl+B进行原位后置粘贴,调整大小并在工具箱中单击"互换填色和描边"按钮 ,将填充色和描边色互换,并填充一种其他颜色,以便于区分,如图7-160所示。

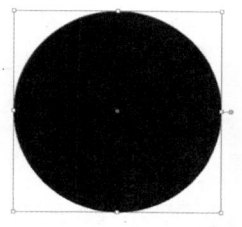

图7-160

03 选择复制的大圆,执行"效果"|"扭曲和变换"|"波纹效果"命令,弹出"波纹效果"对话框,设置参数,如图7-161所示,并执行"对象"|"扩展外观"命令,将对象转为波浪形的外观。

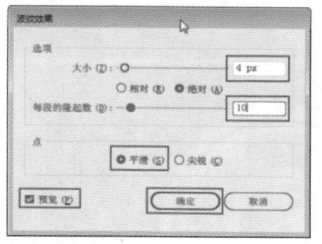

图7-161

04 选择最先前制作的圆,按快捷键Ctrl+C和Ctrl+F进行原位前置粘贴,调整大小,并选择一个有差别的颜色来填充,如图7-162所示。打开"路径查找器"面板,选择黄色部分和波纹瓶盖部分,单击"路径查找器"面板中的"减去顶层"按钮 ,将得到后的复合图像填充黑色,效果如图7-163所示。

图7-162

图7-163

05 选择内部绘制的圆，按快捷键Ctrl+C和Ctrl+F进行原位前置粘贴，调整好大小，再打开相关素材中的"实战——啤酒瓶盖花纹绘制素材.ai"文件，将素材拖入到画面中，并将对象颜色进行反白处理，如图7-164所示。

图7-164

06 继续选择内部圆，按快捷键Ctrl+C和Ctrl+F进行原位前置粘贴，然后选择工具箱中的"路径文字工具"按钮，将文字赋予至圆的路径中，输入字符，最终效果如图7-165所示。

图7-165

7.5 图形样式

图形样式是一组可反复使用的外观属性。

图形样式可以快速更改对象的填色、描边颜色和透明度，甚至可以在一个步骤中应用多种效果。应用图形样式所进行的所有更改都是完全可逆的。

7.5.1 图形样式面板概述

使用"图形样式"面板，可以方便地将图形样式应用到文档对象。在实际操作时，可以将图形样式应用于单个对象，也可以将其应用于一个组或一个图层，从而使组或图层中的对象都能够同时应用于该图形样式。

通过执行"窗口"|"图形样式"命令，可以调出"图形样式"面板，来创建、命名和应用外观属性集。创建文档时，该面板会列出一组默认的图形样式。当现用文档打开并处于现用状态时，随同该文档一起存储的图形样式显示在该面板中，如图7-166所示。

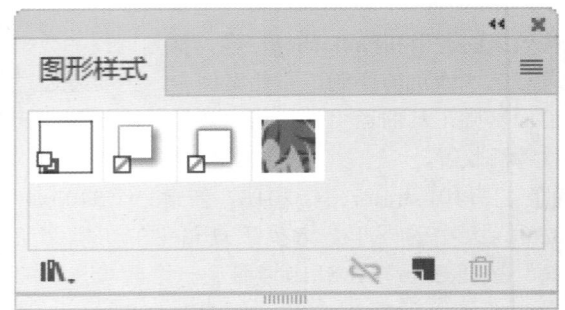

图7-166

如果样式没有填充和描边（如仅适用于效果的样式），则缩览图会显示为带褐色轮廓和白色填充的对象。此外，会显示一条细小的红色斜线，提示没有填色或描边。

7.5.2 应用与创建图形样式

选中要进行外观编辑的对象，在"外观"面板中进行相应的调整，如图7-167所示。然后调出"图形样式"面板，单击该面板中的"新建图形样式"按钮。或者在面板菜单中执行"新建图形样式"命令，在弹出的"图形样式选项"对话框中的"样式名称"文本框中输入名称，然后单击"确定"按钮，如图7-168所示。

图7-167

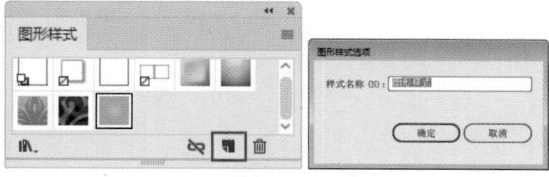

图7-168

7.6　本章小结

　　本章主要针对图像的效果进行了详细的讲解。在讲解的过程中，通过对各种滤镜所产生的艺术效果进行对比，使读者清楚地认识到每一种滤镜的效果及功能，这对之后的图像处理有很大的帮助。通过对本章的学习，相信读者对这些图像的滤镜效果已经有了基本的理解和掌握。希望之后在设计和制图工作中能灵活运用，创作出新颖独特的设计作品。

第8章

符号与图表制作

在平面设计中经常会遇到需要在面板中出现大量重复对象的情况，如果使用"复制"和"粘贴"命令进行制作不仅浪费时间，还会造成系统资源的浪费。Illustrator引入了"符号"这一概念，在这里符号是指在文档中可以重复使用的对象。

为了获得更加精确、直观的效果，在对各种数据进行统计和比较时，经常会用到图表的方式。Illustrator中提供了丰富的图表类型和强大的图表功能，使其在运用图表进行数据统计和比较时更加方便、快捷。

本章重点••••••••

⊙ 掌握"符号"面板的使用方法
⊙ 掌握效果的添加与编辑方法

8.1 认识与应用符号

在应用符号对象时，必须要使用到的组件就是"符号"面板，该面板用于载入符号、创建符号、应用符号以及编辑符号。

8.1.1 认识符号面板

执行"窗口"|"符号"命令，或使用快捷键Shift+Ctrl+F11打开"符号"面板，在该面板中可以选择不同类型的符号，也可以对符号库类型进行更改，还可以对符号进行编辑，如图8-1所示。

图8-1

8.1.2 更改符号面板的显示效果

单击面板右侧的 ≡ 按钮，在面板菜单中包含3种可选的视图显示方式，即缩览图视图、小列表视图和大列表视图，如图8-2所示。

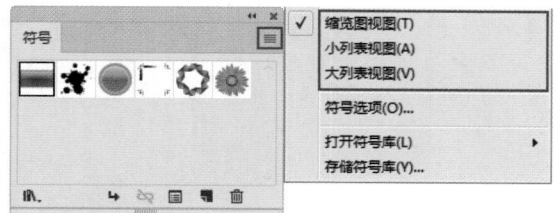

图8-2

- ➤ 缩览图视图：使用该选项可以显示符号缩览图，也是默认的显示方式。
- ➤ 小列表视图：使用该选项显示带有缩览图的命名符号的列表。
- ➤ 大列表视图：使用该选项显示带有大缩览图的命名符号的列表。

8.1.3　使用符号面板置入符号

在"符号"面板或符号库中可以直接置入符号到文件中。从"符号"面板中选中某个符号，并单击该面板中的"置入符号实例"按钮，即可将所选符号置入画板的中心位置。也可以直接选择符号，将符号拖动到画板中显示的位置，如图8-3和图8-4所示。

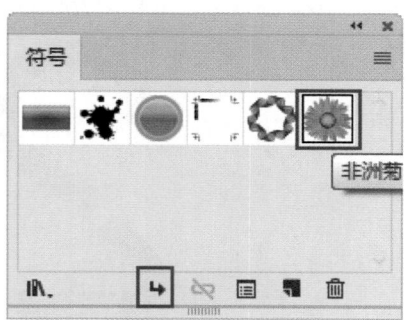

图8-3

图8-4

8.1.4　实战——制作时尚线条艺术文字海报

本案例将使用Illustrator CC 2018制作时尚线条艺术文字海报，教程制作的线条文字效果是通过Illustrator的艺术笔刷工具来实现的，这样的效果给人很强的设计感，同时也不乏颜色的运用技巧，是实操性非常强的实例教程。

01 打开Illustrator CC 2018，执行"文件"|"新建"命令，创建一个210mm×297mm大小的画布，选择工具箱中的"直线工具"按钮 ╱ ，拖动鼠标画一根直线，颜色自选，描边为1pt，如图8-5所示。选中对象后，执行"效果"|"扭曲和变换"|"变换"命令，弹出对话框，在其中设置参数，如图8-6所示。

图8-5

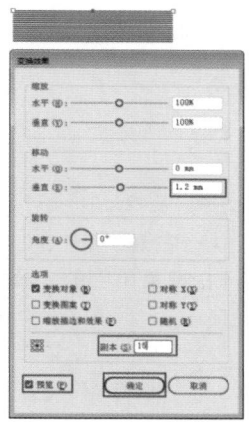

图8-6

02 选择对象，执行"扩展"|"扩展外观"命令，如图8-7所示。接着执行"窗口"|"画笔"命令，或者按快捷键F5，打开"画笔"面板，将"扩展"后的对象拖动至"画笔"面板中，如图8-8所示，添加为"艺术画笔"。

图8-7

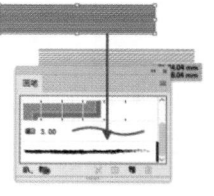

图8-8

03 选择工具箱中的"文字工具"按钮 **T**，输入数字2，描边无填充，如图8-9所示。选择对象，执行右键菜单中的"创建轮廓"命令，或者按快捷键Ctrl+Shift+O将其轮廓化，如图8-10所示。

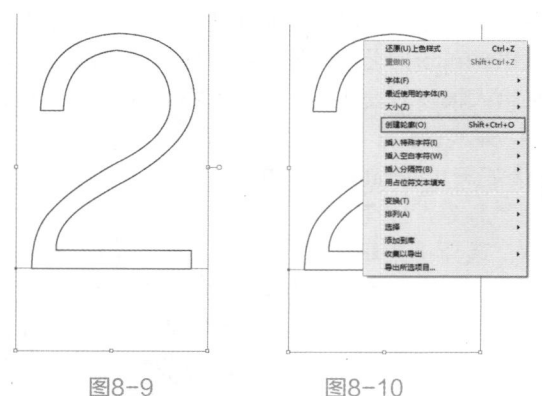

图8-9　　　　　图8-10

04 选择工具箱中的"直接选择工具"按钮 ▷，对字形进行调整，删除多余的锚点，如图8-11所示。

图8-11

05 选择对象，执行右键菜单中的"取消编组"命令后，继续执行右键菜单中的"释放复合路径"命令，如图8-12所示。

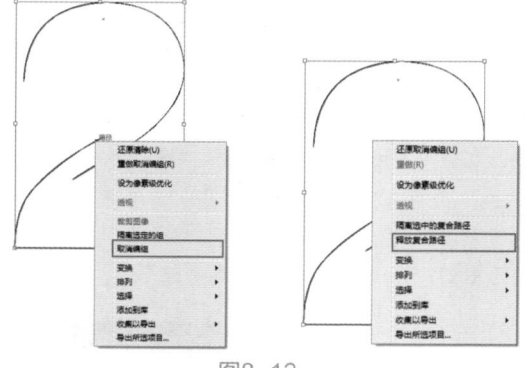

图8-12

06 将两部分拼合在一起，如图8-13所示。执行"窗口"|"路径查找器"命令，打开"路径查找器"面板，执行面板中的"轮廓"命令，如图8-14所示。

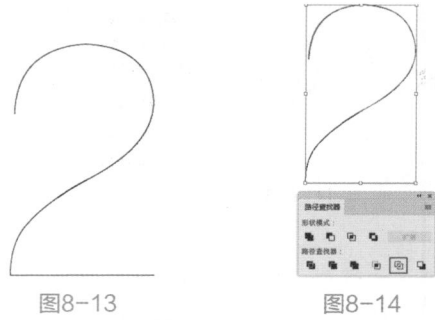

图8-13　　　　　图8-14

07 执行命令后，重新添加描边色，能看到新的复合图形，如图8-15所示。执行右键菜单中的"取消编组"命令后，移动线条，可以看到刚才重合的那一部分线段被切割出来了，如图8-16所示。

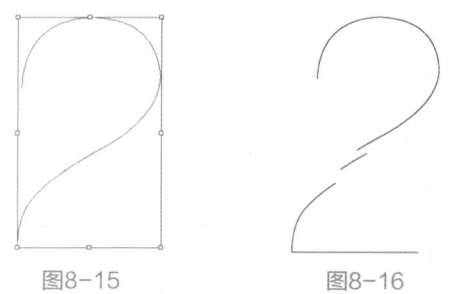

图8-15　　　　　图8-16

08 删除重合的线段，打开"符号"面板，并把"艺术笔刷"载入线段中，如图8-17所示。

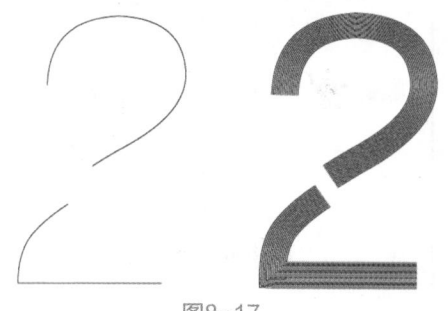

图8-17

09 将两段线段拼合在一起，并进行编组，执行"对象"|"扩展外观"命令，然后在画板中添加一个渐变色，如图8-18所示。

图8-18

10 使用"矩形工具"按钮 ▣、"椭圆工具"按钮 ⬭ 和"钢笔工具"按钮 ✒ 来制作点缀的装饰元素，执行"效果"|"风格化"|"投影"命令给圆添加投影，并根据画面效果来调整元素位置与大小，如图8-19所示。

图8-19

11 继续调整和制作点缀元素，如图8-20所示。元素制作完毕后，使用"矩形工具"按钮 ▣ 拖动光标，创建一个同画布大小的矩形，选择所有元素，右击选择"创建剪切蒙版"命令，如图8-21所示。

图8-20

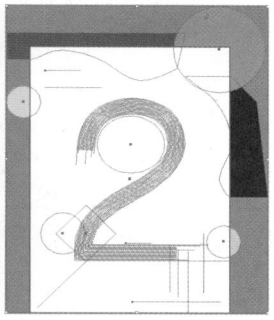

图8-21

12 最终效果如图8-22所示。

图8-22

8.2 创建与管理符号

虽然Illustrator CC 2018中内置了丰富的"符号"元素，但是用户仍可以自定义所需符号，或者将极少用到的符号删除。

8.2.1 创建新"符号"

首先选中要用作符号的图形，然后单击"符号"面板中的"新建符号"按钮 ▤ 或者将图稿拖到"符号"面板，如图8-23所示。

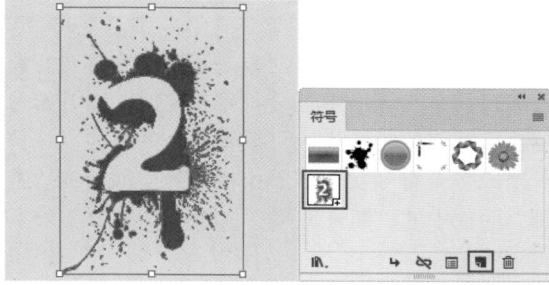

图8-23

弹出"符号选项"对话框，在这里可以对新建符号的名称、类型等参数进行相应的设置，接着在"符号"面板中会出现一个新的符号，如图8-24所示。

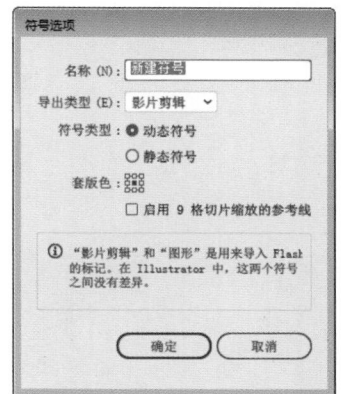

图8-24

➢ 名称：设置新符号的名称。

➢ 导出类型：选择作为影片剪辑或图形的符号类型。"影片剪辑"在Flash和Illustrator中是默认的符号类型。

➢ 套版色：在注册网络上指定要设置符号锚点的位置。锚点位置将影响符号在屏幕坐标中的位置。

➤ 如果要在Flash中使用9格切片缩放，选中"启用9格切片缩放的参考线"复选框。

➤ 选中"对齐像素网格"复选框，可以对符号应用像素对齐属性。

 位图也可以被定义为符号，导入位图素材后，需要在控制栏中单击"嵌入"按钮，然后按照上述创建新符号的方式即可将位图定义为符号使用。

8.2.2 断开"符号"链接

在Illustrator中符号对象是不能够直接进行路径编辑的，当画面中包含符号对象时，断开符号链接即可将符号转换成可编辑操作的路径。选择一个或多个符号实例，单击"符号"面板或"控制"面板中的"断开链接"按钮，如图8-25和图8-26所示。

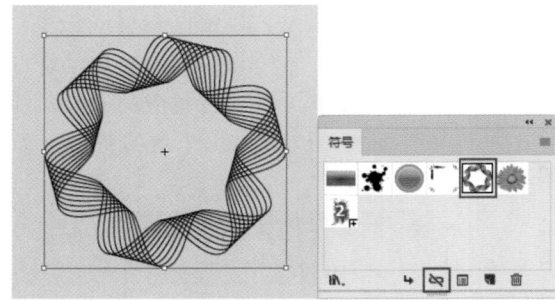

图8-25

图8-26

另外，使用"扩展"命令也可以达到相同目的，选中对象后执行"对象"|"扩展"命令，并

在"扩展"对话框中选择需要扩展的对象，单击"确定"按钮完成操作，如图8-27和图8-28所示。

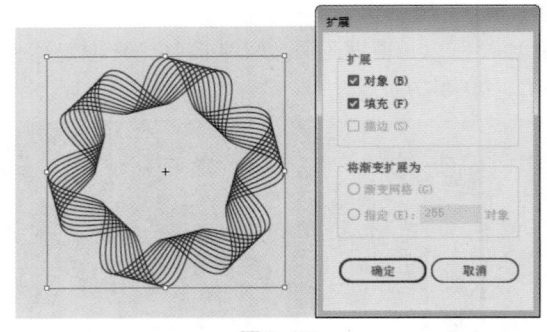

图8-27

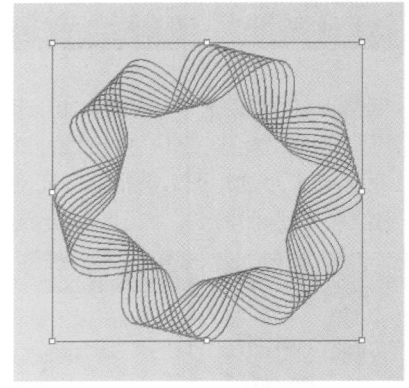

图8-28

8.2.3 删除"符号"

执行"窗口"|"符号"命令，打开"符号"面板，选择需要删除的"符号"拖动光标至"删除"按钮，或者选中"符号"，单击"删除符号"按钮，可以对符号库的符号进行删除，如图8-29和图8-30所示。

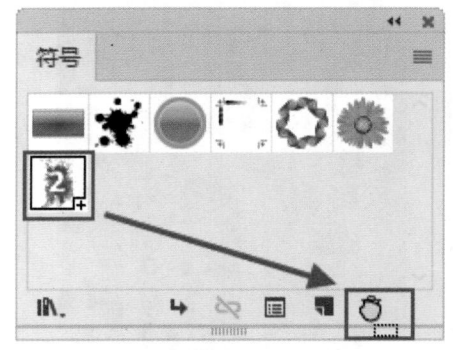

图8-29

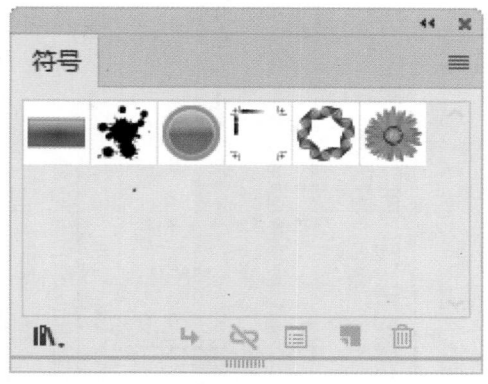

图8-30

8.2.4 实战——3D绕转制作立体动感小球

此案例主要是通过"3D绕转"和"符号面板"的功能，来制作一款有趣的立体动感小球，通过此案例主要学习在"符号面板"中添加"符号"，以此方便以后的编辑和作图。

01 打开Illustrator CC 2018，创建一个540px×330px大小的画布，选择工具箱中的"矩形工具"按钮▨来绘制矩形条，按住Alt键移动复制，并按快捷键Ctrl+D连续复制，如图8-31所示。

图8-31

02 调整矩形大小，执行右键菜单中的"编组"命令，如图8-32所示。打开"符号"面板，将矩形组拖动至符号面板中，如图8-33所示。

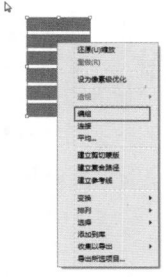

图8-32

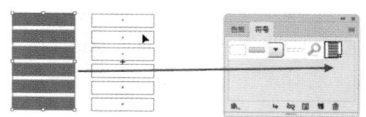

图8-33

03 选择工具箱中的"椭圆工具"按钮◯，按住Shift键绘制一个正圆，选择"直接选择工具"按钮▷将圆的左边锚点删除，如图8-34所示。

图8-34

04 选择半圆，执行"效果"|3D|"绕转"命令，设置参数如图8-35所示，并单击"贴图"按钮，弹出"贴图"对话框，设置参数如图8-36所示。

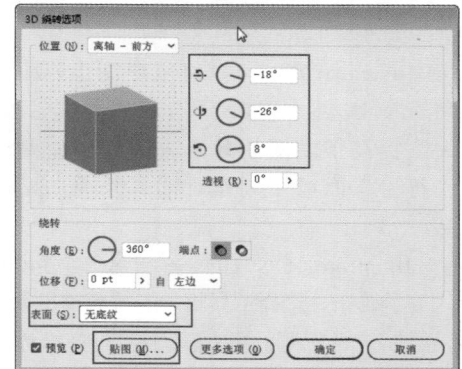

图8-35

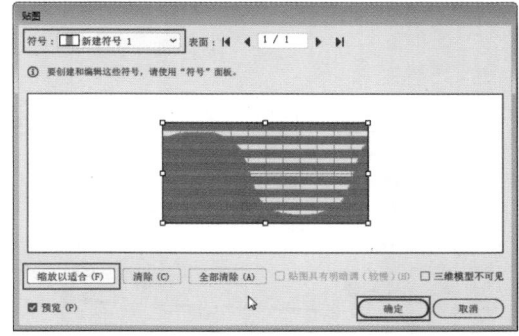

图8-36

05 选择对象，执行"对象"|"扩展外观"命令将对象转换为可编辑的图形对象，选择工具箱中的"直接选择工具"按钮▷，选择对象的背面，给背面的色条填充一个深一点的颜色，效果如图8-37和图8-38所示。

179

图8-37

图8-38

06 绘制一个背景色，复制多个球体并调整角度，最终效果如图8-39所示。

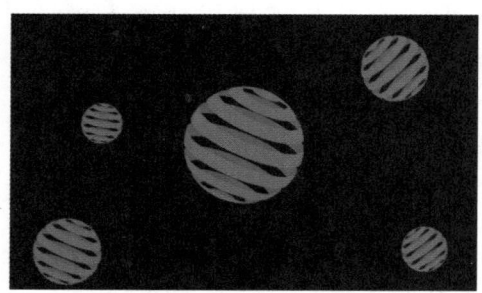
图8-39

8.2.5 实战——制作飞出的粒子效果

在Illustrator中，可以将用户制作的图形、线段等元素编辑为"符号"。"符号"的应用，大大提高了制图的效率，因此，能熟练地运用"符号"面板来制作对读者来说，显得尤为重要。

01 打开Illustrator CC 2018，创建一个540px×330px大小的画布，选择工具箱中的"椭圆工具"按钮 ⬭，绘制一个正圆，并填充颜色，将描边设置为无，如图8-40所示。打开"符号"面板，将对象拖动至"符号"面板中，如图8-41所示。

图8-40

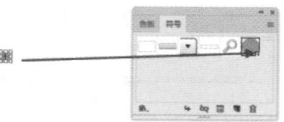
图8-41

02 选择工具箱中的"符号喷枪工具"按钮 🔳，双击此"符号喷枪工具"按钮 🔳，弹出"符号工具选项"对话框，设置参数，如图8-42所示。

按住鼠标左键，呈抛物线状进行绘制，如图8-43所示。

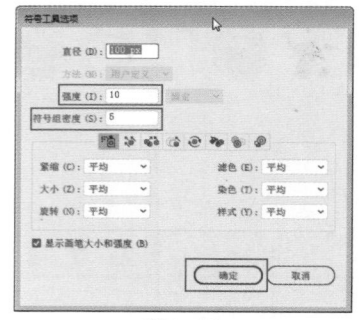
图8-42

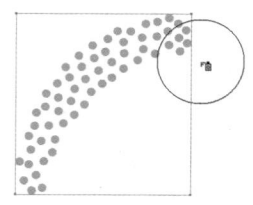
图8-43

03 选择工具箱中的"符号移位器工具"按钮 🔳，对绘制的"符号"粒子组进行调整，如图8-44和图8-45所示。

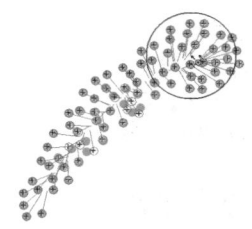
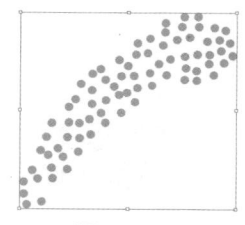
图8-44   图8-45

04 选择工具箱中的"符号紧缩器工具"按钮 🔳，对绘制的"符号"粒子进行密集度调整，如图8-46和图8-47所示。

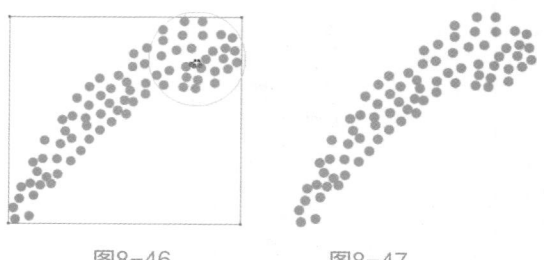
图8-46   图8-47

技巧与提示 Ａlｔ键是扩散，松开Ａlｔ键是缩紧。

05 ▷ 选择工具箱中的"符号缩放器工具"按钮 ⊙，对绘制的"符号"粒子进行大小调整，如图8-48和图8-49所示。

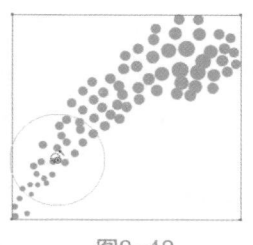

图8-48   图8-49

技巧与提示 按住Alt键是缩小，松开Alt键是扩大。

06 ▷ 选择工具箱中的"符号滤色器工具"按钮 ⊙，对绘制的"符号"粒子进行虚实的调整，如图8-50和图8-51所示。

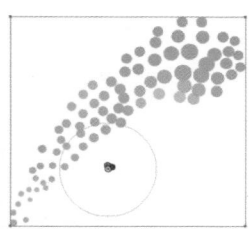

图8-50   图8-51

07 ▷ 选择工具箱中的"矩形工具"按钮 ▢ 和"椭圆工具"按钮 ◯，绘制一个正圆和背景图，调整好画面的位置关系，选择工具箱中的"直接选择工具"按钮 ▷，将圆的一侧锚点进行删除，如图8-52所示。选择半圆对象，执行"效果"|3D|"绕转"命令，将半圆设置为一个球体，如图8-53所示。

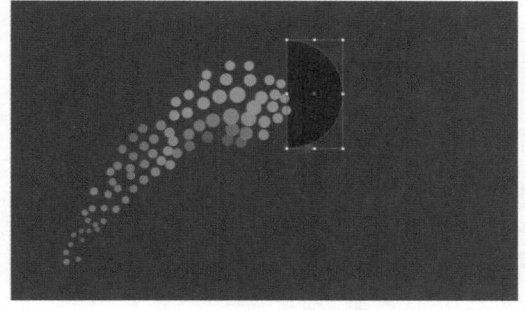

图8-52

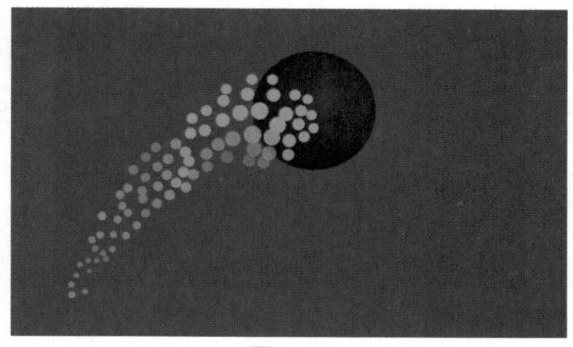

图8-53

08 ▷ 绘制一个颜色同背景颜色的圆，添加至"符号"面板，使用"符号喷枪工具"按钮 🔲 来绘制粒子，如图8-54所示。

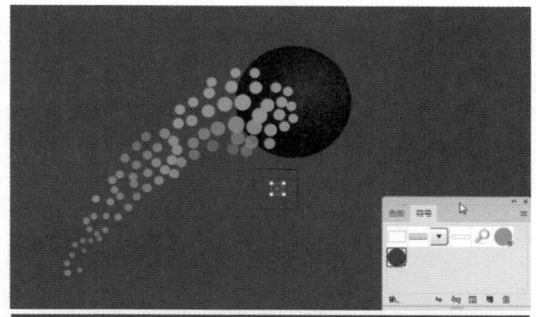
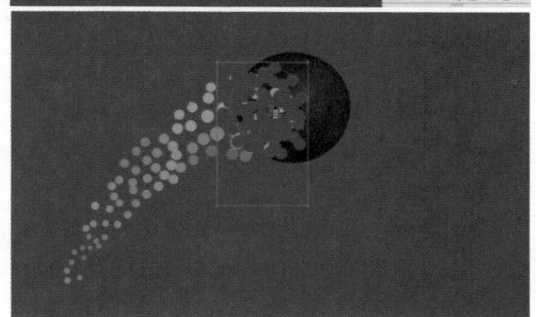

图8-54

09 ▷ 调整图层顺序，并对对象进行微调，给球体添加投影，最终效果如图8-55和图8-56所示。

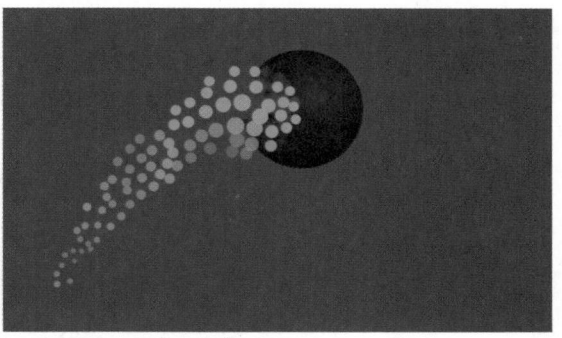

图8-55

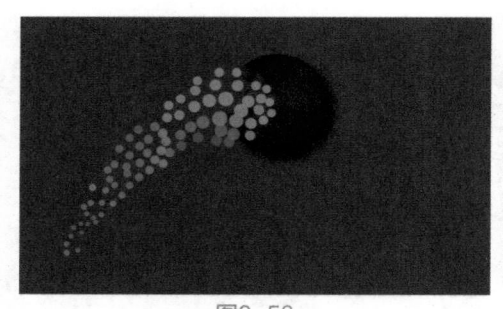

图8-56

8.3 创建图表

为了获得更加精确、直观的效果，在对各

种数据进行统计和比较时，经常会运用图表的方式。Illustrator中提供了丰富的图表类型和强大的图表功能，使其在运用图表进行数据统计和比较时更加方便、快捷。

8.3.1 输入图表数据

可以使用"图表数据"窗口来输入图表的数据。使用图表工具时会自动显示"图表数据"窗口，也可以执行"对象"|"图表"|"数据"命令，除非将其关闭，否则此窗口将保持打开状态，如图8-57所示。

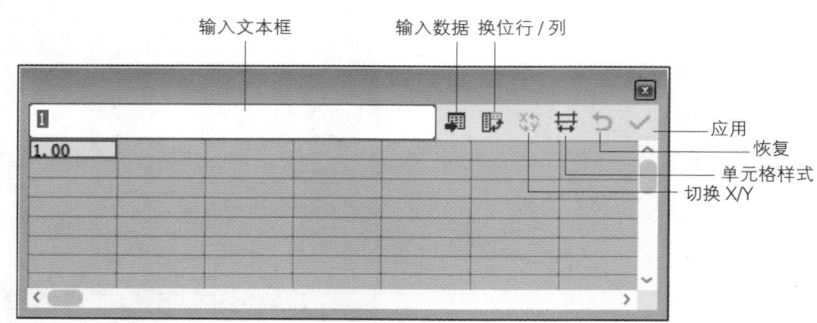

图8-57

➤ 单击将成为导入数据的左上单元格的单元格，然后单击"导入数据"按钮██，并选择文本文件。

➤ 如果不小心输反图表数据（即在行中输入了列的数据，或者相反），则单击"换位"按钮██以切换数据行和数据列。

➤ 要切换散点图的X轴和Y轴，单击"切换X/Y"按钮██即可。

➤ 单击"应用"按钮✔，或者按Enter键，以重新生成图表。

8.3.2 实战——创建图表

柱形工具创建的图表可用垂直柱形来比较数值。

01 单击工具箱中的"柱形图工具"按钮██，在画板中拖动绘制出一个矩形，松开鼠标时，弹出"图表数据"窗口，该窗口用于输入图表的数据，如图8-58所示。

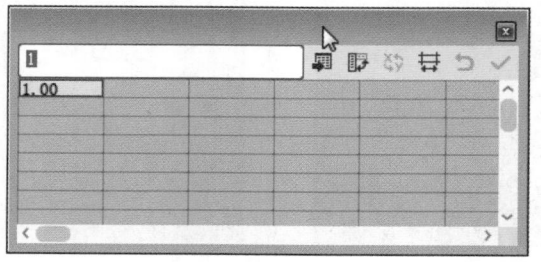

图8-58

02 在该窗口的图表中，按照实际情况将相应的数据输入到表格中，并且要输入相应的名称和列名称。只要在相应的单元上单击，并且在顶部的文本框中输入相应名称或数据即可完成操作，如图8-59所示。

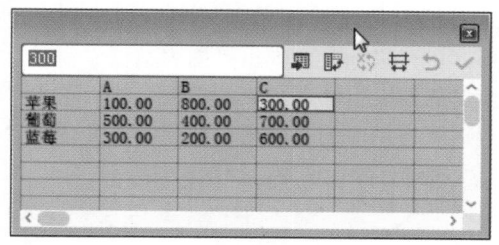

图8-59

03 单击"图表数据"窗口中的"应用"按钮 ✓，并单击"关闭"按钮，图表效果会如图8-60所示。

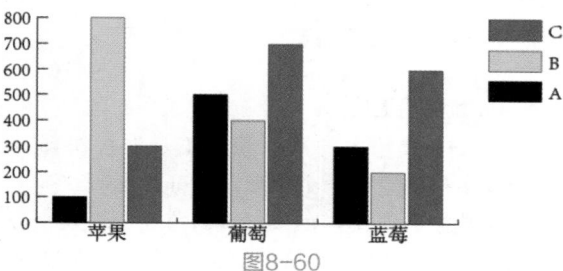

图8-60

04 单击工具箱中的"直接选择工具"按钮 ▷，在画板中同时选中黑色的数值轴及图例，调出"颜色"面板，设置一个颜色。然后使用同样的方法在其他数值轴和图例上填充其他颜色，得到效果如图8-61所示。

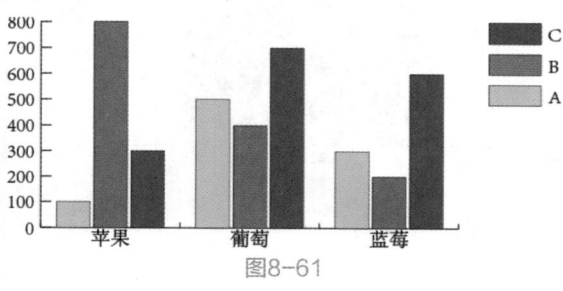

图8-61

8.3.3　调整列宽或小数精度

调整列宽不会影响图表中列的宽度。这种方法只可用来在列中查看更多或更少的数字。由于默认值为2位小数，若在单元格中输入数字4，则在"图表数据"窗口中显示为4.00，若在单元格中输入数字1.55823，则显示为1.56。

通过单击"单元格样式"按钮 ⊞，弹出"单元格样式"对话框，在其中可以进行相应的设置，如图8-62所示。

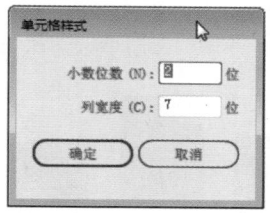

图8-62

➤ 在"列宽度"文本框中输入数值，可以定义单元格的位数宽度，设置完毕后单击"确定"按钮即可。

➤ 在"小数位数"文本框中输入数值，可以定义数值小数的位置，如果没有输入小数部分，软件将会自动添加相应位数的小数。

8.3.4　创建其他图表

使用图表工具可以可视方式交流统计信息。在Illustrator中，可以创建9种不同类型的图表并表达这些图表以满足需要。

1. 柱形图工具

柱形图是Illustrator默认的图表类型，它通过柱形图长度与数据值成比例的垂直矩形，表示一组或多组数据之间的相互关系。柱形图可以将数据表中的每一行数据放在一起，供用户进行比较（如图8-63所示）。该类型的图表可以将事物随时间的变化趋势很直观地表现出来。

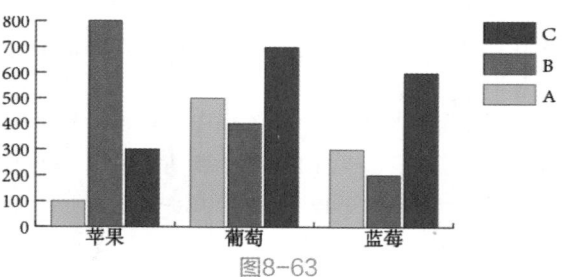

图8-63

2. 堆积柱形图工具

堆积柱形图工具创建的图表与柱形图类似，但是它将各个柱形堆积起来，而不是互相并列。这种图表类型可以用于表示部分和总体的关系。单击工具箱中的"堆积柱形图工具"按钮 ▥，在画板中拖动绘制出一个矩形，松开鼠标时，弹出"图表数据"窗口，在该窗口的图表中输入相应的数据。然后单击"图表数据"窗口中的"应用"按钮 ✔，并使用"颜色"面板进行颜色调整，如图8-64所示。

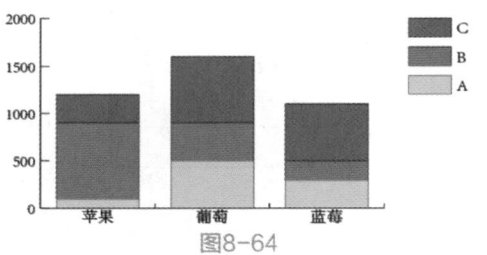

图8-64

3. 条形图工具

条形图工具创建的图与柱形图类似。单击工具箱中的"条形图工具"按钮 ▤，在画板中拖动绘制出一个矩形，松开鼠标时，弹出"图表数据"窗口，在该窗口的图表中输入相应的数据，然后单击"图表数据"窗口中的"应用"按钮 ✔，并使用"颜色"面板进行颜色调整，得到效果如图8-65所示。

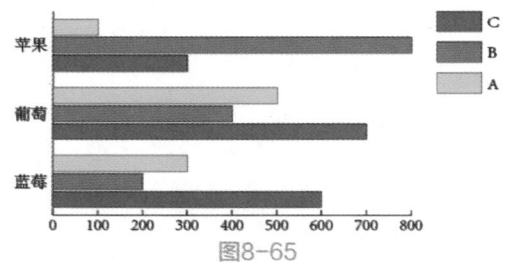

图8-65

4. 堆积条形图工具

堆积条形图工具创建的图表与堆积柱形图类似，其条形是水平堆积而不是垂直堆积。单击工具箱中的"堆积条形图工具"按钮 ▤，在画板中拖动绘制一个矩形，释放鼠标，弹出"图表数据"窗口，在该窗口的图表中输入相应的数据，然后单击"图表数据"窗口中的"应用"按钮 ✔，并使用"颜色"面板进行颜色调整，如图8-66所示。

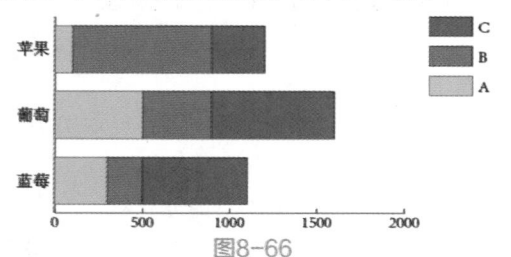

图8-66

5. 折线图工具

折线图工具创建的图表使用点来表示一组或多组数值，并且对每组中的点都采用不同的线段来连接。这种图表类型通常用于表示在一段时间内一个或多个主题的趋势。单击工具箱中的"折线工具图"按钮 ◹，在画板中拖动绘制出一个矩形，松开鼠标时，弹出"图表数据"窗口，在该窗口的图表中输入相应的数据。然后单击"图表数据"窗口中的"应用"按钮 ✔，并使用"颜色"面板进行颜色调整，如图8-67所示。

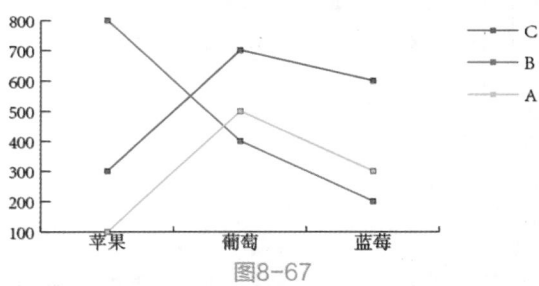

图8-67

6. 面积图工具

单击工具箱中的"面积图工具"按钮 ◿，在画板中拖动绘制一个矩形，松开鼠标时，弹出"图表数据"窗口，在该窗口的图表中输入相应的数据。然后单击"图表数据"窗口中的"应用"按钮 ✔，并使用"颜色"面板进行颜色调整，如图8-68所示。

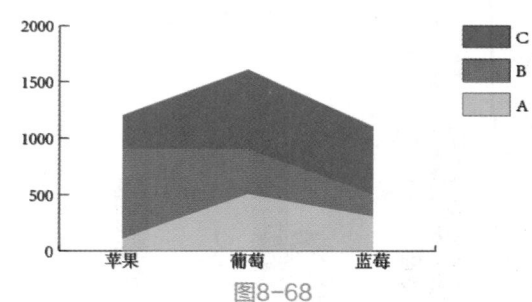

图8-68

7. 散点图工具

散点图工具创建的图表沿X轴和Y轴将数据点作为承兑的坐标组进行绘制。散点图可用于识别数据中的图案或趋势。它们还可以表示变量是否互相影响。单击工具箱中的"散点图工具"按钮 ▦，在画板中拖动绘制出一个矩形，松开鼠标时，弹出"图表数据"窗口，在该窗口的图表中输入相应的数据，然后单击"图表数据"窗口中的"应用"按钮 ✔，并使用"颜色"面板进行颜色调整，如图8-69所示。

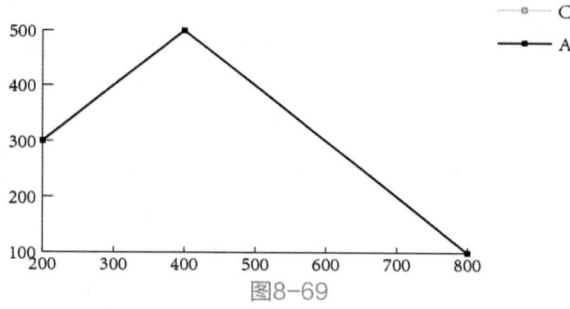

图8-69

8. 饼图工具

饼图工具可以创建圆形图表，它的楔形表示所比较数值的相对比例。单击工具箱中的"饼图工具"按钮 🥧，在画板中拖动绘制出一个饼形，松开鼠标时，弹出"图表数据"窗口，在该窗口中的图表中输入相应的数据，然后单击"图表数据"窗口中的"应用"按钮 ✔，并使用"颜色"面板进行颜色调整，如图8-70所示。

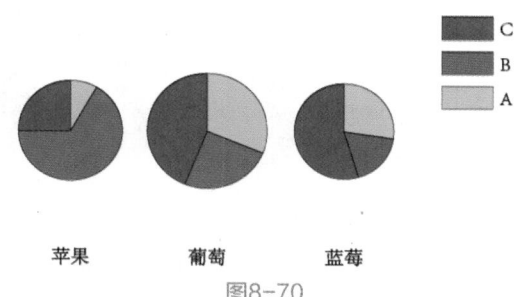

苹果　　　　葡萄　　　　蓝莓

图8-70

9. 雷达工具图

雷达工具创建的图表可在某一特定时间点或特定类别上比较数值组，并以圆形格式表示。这种图表类型也称为网状图。单击工具箱中的"雷达图工具"按钮 ⊗，在画板中拖动绘制出一个矩形，松开鼠标时，弹出"图表数据"窗口，在该窗口的图表中输入相应的数据，然后单击"图表数据"窗口中的"应用"按钮 ✔，并使用"颜色"面板进行颜色调整，如图8-71所示。

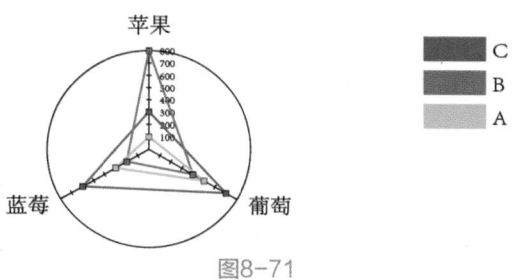

图8-71

8.4 改变图表的表现形式

创建图表后，可以使用多种方法来设置图表的格式，设置方法包括改变图表轴的外观和位置，添加投影、移动图例、组合显示不同的图表类型等。

也可以用多种方式手动自定图表，可以更改底纹的颜色；可以更改字体和文字样式；可以移动、对称、切变、旋转或缩放图表的任何部分或所有部分，并自定列和标记的设计。

8.4.1 定义坐标轴

除了饼图之外，所有的图表都有显示图表的测量单位的数值轴。可以选择在图表的一侧显示数值轴或者两侧都显示数值轴。条形、堆积条码、柱形、折线和面积图也有在图表中定义数据类别的类别轴。可以控制每个轴上显示多少个刻度线，可以改变刻度线的长度，并将前缀和后缀添加到轴上数字的相应位置。

首先使用选择工具选择图表，然后执行"对象"|"图表"|"类型"命令或者双击"工具"面板中的图表工具，要更改数值轴的位置，选择"数值轴"菜单中的选项，如图8-72所示。

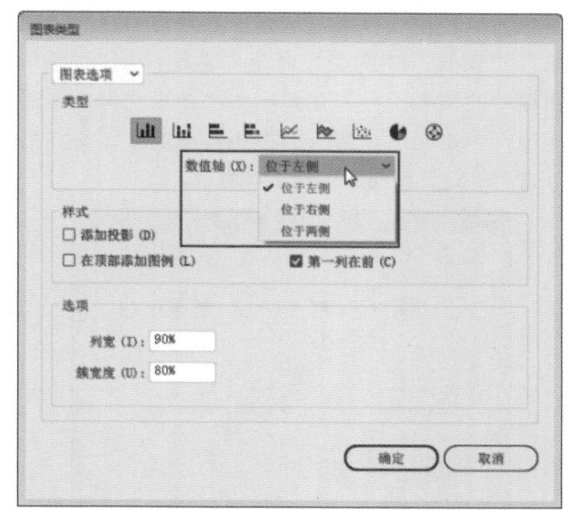

图8-72

要设置刻度线和标签的格式，从对话框顶部的弹出菜单中选择一个数值轴，如图8-73所示。

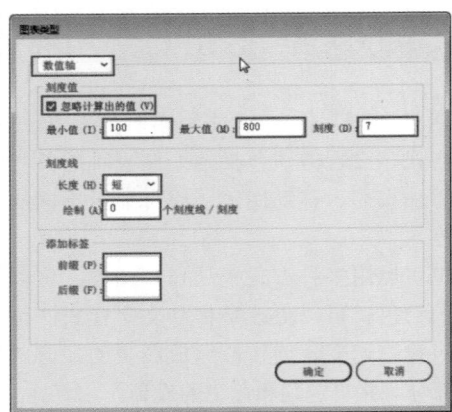

图8-73

> 刻度值：确定数值轴、左轴、右轴、下轴或上轴上的刻度线的位置。选中"忽略计算出的值"复选框，以手动计算刻度线的位置。创建图表时接受数值设置或输入最小值、最大值和标签之间的刻度数量。

> 刻度线：确定刻度线的长度和刻度线/刻度的数量。

> 添加标签：确定数值轴、左轴、右轴、下轴或上轴上的数字的前缀和后缀。例如，可以将美元符号或百分号添加到数值轴。

8.4.2 不同图表类型的互换

通过使用选择工具选择图表，然后执行"对象"|"图表"|"类型"命令，或者双击"工具"面板中的图表工具，在弹出的"图表类型"对话框中，单击与所需图表类型相对应的按钮，然后单击"确定"按钮，如图8-74所示。

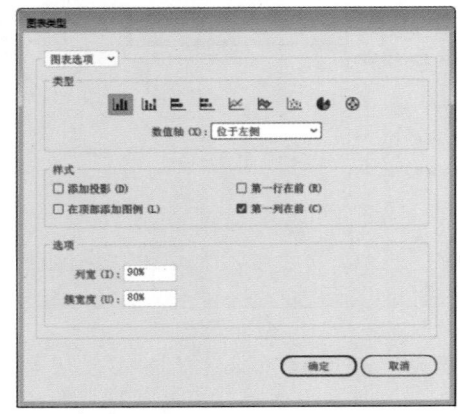

图8-74

8.4.3 常规图表选项

双击"工具"面板中的图表工具，在弹出的"图表类型"对话框中进行相应的设置，然后单击"确定"按钮，如图8-75所示。

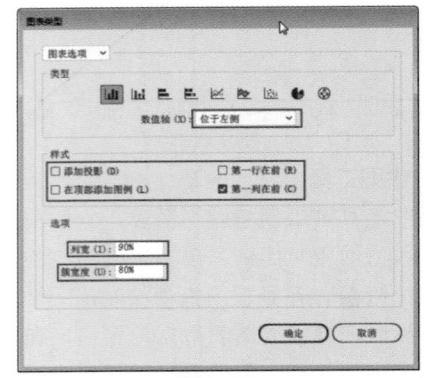

图8-75

> 数值轴：确定数值轴（此轴表示测量单位）出现的位置。

> 添加投影：为图表中的柱形、条形或线段后面以及整个拼图应用投影。

> 在顶部添加图例：在图表顶部而不是图表右侧水平显示图例。

> 第一行在前："群集宽度"大于100%时，可以控制图表中数据的类别或群集重叠的方式。使用柱形图或条形图的时候，此选项最有帮助。

> 第一列在前：在顶部的"图表数据"窗口中放置于数据第一列相对应的柱形、条形或线段。该选项还可以确定"列宽"大于100%时，柱形图和堆积柱形图中哪一列位于顶部；以及"条宽度"大于100%时，条形图和堆积条形图中哪一列位于顶部。

> 选项：在该选项组中，可以设置不同类型图表的参数。不同的图表类型，参数也不相同。

8.4.4 改变图表中的部分显示

可以在一个图表中组合显示不同的图表类型。可以让一组数据显示为柱形图，而其他数据显示为折线图。除了散点图之外，可以将任何类型的图表与其他图表组合。

选择绘制好的柱形图，单击工具箱中的"编组选择工具"按钮，然后单击要更改图表类型的图例，在不移动图例的"编组选择工具"指针的情况下，再次单击选定用图例编组的所有矩形，如图8-76所示。

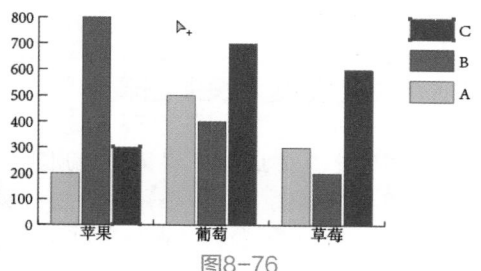

图8-76

执行"对象"|"图表"|"类型"命令或者双击"工具"面板中的图表工具，在弹出的"图表类型"对话框中选择"折线图"，单击"确定"按钮，如图8-77和图8-78所示。

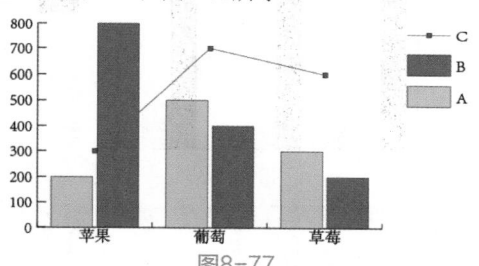

图8-77

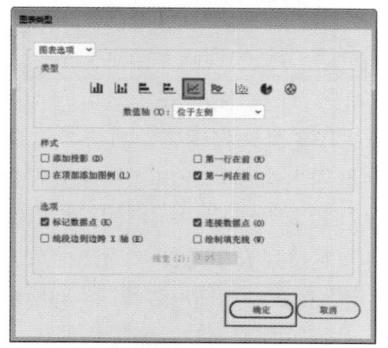

图8-78

 若要取消选择选定的组的部分，使用直接选择工具，并在按住Shift键的同时单击对象，即可取消对象。

8.4.5　定义图表图案

通过使用"符号"面板中的符号进行图表设计，使原本单击的柱形图像换为更丰富的图案。

将"符号"面板调出，选择一个图案，然后按住鼠标左键不放将其拖动到画板中，松开鼠标即可。使用选择工具选中符号，右击，在弹出的快捷菜单中选择"断开符号链接"命令，使符号变为一个图形，如图8-79和图8-80所示。

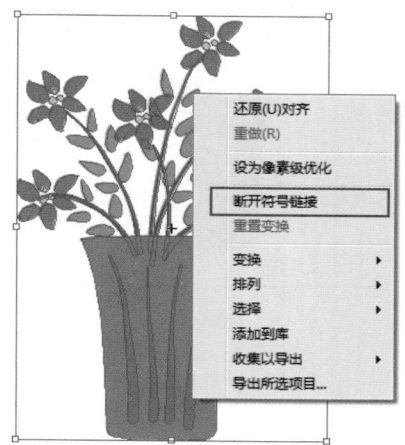

图8-79

图8-80

接着使用矩形工具绘制一个矩形框，该矩形是图表设计的边界，填充和描边为"无"。使用"钢笔工具"按钮绘制一条水平线段来定义延伸或压缩设计的位置。选择设计的所有部分，包括水平线段，执行"对象"|"编组"命令，将设计分组，如图8-81所示。

使用直接选择工具选择水平线段，执行"视图"|"参考线"|"建立参考线"命令，将水平线段转换为参考线。执行"视图"|"参考线"|"锁定参考线"命令，取消选中"锁定"复选框，这样可以解锁参考线。移动周围的设计以确保参考线和设计一起移动，如图8-82所示。

图8-81

图8-82

使用选择工具选择整个设计。执行"对象"|"图表"|"设计"命令，弹出"图表设计"对话框，单击"新建设计"按钮，所选设计的预览将会显示。单击"重命名"按钮将其重命名为"花盆"，如图8-83和图8-84所示。

图8-83

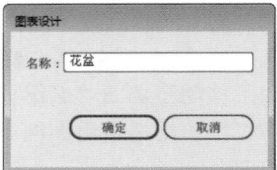

图8-84

8.4.6 使用图案来表现图表

图表图案定义完成后，将图案应用在图表中，在画板中拖动绘制出一个矩形，松开鼠标时，弹出"图表数据"窗口，在该窗口的图表中输入相应的数据，然后单击"图表数据"窗口中的"应用"按钮，如图8-85和图8-86所示。

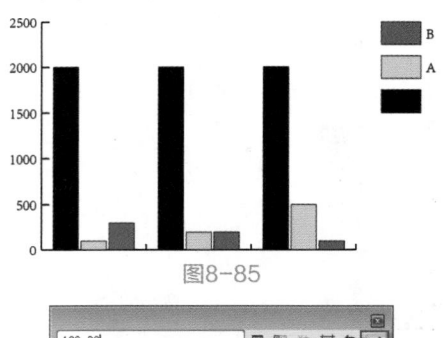

图8-85

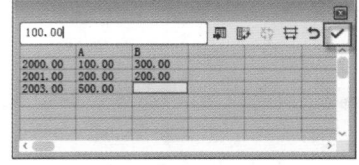

图8-86

使用选择工具选择图表，执行"对象"|"图表"|"柱形图"命令，弹出"图表列"对话框，在"选取列设计"列表框中选择"花盆"，在"列类型"下拉列表中选择"局部缩放"选项，单击"确定"按钮，如图8-87和图8-88所示。

图8-87

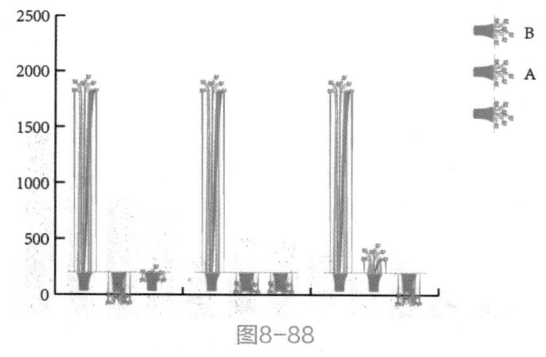

图8-88

8.4.7 实战——制作创意柱形图

为了获得更加精确、直观的效果，Illustrator
提供了丰富的制作图表的类型，甚至可以自定义
图表的显示图案，来使得数据的统计图变得更有
趣味性。

01 打开相关素材中的"素材.ai"文件，选择工
具箱中的"柱形图工具"，在画板中拖动一个矩
形，松开鼠标时，弹出"图表数据"窗口，在该
窗口的图表中输入相应的数据，然后单击"图表
数据"窗口中的"应用"按钮，得到对应图表效
果，如图8-89和图8-90所示。

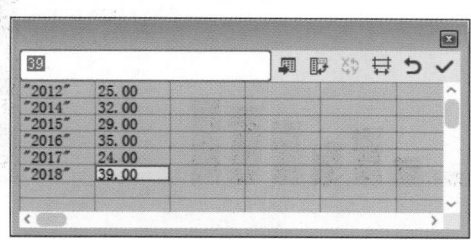

图8-89

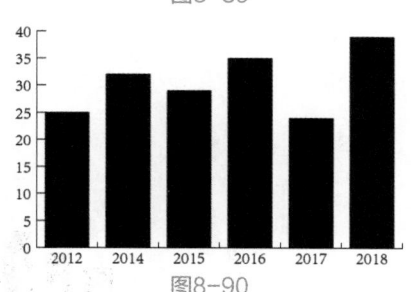

图8-90

02 此时，图表已经制作完毕；移动素材中的
铅笔元素，给它绘制一个矩形，填充和描边为
"无"，效果如图8-91所示。执行"对象"|"编
组"命令，将铅笔编组。

03 执行"对象"|"图表"|"设计"命令，弹出

对话框，在其中进行重命名，如图8-92所示。

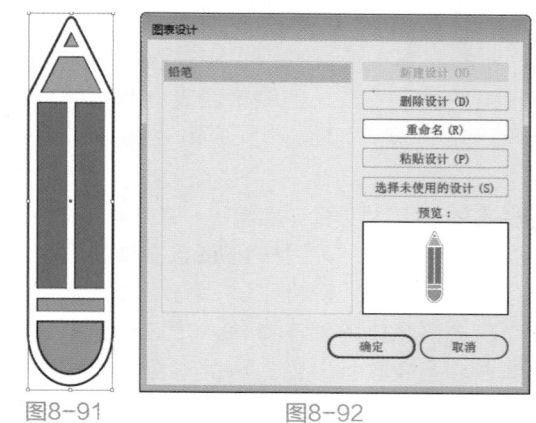

图8-91　　　　图8-92

04 使用选择工具选择整个图表。执行"对
象"|"图表"|"柱形图"命令，弹出"图表
列"对话框，在"选取列设计"选框中选择"铅
笔"，在"列类型"下拉列表框中选择"垂直缩
放"选项，单击"确定"按钮，如图8-93所示。

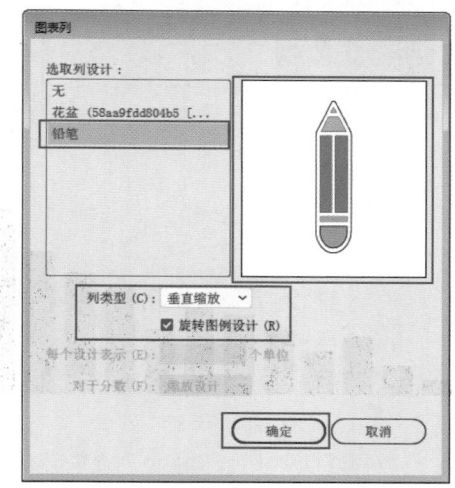

图8-93

05 最终图表的显示效果如图8-94所示。

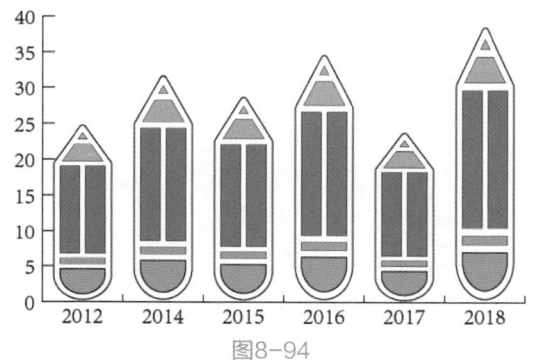

图8-94

8.4.8 实战——制作堆积柱形和饼图

在制作图表的过程中，不仅仅能编辑图表显示图案的方式，还能编辑图表的显示颜色，因此，学习制作和编辑多种图表是非常有必要的。

01 打开相关素材中的"实战——素材.ai"文件，单击"堆积柱形工具"按钮 ，在画板中拖动绘制堆积形图，释放鼠标后，弹出"图表数据"窗口，在该窗口的图表中输入相应的数据，然后单击"图表数据"窗口中的"应用"按钮，如图8-95所示。此时的堆积柱形图效果如图8-96所示。

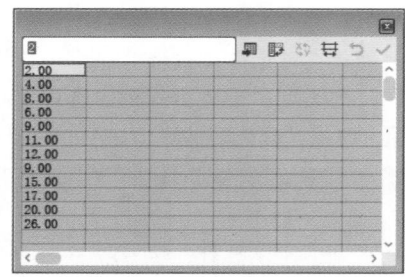

图8-95

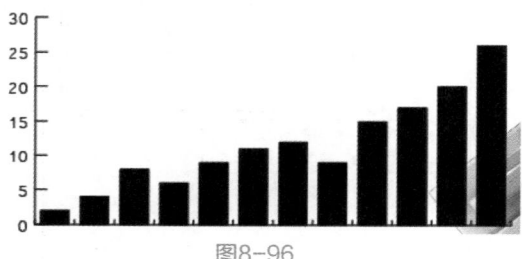

图8-96

02 执行"对象"|"拼合透明度"命令，在弹出的对话框中进行设置，单击"确定"按钮完成操作，如图8-97所示。

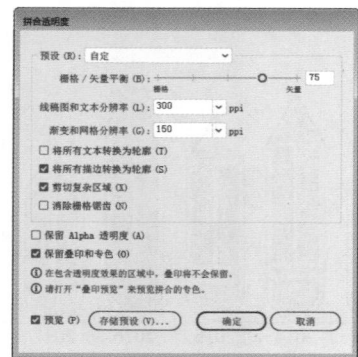

图8-97

03 执行"对象"|"扩展"命令，在弹出的对话框中单击"确定"按钮，如图8-98所示。

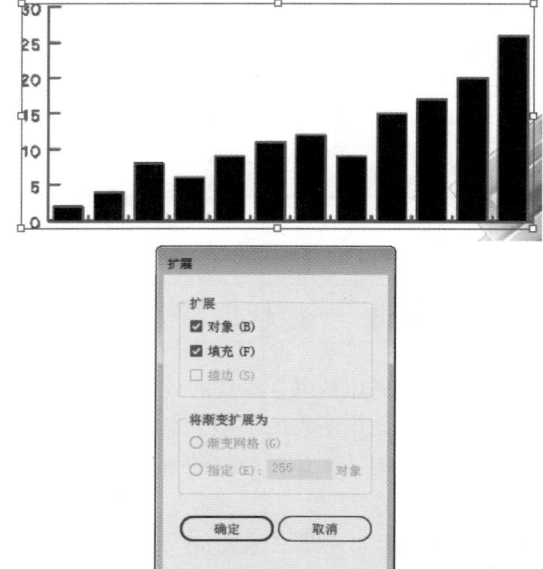

图8-98

04 选择柱形图并右击，在弹出的快捷菜单中执行"取消编组"命令，如图8-99所示。

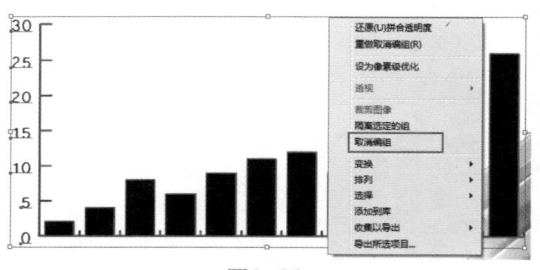

图8-99

05 此时可以单独选择柱形图的每一个部分。选择每一个柱形的边框和柱形与柱形之间的小标志，并按Delete键删除，目的是使柱形看起来更整齐、简洁，如图8-100所示。

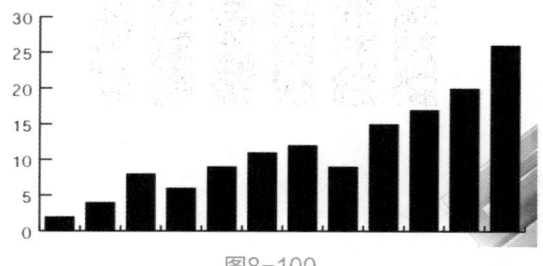

图8-100

06 依次选择每一个矩形，并填充渐变颜色，如图8-101所示。

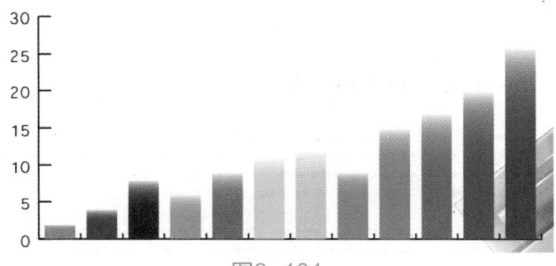

图8-101

07 使用"钢笔工具"按钮 ✎ 绘制一条转折的路径。单击控制栏中的"描边"按钮，在打开的"描边"面板中设置"粗细"为1pt，并绘制合适的箭头与折线，如图8-102所示。

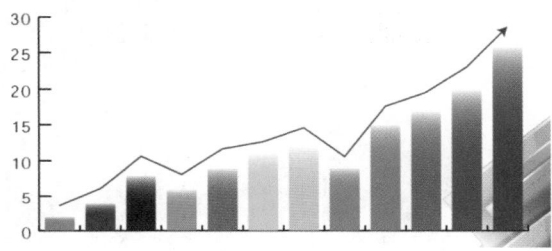

图8-102

08 单击工具箱中的"饼图工具"按钮 🝾，在面板中拖动绘制出一个饼形，松开鼠标时，弹出"图表数据"窗口，在该窗口的图表中输入相应的数据，然后单击"图表数据"窗口中的"应用"按钮，如图8-103所示。

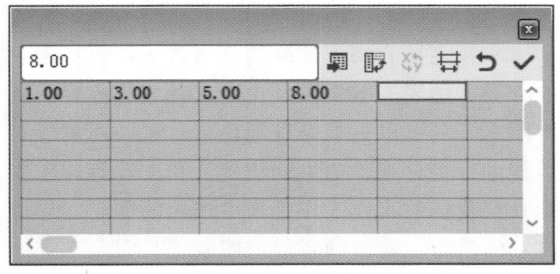

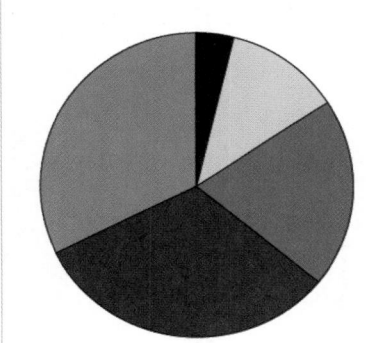

图8-103

09 执行"对象"|"拼合透明度"命令，并在弹出的对话框中单击"确定"按钮，如图8-104所示。

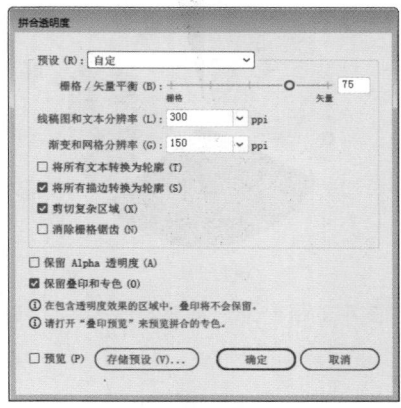

图8-104

10 执行"对象"|"扩展"命令，并在弹出的对话框中单击"确定"按钮。选择此时的饼形图，右击，在弹出的快捷菜单中选择"取消编组"命令，如图8-105所示。

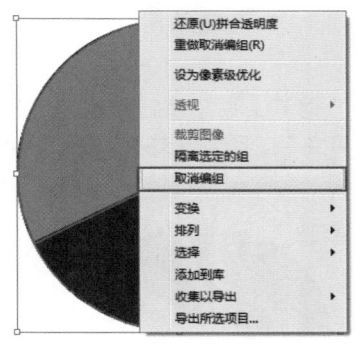

图8-105

11 此时可以单独选择每一个部分的饼形图。选择每一个部分饼形图边框，并按Delete键删除，目的是使饼形看起来更整齐、简洁，如图8-106所示。

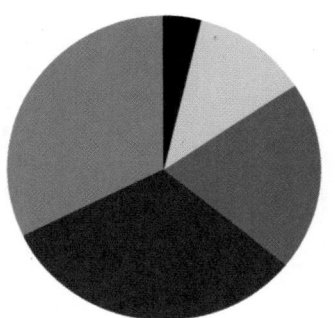

图8-106

12 移动拼图中的每一部分，使其出现裂缝效果，如图8-107所示。

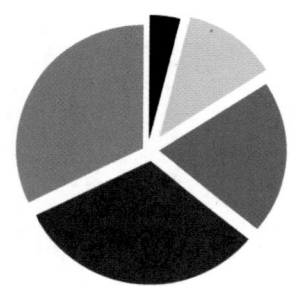

图8-107

13 为饼图中的每一部分填充渐变颜色，如图8-108所示。

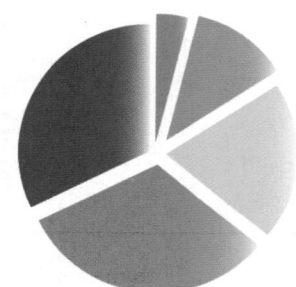

图8-108

14 使用"钢笔工具"按钮 📝 绘制5条转折的路径，并使用文字工具创建文字，如图8-109所示。

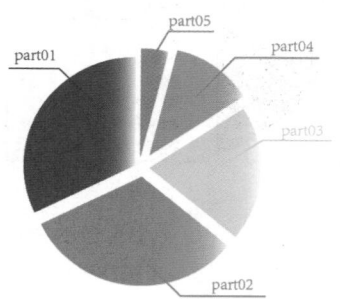

图8-109

15 调整最终位置，效果如图8-110所示。

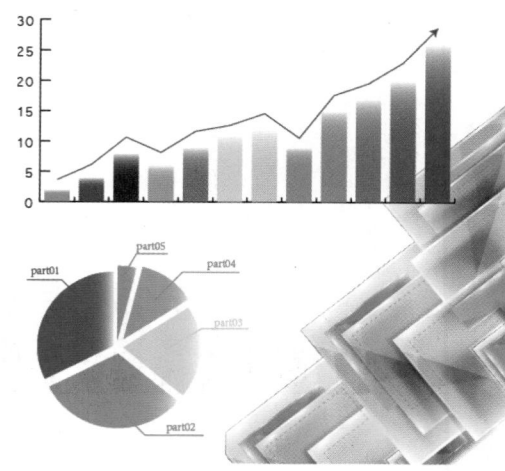

图8-110

8.5 本章小结

　　本章主要介绍了图表的应用方法，包括图表的分类、图表的编辑以及自定义图表等内容。利用图表工具可以更加精确地表示数据，还可以对数据进行更直观、更生动的统计和比较等。图表工具给我们的实践工作带来了很大的便利，通过本章的学习，希望读者能将图表工具完全掌握，以便在今后的工作过程中灵活运用。

通常情况下，在文件制作完成后，矢量格式文件不能直接上传到网络，这时我们就需要用到导出与打印功能，为文件设置合适的格式后，再将文件导出来。

本章重点

⊙ 导出Illustrator文件
⊙ 掌握Web图形和切片

9.1 导出Illustrator文件

文件制作完成后，使用"存储"命令可以将工程文件进行存储，但通常情况下矢量格式文件不能直接上传到网络，或进行快速预览、输出打印等操作，因此需要将作品导出为适合的格式，使用Illustrator中的"导出"命令可以将文件导出为多种格式，以便于在Illustrator以外的软件中兼容使用。

9.1.1 导出文件

执行"文件"|"导出"命令，在弹出的"导出"对话框中可以选择文件导出的位置，及需要导出的文件类型。选择不同的导出格式，弹出的参数设置对话框也各不相同，设置各相关选项后，单击"导出"按钮，如图9-1所示。

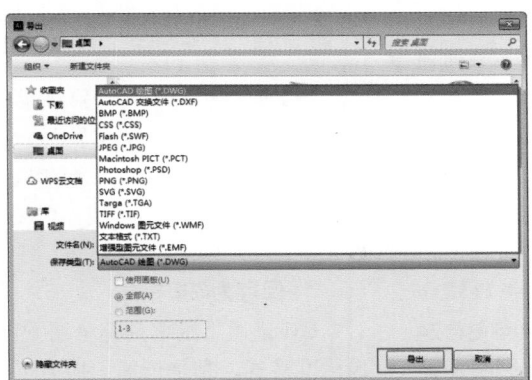

图9-1

 在实际应用时建议先以Illustrator的ai.格式存储图稿，这样方便以后修改，再将图稿导出为所需要的格式。

9.1.2 常用格式详解

Illustrator能导出的文件格式种类非常多，包括AutoCAD、BMP、Flash（SWF）、JPEG、Macintosh PICT、Photoshop（PSD）、PNG、Targa（TGA）、TIFF和Windows等。

下面将对这些常用格式做详细介绍。

➢ AutoCAD绘图和AutoCAD交换文件（DWG和DXF）：AutoCAD绘图是用

于存储AutoCAD中创建的矢量图形的标准文件格式。AutoCAD交换文件是用于导出AutoCAD绘图或从其他应用程序导入绘图的绘图交换格式。

➤ BMP：标准Windows图像格式。可以指定颜色模型、分辨率和消除锯齿设置用于栅格化图稿，以及格式（Windows或OS/2）和位深度用于确定图像可包含的颜色总数（或灰色阴影数）。对于使用Windows格式的4位和8位图像，还可以指定RLE压缩。

➤ Flash（SWF）：基于矢量的图形格式，用于交互动画Web图形。可以将图稿导出为Flash（SWF）格式，以便在Web设计中使用，并在任何配置了Flash Player增效工具的浏览器中查看图稿。

➤ JPEG：常用于存储照片。JPEG格式保留图像中的所有颜色信息，但通过有选择地扔掉数据来压缩文件大小。JPEG是在Web上显示图像的标准格式。

➤ Macintosh PICT：与Mac OS图形和页面布局应用程序结合使用，以便在应用程序间传输图像。PICT在压缩包含大面积纯色区域的图像时特别有效。

➤ Photoshop（PSD）：标准Photoshop格式。如果图稿包含不能导出到Photoshop格式的数据，Illustrator可通过合并文档中的图层或栅格化图稿，保留图稿的外观。

➤ PNG（便携网络图形）：用于无损压缩和Web上的图像显示。与GIF不同，PNG支持24位图像并产生无锯齿状边缘的背景透明度；但是，某些Web浏览器不支持PNG图像。PNG保留灰度和RGB图像中的透明度。

➤ Targa（TGA）：设计其在Truevision视频板的系统上使用。可以指定颜色模型、分辨率和消除锯齿设置用于栅格化图稿，以及位深度用于确定图像可包含的颜色总数（或灰色阴影数）。

➤ TIFF（标记图像文件格式）：用于在应用程序和计算机平台间交换文件。TIFF是一种灵活的位图图像格式，绝大多数绘图、图像编辑和页面排版应用程序都支持这种格式。

➤ Windows图元文件（WMF）：16位Windows

应用程序的中间交换格式。它支持有限的矢量图形，在可行的情况下应以EMF代替WMF格式。

➤ 文本格式（TXT）：用于将插图中的文本导出到文本文件。

➤ 增强型图元文件（EMF）：Windows应用程序广泛用作导出矢量图形数据的交换格式。Illustrator将图稿导出为EMF格式时可栅格化一些矢量数据。

9.2 Web图形

设计Web图形时，所要关注的问题与设计印刷图形截然不同。例如，使用Web安全颜色、平衡图像品质、文件大小以及图形选择最佳文件格式。Web图形可充分利用切片、图像映射的优势，并可使用多种优化选项，同时可以和Device Central配合，以确保文件在网页上的显示效果良好。

9.2.1 Web图形输出设置

不同的图形类型需要存储为不同的文件格式，以便以最佳的方式显示，同时创建适用于Web的文件大小。可供选择的Web图形的优化格式包括GIF格式、JPEG格式、PNG-8格式和PNG-24格式。

1. 保存为GIF格式

GIF是用于压缩具有单调颜色和清晰细节的图像标准格式，它是一种无损的压缩格式。GIF文件支持8位颜色，因此它可以显示多达256种颜色。执行"文件"|"导出"|"存储为Web所用格式"命令，打开对话框，如图9-2所示。

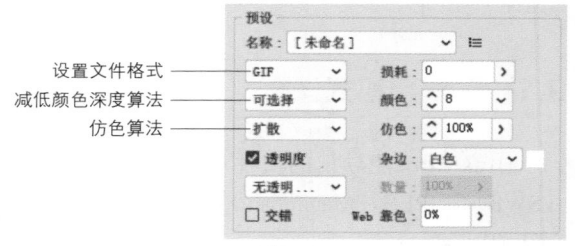

图9-2

➤ 设置文件格式：设置优化图像的格式。

➤ 减低颜色深度算法/颜色：设置用于生成颜色查找表的方法，以及在颜色查找表中使用的颜色数量。如图9-3所示分别是设置"颜色"为8和128时的优化效果。

图9-3

➤ 仿色算法/仿色："仿色"是指通过模拟计算机的颜色，显示系统中未提供颜色的方法。较大的仿色百分比可以使图像生成更多的颜色和细节，但是会增加文件的大小。

➤ 透明度/杂边：设置填充透明度的颜色。选中"透明度"复选框，表示保留透明度。在"杂边"下拉列表中选择"白色"选项，表示以白色填充透明度；选择"黑色"选项，表示以黑色填充透明度；选择"其他"选项，表示可以用指定的其他颜色填充透明度。

➤ 交错：当正在下载图像文件时，在浏览器中显示图像的低分辨率版本。

➤ Web靠色：设置将颜色转换为最接近Web面板等效颜色的容差级别。数值越大，转换的颜色越多，如图9-4所示是设置Web靠色分别为100%和20%时的图像效果。

图9-4

➤ 损耗：扔掉一些数据来减小文件的大小，通常可以将文件减小5%~40%，设置5~10的"损耗"值不会对图像产生太大的影响。如果设置的"损耗"值大于10，文件虽然会变小，但是图像的质量会下降。如图9-5所示是分别设置"损耗"值为100和10时的图像效果。

图9-5

2. 保存为PNG-8格式

PNG-8格式与GIF格式一样，可以有效地压缩纯色区域，同时保留清晰的细节。PNG-8格式支持8位颜色，因此它可以显示多达256种颜色，如图9-6所示为PNG-8格式的参数选项。

图9-6

3. 保存为JPEG格式

JPEG格式是用于压缩连续色调图像的标准格式。将图像优化为JPEG格式的过程中，会丢失图像的一些数据，如图9-7所示是JPEG格式的参数选项。

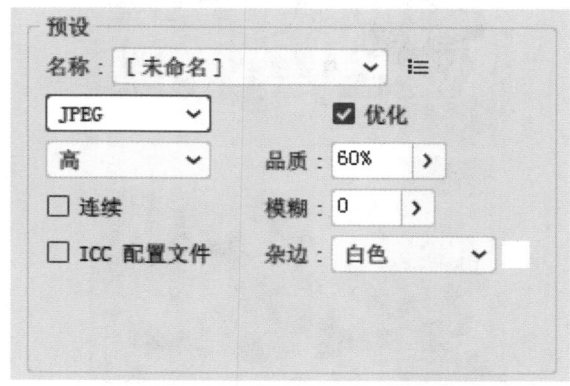

图9-7

➤ 压缩方式/品质：选择压缩图像的方式。后面的"品质"数值越大，图像的细节越丰富，但文件也越大，如图9-8所示为分别设置"品质"数值为0和100时的图像效果。

图9-8

➤ 连续：在Web浏览器中以渐进的方式显示图像。

➤ 优化：创建更小但兼容性更低的文件。

➤ 嵌入颜色配置文件：在优化文件中存储颜色配置文件。

➤ 模糊：创建类似于"高斯模糊"滤镜的图像效果。数值越大，模糊效果越明显，但是会减小图像的大小，在实际工作中，模糊值最好不要超过0.5。如图9-9所示是设置"模糊"为0.5和2时的图像效果。

图9-9

➤ 杂边：为原始图像的透明像素设置一个填充颜色。

4. 保存为PNG-24格式

PNG-24格式可以在图像中保留多达256个透

明度级别，适合于压缩连续色调的图像，但它所生成的文件比JPEG格式生成的文件要大得多，如图9-10所示。

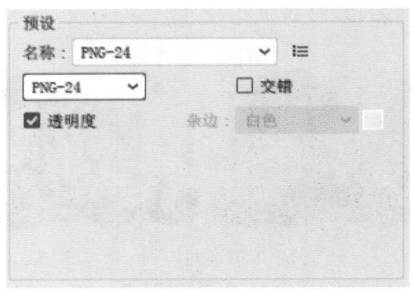

图9-10

9.2.2 使用Web安全色

Web安全色是所有浏览器使用的216种颜色，与平台无关。如果选择的颜色不是Web安全色，则在"颜色"面板、拾色器中，或执行"编辑"|"编辑颜色"|"重新着色图稿"命令，弹出的对话框中将出现一个警告方块。

由于网页会在不同的操作系统或不同的显示器中浏览，而不同操作系统的颜色都有一些细微的差别，不同的浏览器对颜色的编码显示也不同，为了确保制作出的网页颜色能够在所有显示器中显示相同的效果，在制作网页时就需要使用"Web安全色"。Web安全色是指能在不同操作系统和不同浏览器之中同时正常显示颜色，如图9-11和图9-12所示。

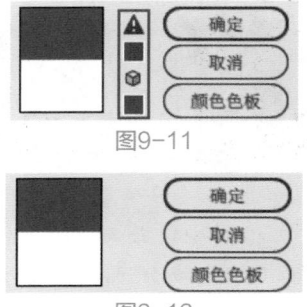

图9-11

图9-12

1. 将非安全色转化为安全色

在"拾色器"中选择颜色时，在所选颜色右侧出现警告图标 ⬡ ，这说明当前选择的颜色不是Web安全色。单击该图标，即可将当前颜色替换为与其最接近的Web安全色，如图9-13和图9-14

所示。

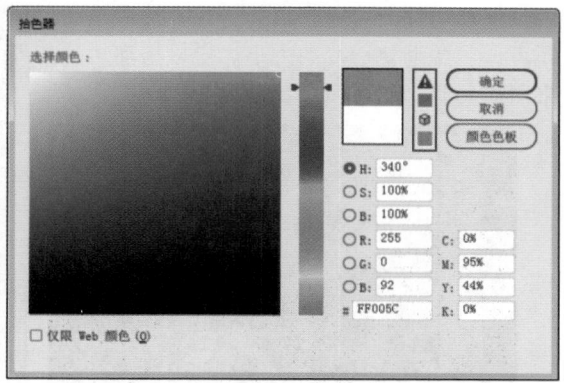

图9-13

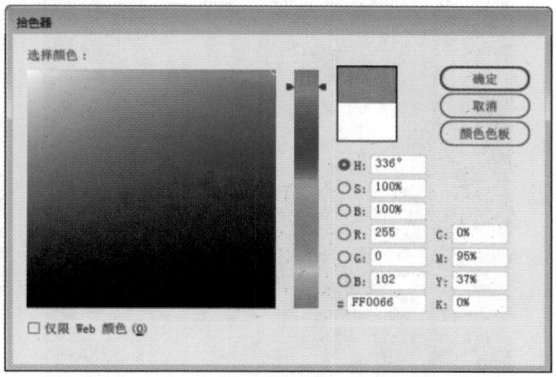

图9-14

2. 在安全色状态下工作

在"拾色器"中选择颜色时，在选中"仅限Web颜色"复选框后可以始终在Web安全色下工作，如图9-15所示。

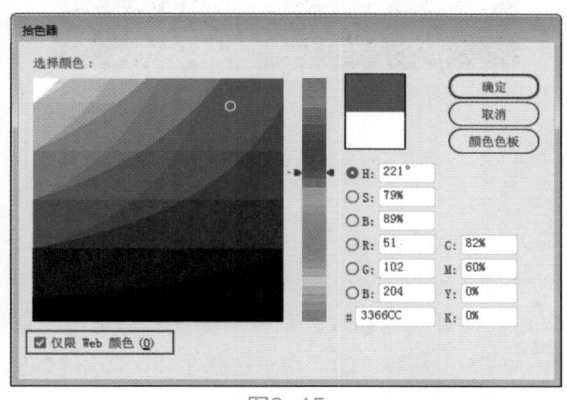

图9-15

在使用"颜色"面板设置颜色时，可以在其菜单中执行"Web安全RGB"命令，"颜色"面板会自动切换为"Web安全RGB"模式，并且可选颜色数量明显减少，如图9-16和图9-17所示。

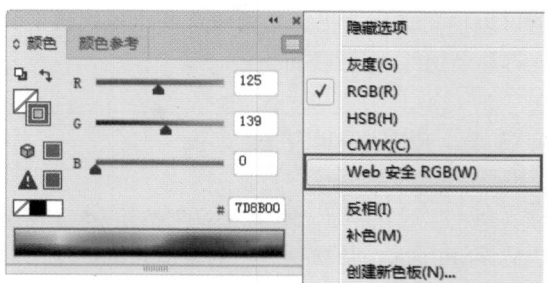

图9-16

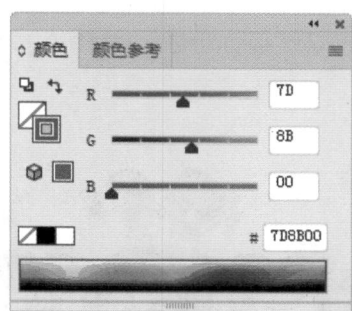

图9-17

9.2.3　Web文件大小与质量

在Web上发布图像，创建较小的图形文件非常重要。使用较小的文件，Web服务器能够更高效地存储和传输图像，使用户能够更快地下载图像。在"存储为Web和设备所有格式"对话框中查看Web图形的大小和下载时间，如图9-18所示。

图9-18

9.3　切片

基于对象的切片不需要修改，它们基本上是不用维护的切片。但如果用切片工具绘制切片，就可以使用切片选择工具编辑这些切片，该工具允许移动切片并调整它们的大小。

9.3.1　使用切片工具

单击工具箱中的"切片工具"按钮 🖉 或使用快捷键Shift+K，与绘制选区的方法相似，在图像中单击鼠标左键并拖动鼠标创建一个矩形选框，释放鼠标左键即可创建一个用户切片，用户切片以外的部分将生成自动切片，如图9-19和图9-20所示。

图9-19

图9-20

9.3.2　调整切片的尺寸

在创建切片后，可以使用切片工具对相应切片的尺寸和位置进行调整。

单击工具箱中的"切片选择工具"按钮 🖉，若要移动切片，可以先选择切片，然后拖动鼠标即可。若要调整切片的大小，可以拖动切片定界来调整大小，如图9-21所示。

图9-21

9.3.3　平均创建切片

划分切片命令可以沿水平方向、垂直方向或同时沿这两个方向划分切片。不论原始切片是用户切片还是自动切片，划分后的切片总是用户切片。单击工具箱中的"切片选择工具"按钮 🖉，在图像中单击鼠标左键，将整个切片选中，执行"对象"|"切片"|"划分切片"命令，在弹出的"划分切片"对话框中进行相应的设置，然后单击"确定"按钮，如图9-22所示。

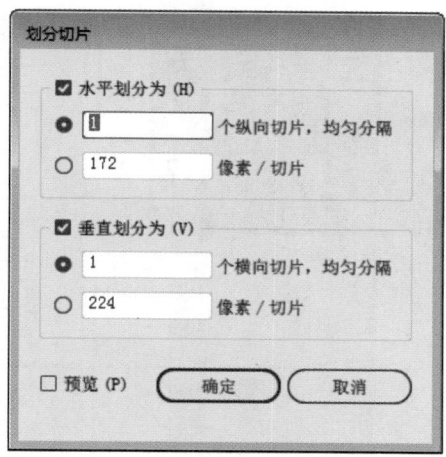

图9-22

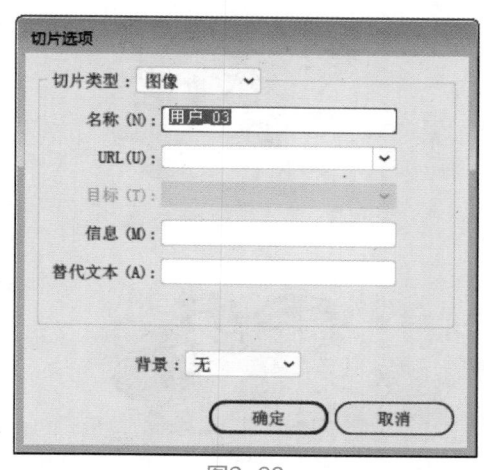

图9-23

➢ 水平划分为：选中该复选框后，可以在水平方向上划分切片。

➢ 垂直划分为：选中该复选框后，可以在垂直方向上划分切片。

➢ 预览：选中该复选框后，可以在画面中预览切片的划分结果。

9.3.4 删除切片

可以通过从对应图像删除切片或释放切片来移除这些切片。若要删除切片，可以使用切片选择工具，选择一个或多个切片以后，按Delete键删除切片。

如果切片是执行"对象"|"切片"|"建立"命令创建的，则删除切片时会同时删除对应的图像。如果要保留对应的图像，则使用释放切片而不要删除切片。若要释放切片，选择该切片，执行"对象"|"切片"|"释放"命令；若要删除所有切片，执行"对象"|"切片"|"全部删除"命令。

9.3.5 定义切片选项

切片的选项确定了切片内容如何在生成的网页中显示，如何发挥作用。单击工具箱中的"切片选择工具"按钮 ，在图像中选中要进行定义的切片，然后执行"对象"|"切片"|"切片选项"命令，弹出"切片选项"对话框，如图9-23所示。

➢ 切片类型：设置切片输出的类型，即在与HTML文件一起导出时，切片数据在Web中的显示方式。选择"图像"选项时，切片包含图像数据；选择"无图像"选项时，可以在切片中输入HTML文本，但无法导出图像，也无法在Web中浏览；选择"表"选项时，切片导出时将作为嵌套表写入到HTML文件中。

➢ 名称：用来设置切片的名称。

➢ URL：设置切片链接的Web地址（只能用于"图像"切片），在浏览器中单击切片图像时，即可链接到这里设置的网址和目标框架。

➢ 目标：设置目标框架的名称。

➢ 信息：设置哪些信息出现在浏览器中。

➢ 替代文本：输入相应的字符，将出现在非图像浏览器中的该切片位置上。

➢ 背景：选择一种背景色来填充透明区域或整个区域。

9.3.6 组合切片

使用"组合切片"命令，通过连接组合切片的外边缘创建的矩形来确定所生成切片的尺寸和位置，将多个切片组合成一个单独的切片。单击工具箱中的"切片选择工具"按钮 ，按住Shift键加选多个切片，然后执行"对象"|"切片"|"组合切片"命令，所选的切片即可组合成为一个切片，如图9-24和图9-25所示。

图9-24

图9-25

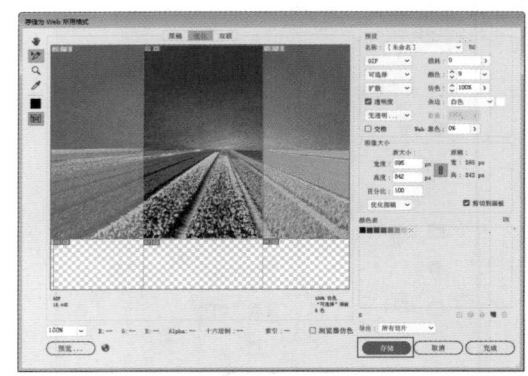

图9-26

9.3.7　保存切片

当要对图像进行"切片"方式的保存时，必须要使用"存储为Web所用格式"命令，否则将只能按照整个图像进行保存。首先对图像进行相应的"切片"操作，然后执行"文件"|"导出"|"存储为Web所用格式"命令，弹出"存储为Web所用格式"对话框，单击"存储"按钮，在弹出的"将优化结果存储为"对话框中选择保存文件的类型，如图9-26所示。

9.4　任务自动化与打印输出

在实际操作中，有很多时候需要对大量的图形文件进行相同操作，这时可以使用Illustrator中的批处理功能来完成大量的重复操作，从而提高工作效率并实现图像处理的自动化。

9.4.1　认识动作面板

"动作"面板主要用于记录、播放、编辑和删除各个动作。执行"窗口"|"动作"菜单命令，打开"动作"面板，如图9-27所示。

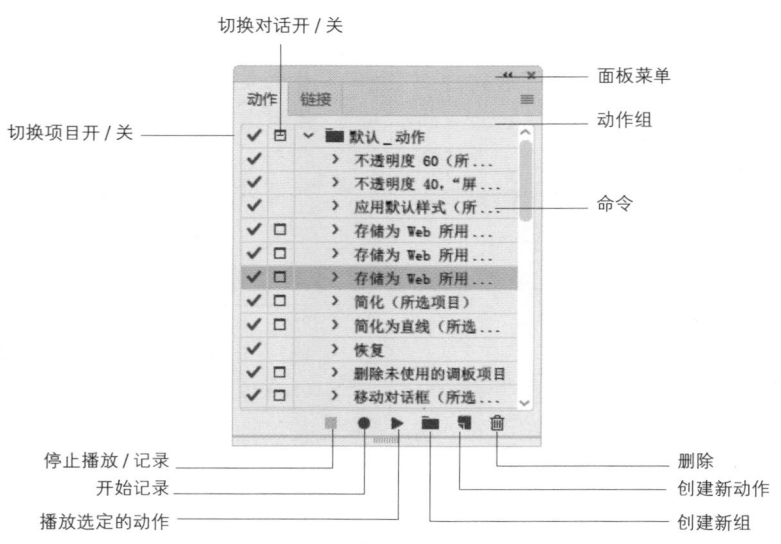

切换对话开/关
切换项目开/关
面板菜单
动作组
命令
停止播放/记录
开始记录
播放选定的动作
删除
创建新动作
创建新组

图9-27

> 切换项目开/关：如果动作组、动作和命令前显示有该图标，代表该动作组、动作和命令可以执行；如果没有该图标，代表不可以被执行。

> 切换对话开/关：如果命令前显示该图标，表示动作执行到该命令时会暂停，并打开相应命令的对话框，此时可以修改命令的参数，单击"确定"按钮可以继续执行后面的动作；如果动作组和动作前出现该图标，并显示为红色，则表示该动作中有部分命令设置了暂停。

> 动作组/命令：动作组是一系列动作的集合，而动作是一系列操作命令的集合。

> 停止播放/记录：用来停止播放动作和停止记录动作。

> 开始记录：单击该按钮，可以开始录制动作。

> 播放选定的动作：选择一个动作后，单击该按钮可以播放该动作。

> 创建新组：单击该按钮，可以创建一个新的动作组，以保存新建的动作。

> 创建新动作：单击该按钮，可以创建一个新的动作。

> 删除：选择动作组和命令后单击该按钮，可以将其删除。

> 面板菜单：单击图标，可以打开"动作"面板的菜单。

1. 对文件播放动作

播放动作可以在活动文档中执行动作记录命令，可以排除动作中的特定命令或只播放单个命令。如果动作包括模态控制，可以在对话框中指定值，或在动作暂停时使用工具。如果需要，可以选择要对其播放动作的对象或打开文件。

若要播放一组动作，选择该组的名称，然后在"动作"面板中单击"播放"按钮 ▶，或在面板菜单中选择"播放"命令。

若要播放整个动作，选择该动作的名称，然后在"动作"面板中单击"播放"按钮 ▶，或在面板菜单中选择"播放"命令。

如果为动作指定了组合键，则按该组合键就会自动播放动作。

若要仅播放动作的一部分，选择要开始播放的命令，并单击"动作"面板中的"播放"按钮 ▶，或在面板菜单中选择"播放"命令。

若要播放单个命令，选择该命令，然后按住Ctrl键，并单击"动作"面板中的"播放"按钮 ▶，或者按住Ctrl键，双击该命令。

 在按钮模式下，单击一个按钮执行整个动作，但不执行先前排除的命令。

2. 指定回放速度

在"动作"面板的菜单中执行"回放选项"命令，打开"回放选项"对话框。在该对话框中可以设置动作的播放速度，也可以将其暂停，以便对动作进行调试，如图9-28所示。

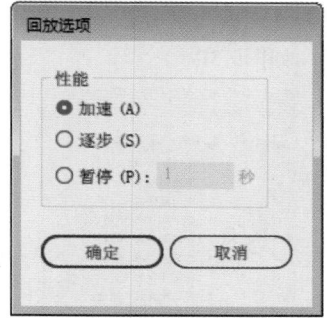

图9-28

> 加速：以正常的速度播放动作。
> 逐步：显示每个命令的处理结果，然后再执行动作中的下一个命令。
> 暂停：选中该单选按钮，并在设置时间以后，指定播放动作时各个命令的间隔时间。

 在加速播放动作时，计算机屏幕可能不会在动作执行的过程中更新（即不出现应用动作的过程，而直接显示结果）。

3. 记录动作

创建新动作时，所用的命令和工具都将添加到动作中，直到停止记录。为了防止出错，可以在副本中进行操作；动作开始时，在应用其他命令之前，执行"文件"|"存储副本"命令。

打开文件，在"动作"面板中单击"创建新动作"按钮，或从"动作"面板菜单中选择"新建动作"命令，在弹出的对话框中输入一个动作名称，选择一个动作集，并进行相应的设置，单击"确定"按钮，如图9-29所示。

图9-29

➤ 功能键：为该动作指定一个快捷键。可以选择功能键、Ctrl键和Shift键的任意组合，但有如下例外：在Windows中，不能使用F1键，也不能将F4键或F6键与Ctrl键一起使用。

➤ 颜色：为按钮模式显示指定一种颜色。

在"动作"面板中单击"开始记录"按钮●，其变为红色，如图9-30所示。

图9-30

执行要记录的操作和命令，但并不是动作中的所有任务都可以直接记录，可以用"动作"面板菜单中的命令插入大多数无法记录的任务。

若要停止记录，单击"停止播放/记录"按钮■，或在"动作"面板菜单中选择"停止记录"命令。

若要在同一动作中继续开始记录，在"动作"面板菜单中选择"开始记录"命令。

9.4.2 批量处理

"批处理"命令可以用来对文件夹和子文件夹执行播放动作，也可以把带有不同数据组的数据驱动图形合成一个模板。

在"动作"面板中单击"动作菜单"按钮☰，执行"批处理"命令，如图9-31所示，此时弹出"批处理"对话框，如图9-32所示。

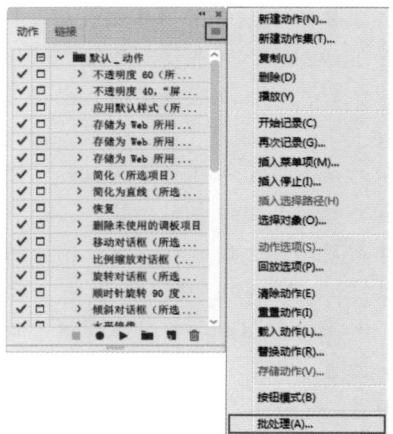

图9-31

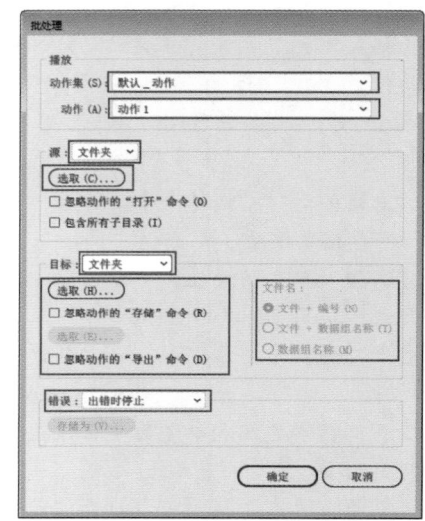

图9-32

➤ 播放：在"播放"选项组中定义要执行的动作，在"动作集"下拉列表中选中动作所在的文件夹，在"动作"下拉列表中选中相应的动作选项。

➤ 如果为"源"选项选择"文件夹"，则定义要执行的目标文件。

➤ 忽略动作的"打开"命令：从指定的文件夹打开文件，忽略记录为元动作部分的所有"打开"命令。

➤ 包含所有子目录：处理指定文件夹中的所有文件和文件夹。

如果动作含有某些存储或导出命令，可以设置下列选项。

➤ 忽略动作的"存储"命令：将已处理的文件存储在指定的目标文件夹中，而不是存储在动作中记录的位置上，单击"选取"按钮以指定目标文件夹。

- 忽略动作的"导出"命令：将已处理的文件导出到指定的目标文件夹，而不是存储在动作中记录的文字上。
- 单击"选取"按钮以指定目标文件夹。
- 如果"源"选项选择"数据组"，则可以设置一个在忽略"存储"和"导出"命令时生成文件名的选项。
- 文件+编号：生成文件名，方法是取原文档的文件名，去掉扩展名，然后链接一个与该数据组对应的3位数字。
- 文件+数据组名称：生成文件名，方法是取原文档的文件名，去掉扩展名，然后链接下画线加该数据组的名称。
- 数据组名称：取数据组的名称生成文件名。

9.4.3　输出为PDF文件

在Illustrator中可以创建不同类型的PDF文件，包括多页PDF、包含图层的PEF和PDF/X兼容的文件。包含图层的PDF可以存储一个包含在不同上下文中使用的图层PDF。PDF/X兼容的文件可减少颜色、字体和陷印问题的出现。

1. Adobe PDF选项

当要将当前的图像文件保存为一个PDF文件时，执行"文件"|"存储为"或"文件"|"存储副本"命令。输入文件名，并选择存储文件的位置。选择Adobe PDF（*.PDF）作为文体格式，然后单击"保存"按钮，在弹出的"存储Adobe PDF"对话框中进行相应的设置，如图9-33所示。

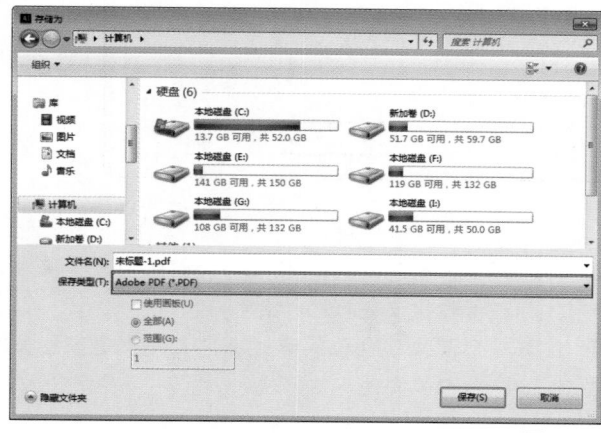
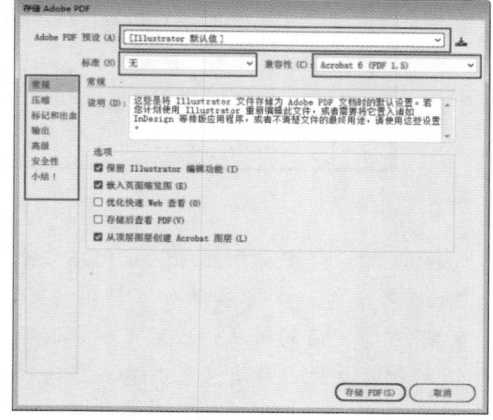

图9-33

从"Adobe PDF预设"菜单选择一个预设，或从对话框左侧列表选择一个类别，然后自定选项。

- 标准：指定文件的PDF标准。
- 兼容性：指定文件PDF版本。
- 常规：指定基本文件选项。
- 压缩：指定图稿是否应压缩和缩减像素取样。
- 标记和出血：指定印刷标记和出血及辅助信息区。尽量保持选项与"打印"对话框中的相同，但计算存在微妙差别，因为PDF不是输出到已知页面大小。
- 输出：控制颜色和PDF/X输出目的配置文件存储在PDF文件中的方式。
- 高级：控制字体、压印和透明度存储在PDF文件中的方式。
- 安全性：增强PDF文件的安全性。
- 小结：显示当前PDF设置的小结。

2. 设置输出选项卡

可以在"存储Adobe PDF"对话框的"输出"部分进行相应的设置，"输出"选项间交互的更改取决于"颜色管理"是打开还是关闭的，以及选择的PDF标准，如图9-34所示。

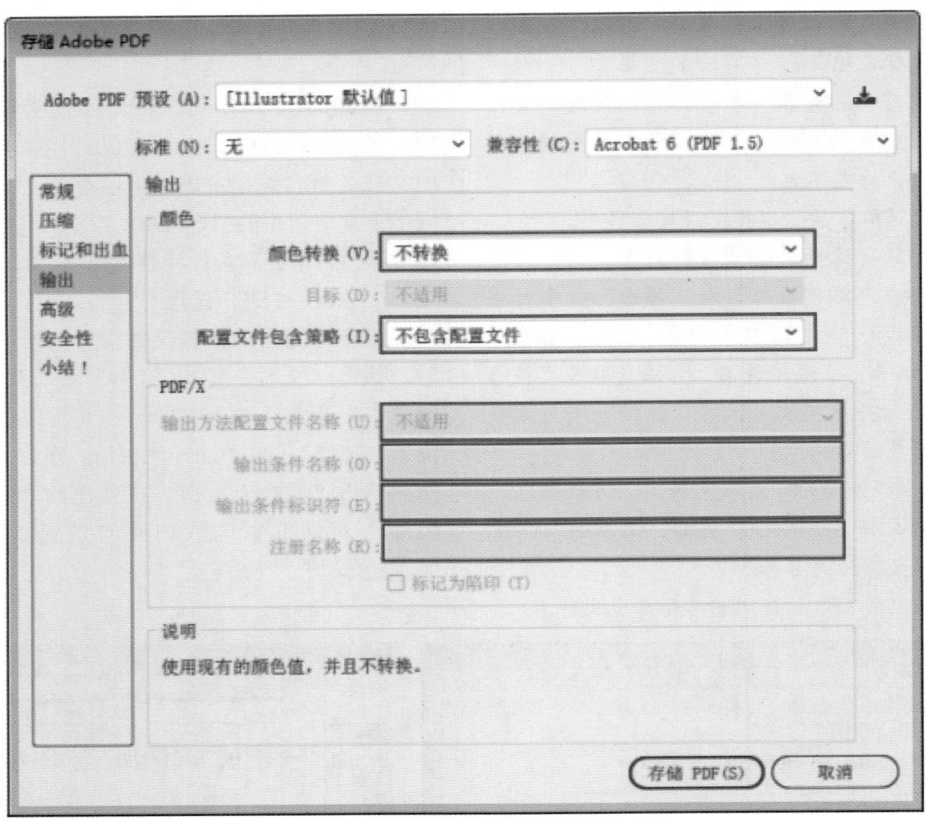

图9-34

> 颜色转换：指定如何在Adobe PDF文件中表示颜色信息。在将颜色对象转换为RGB或CMYK时，请同时从弹出式菜单中选择一个目标配置文件。所有专色信息在颜色转换过程中保留，只有印刷色等同的颜色转换为指定的色彩空间。

> "不转换"选项保留颜色数据原样。

> "转换为目标配置文件"（保留颜色值）保留同一色彩空间中未标记内容的颜色值作为目标配置文件（通过指定目标配置文件，而不是转换）。所有其他内容将转换为目标空间。如果颜色管理关闭，此选项不可用。是否包含该配置文件由配置文件包含策略决定。

> "转换为目标配置文件"将所有颜色转换为针对目标选择的配置文件。是否包含该配置文件由配置文件包含策略决定。

> 目标：说明最终RGB或CMYK输出设备的色域，例如显示器或SWOP标准。使用此配置文件，Illustrator将文档的颜色信息转换为目标输出设备的色彩空间。

> 配置文件包含策略：决定文件中是否包含颜色配置文件。

> 输出方法配置文件名称：指定文档的特定印刷条件。创建PDF/X兼容的文件需要输出方法配置文件。此菜单仅在"存储Adobe PDF"对话框中选择了PDF/X标准（或预设）时可用。可用选项取决于颜色管理是打开还是关闭的。例如，如果颜色管理关闭，菜单会列出可用的打印机配置文件；如果颜色管理打开，除其他预定义的打印机配置文件外，菜单还是列出"目标配置文件"所选的相同配置文件（假定是CMYK输出设备）。

> 输出条件名称：说明要采用的印刷条件。此条目对要接收PDF文档的一方有用。

> 输出条件标识符：提供更多印刷条件信息的指针。标识符会针对ICC注册中包括的印刷条件自动输入。

➤ 注册名称：指定提供注册更多信息的Web地址。URL会针对ICC注册名称自动输入。

➤ 标记为陷印：指定文档中的陷印状态。PDF/X兼容性需要一个值：True（选择）或False（取消选择）。任何不满足要求的文档将无法通过PDF/X兼容性检查。

9.4.4 打印设置

文件在打印之前需要对其印刷参数进行设置，执行"文件"|"打印"命令，打开"打印"对话框，在该对话框中可以预览打印作业的效果，并且可以对打印机、打印份数、输出选项和色彩管理等进行设置。

1. 打印

执行"文件"|"打印"命令，打开"打印"对话框，从"打印机"下拉列表中选择一种打印机。若要打印到文件而不是打印机，选择"Adobe PostScript文件"或Adobe PDF；若要在一页上打印所有内容，选中"忽略画板"复选框；若要分别打印每个画板，取消选中"忽略画板"复选框，并指定要打印所有画板，还是打印特定范围，最后单击"打印"按钮，如图9-35所示。

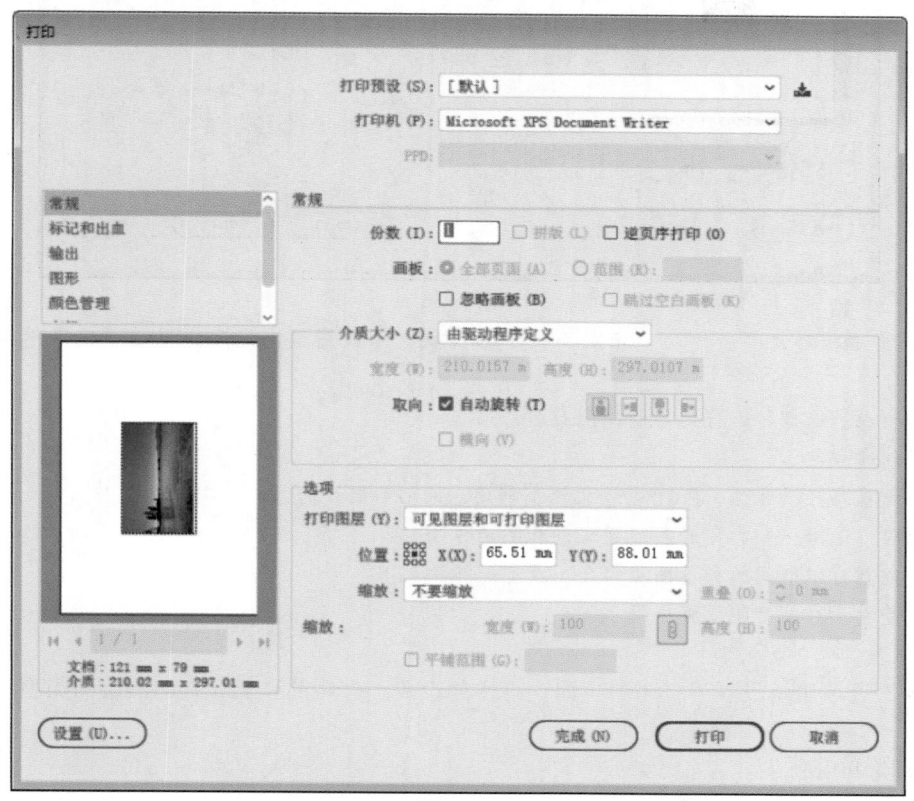

图9-35

➤ 打印机：在该下拉列表中可以选择打印机。

➤ 份数：设置要打印的份数。

➤ 设置：单击该按钮，可以打开一个"打印首选项"对话框，在该对话框中可以设置纸张的方向等属性。

2. "打印"对话框选项

在"打印"对话框中的每类选项，从"常规"选项到"小结"选项都是为了指导完成文档的打印过程而设计的。要显示一组选项，在对话框左侧选择该组的名称。其中的很多选项都是由启动文档时选择的启动配置文件预设的，如图9-36所示。

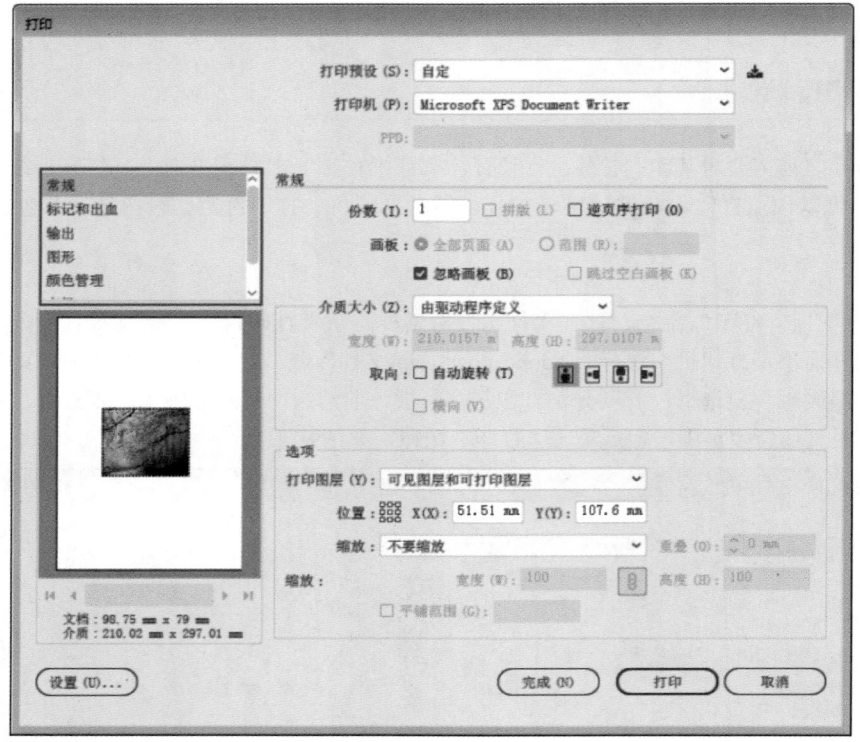

图9-36

➤ 常规：设置页面大小和方向、指定要打印的页数、缩放图稿，指定拼贴选项以及选择要打印的图层。

➤ 标记和出血：选择印刷标记与创建出血。

➤ 输出：创建分色。

➤ 图形：设置路径、字体、PostScript文件、渐变、网格和混合的打印选项。

➤ 颜色管理：选择一套打印颜色配置文件和渲染方法。

➤ 高级：控制打印期间的矢量图稿拼合（或可能栅格化）。

➤ 小结：查看和存储打印设置小结。

（1）常规

"常规"选项用于设置要打印的页面、打印的份数、打印的介质和打印图层的类型等选项，如图9-37所示。

（2）标记和出血

"标记和出血"选项用于设置打印页面的标记和出血应用的相关参数，如图9-38所示。

（3）输出

"输出"选项用于设置图稿的输出方式、打印分辨率、油墨属性等选项参数，如图9-39所示。

（4）图形

"图形"选项用于设置路径的平滑度、文字字体选项、渐变、渐变网格打印的兼容性等选项，如图9-40所示。

图9-37

图9-38

图9-39

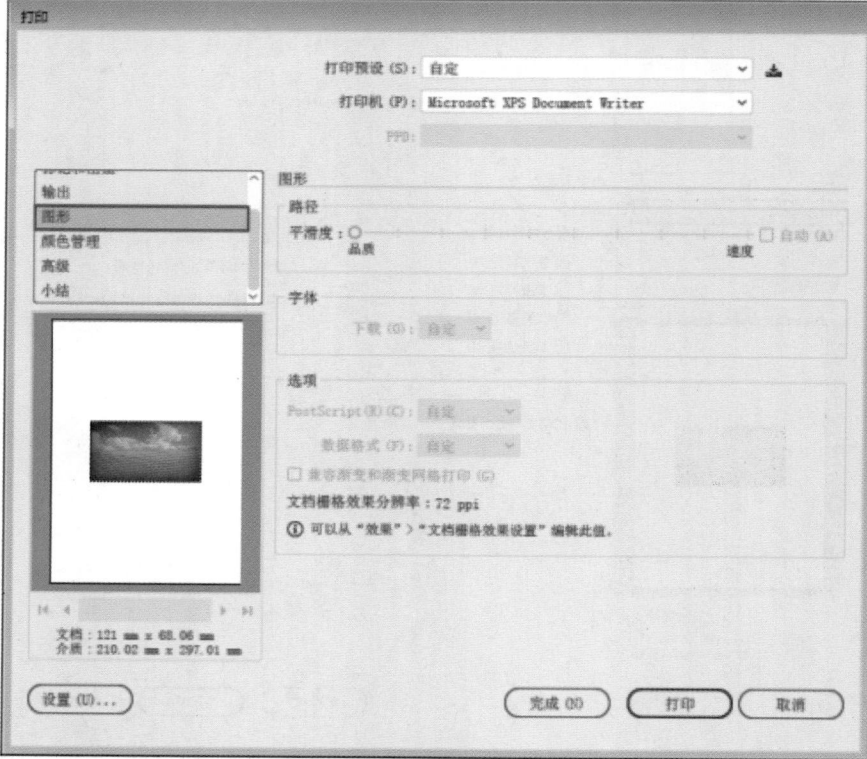

图9-40

（5）颜色管理

"颜色管理"选项用于设置打印时图像的颜色应用方法，包括颜色处理、打印机配置文件、渲染方法等设置，如图9-41所示。

图9-41

（6）高级

"高级"选项用于控制打印图像为位图、图形叠印的方式、分辨率设置等选项，如图9-42所示。

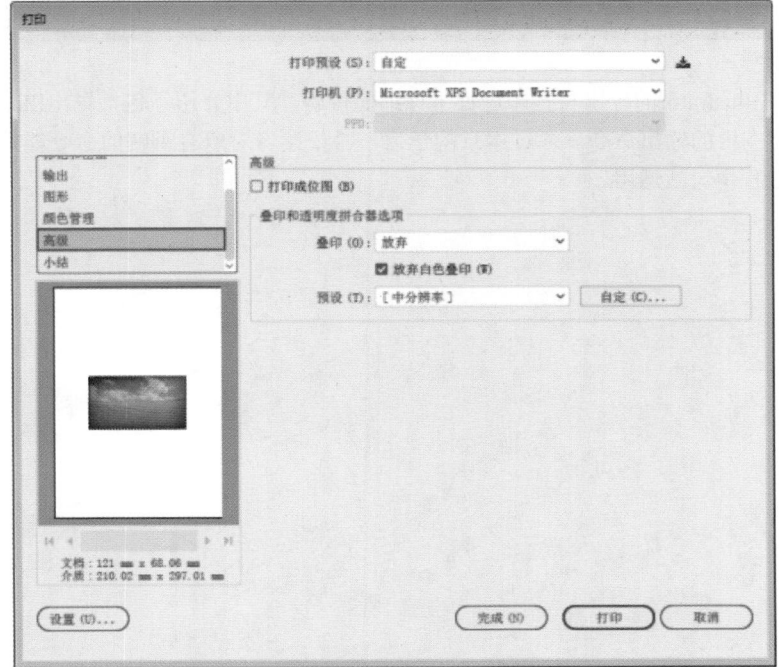

图9-42

（7）小结

　　"小结"选项用于显示打印设置后文件相关的打印信息和打印图像中包括的警告信息，如图9-43所示。

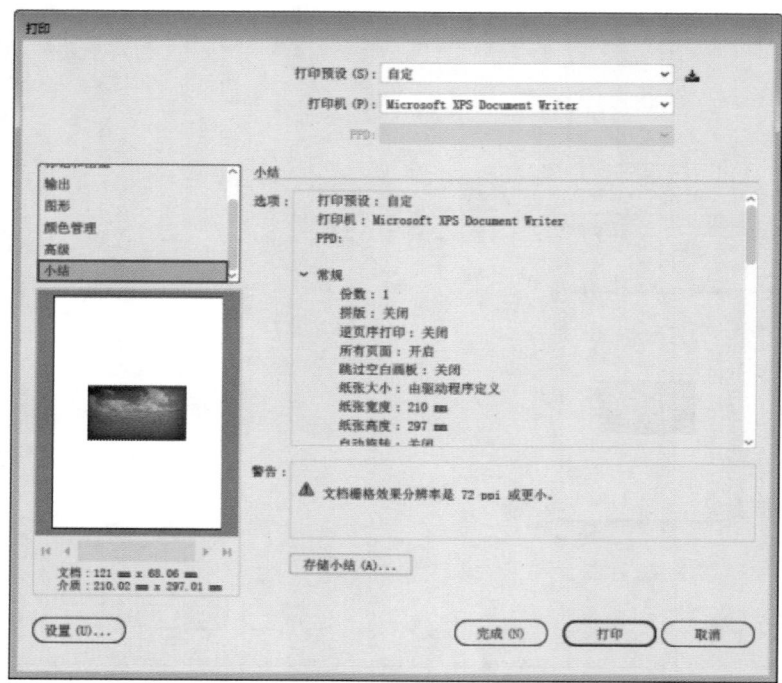

图9-43

9.5　本章小结

　　本章主要针对Illustrator的导出与打印进行了详细的讲解，其中介绍了包括导出Illustrator文件格式、Web切片、打印等在内的输出命令。通过本章的学习，希望读者对所有讲解的命令能熟练掌握，这样才能在今后的作图过程中灵活运用。

Illustrator功能强大，用户即便学会了前面章节内容的工具、面板和命令的操作，也不见得就能得心应手地进行创作。这是因为，创作一幅好的作品需要各个功能之间融会贯通，想要成为一名Illustrator的高手，最佳的途径就是多做实战案例，因为经验是靠一点点累积下来的，因此，学习Illustrator实战案例的操练是非常有必要的。

10.1　综合案例——贴图制作3D剪影球体效果

本案例将使用Illustrator的复制功能、3D功能、符号选项和蒙版，来制作一款3D剪影球体效果。通过本案例的学习，能让读者进一步了解3D功能的强大之处，同时能够帮助读者快速掌握3D功能的应用方法。

01 打开Illustrator CC 2018，创建一个大小为210mm×297mm的画布，选择工具箱中的"矩形工具"按钮▣，拖动光标，绘制一个与画布大小相同的背景图，并按快捷键Ctrl+2锁定对象，如图10-1所示。继续使用"矩形工具"按钮▣，再绘制一个白色填充的矩形长条，如图10-2所示。

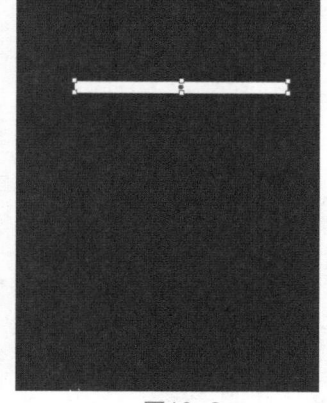

图10-1　　　　　　　　　图10-2

02 选中绘制的白色矩形条，按住Alt键拖动复制8条，如图10-3所示。然后再选中所复制的白色矩形条，进行编组，如图10-4所示。

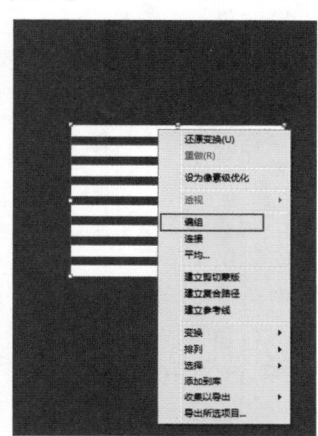

图10-3　　　　　　　　　图10-4

03 执行"窗口"|"符号"命令，或者按快捷键 Shift+Ctrl+F11，打开"符号"面板，将已编辑好的矩形组拖动至"符号"面板，默认参数即可，如图10-5所示。

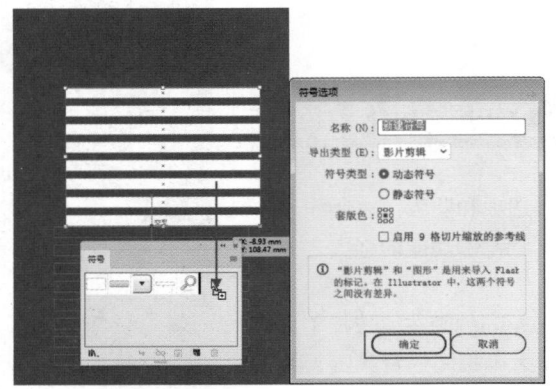

图10-5

04 选择工具箱中的"椭圆工具"按钮 ◯，按住 Shift键拖动鼠标，绘制一个无填充颜色，有描边的正圆，如图10-6所示。

05 选择工具箱中的"直接选择工具"按钮 ▷，选择锚点后，按Delete键将其删除，如图10-7所示。

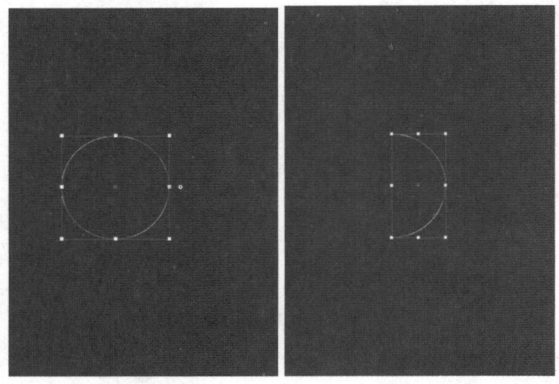

图10-6   图10-7

06 选中剩下的弧形，单击工具箱中的"钢笔工具"按钮 ✏，或按P键，将弧形的两端锚点进行连接，如图10-8所示。

07 选中连接好的弧形半圆，执行"效果"|3D|"绕转"命令，先默认其他参数，单击"贴图"选项，在"符号"选项框中选择"新建符号"，再单击"贴图"栏中的"缩放以适合"命令，并勾选"三维模型不可见"复选框，如图10-9所示。

图10-8

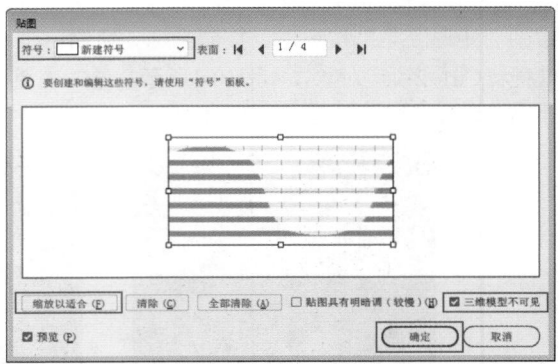

图10-9

08 选中半圆，执行"对象"|"扩展外观"命令，然后在右键菜单中选择"取消编组"命令，如图10-10所示。选择工具箱中的"直接选择工具"按钮 ▷，选中绕转的内侧部分，将内侧部分填色改为较浅的颜色或者调整不透明度，如图10-11所示。

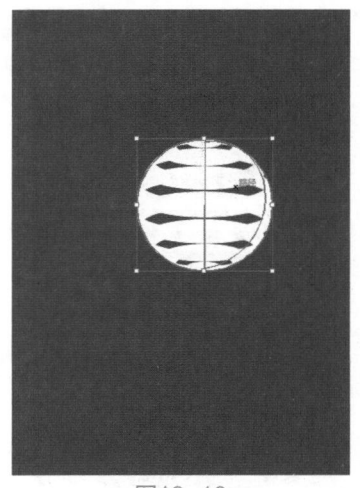

图10-10

图10-11

09 选中所有刚刚取消编组的对象，执行"编组"命令，然后复制多个对象，调整大小、方向和位置，如图10-12所示。

图10-12

10 选择工具箱中的"矩形工具"按钮▭，绘制一个210mm×297mm大小的矩形，如图10-13所示。然后按快捷键Ctrl+A全选所有对象，如图10-14所示。

图10-13

11 执行右键菜单中的"建立剪切蒙版"命令，得到的效果如图10-15所示。

图10-14

图10-15

12 选择工具箱中的"文字工具"按钮**T**，输入文本内容，并调整文本的大小、位置，最终效果如图10-16所示。

图10-16

10.2 综合案例——制作漂亮的2.5D立体文字效果

本案例主要使用工具选项"辅助参考线""镜像"、3D命令和"文字工具"来制作一款2.5D立体文字的效果，通过结合3D命令的运用，让用户能更为熟练地使用"3D"效果。

01 打开相关素材，执行"窗口"|"图层"命令，或者按F7键新建图层，并命名为"实物图层""参考线图层"，如图10-17所示。

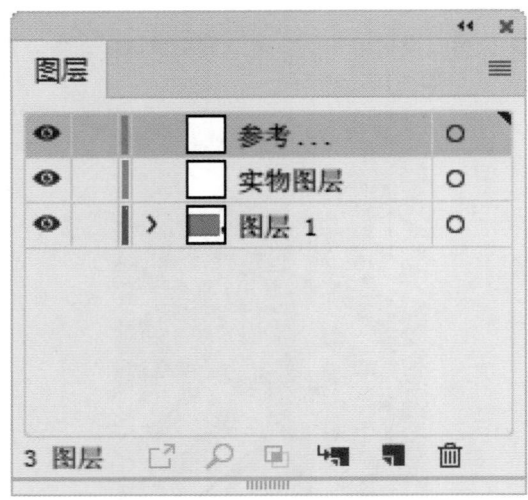

图10-17

02 新建参考线，选中参考线图层，用"直线段工具"按钮／画一条直线，单击选择工具，按住Alt键，向下拖曳复制出另一条线，然后按快捷键Ctrl+D多次复制，再全选直线，右击，选择"变换"|"旋转"（角度设置为30°）|"确定"命令，如图10-18和图10-19所示。

图10-18

图10-19

03 再次选中这些线，右击，选择"变换"|"对称"（垂直，角度设置为90°）|"复制"命令，全选所有线段进行编组。编组后，按快捷键Ctrl+5，把所有线段转换为参考线，如图10-20和图10-21所示。

图10-20

图10-21

04 选择工具箱中的"文字工具"按钮 **T**，输入文本内容，并设置文字属性，如图10-22和图10-23所示。

图10-22

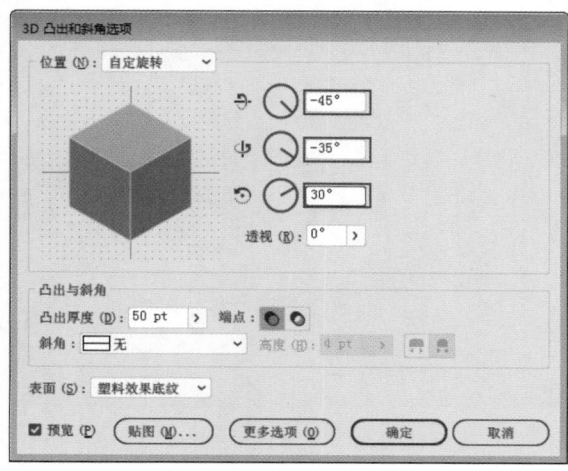

图10-23

05 单击选中"文字"对象，执行"效果"|3D|"突出和斜角"命令，设置参数，如图10-24和图10-25所示（参数后期可以调整）。

图10-25

06 选中"文字"对象，执行"对象"|"扩展外观"命令。

07 选择工具箱中的"矩形工具"按钮 ▣，绘制一个正方形，如图10-26所示。在菜单栏选择"效果"|3D|"凸出和斜角"命令，设置参数，如图10-27所示，确定后执行"对象"|"扩展外观"命令。

图10-26

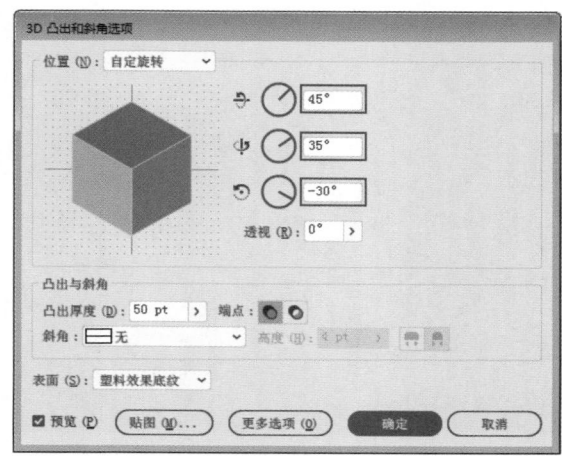

图10-24

图10-27

08 调整"矩形体"的位置和大小，如图10-28所示。继续复制一个"矩形体"，调整位置和大小，调整期间一定要打开参考线，实时观察参照，以防调整期间出现错位，并可以及时调整回来，如图10-29所示。

图10-28

图10-29

09 调整"文本"对象和"矩形体"的位置和大小，使其比例、位置和大小摆放至画布合适位置，如图10-30所示。

图10-30

10 隐藏参考线，选择工具箱中的"直接选择工具"按钮 ▷，将字母文字造型中的曲面位置的面选中，然后执行"窗口"|"路径查找器"|"联集"命令，方便上色，如图10-31和图10-32所示。

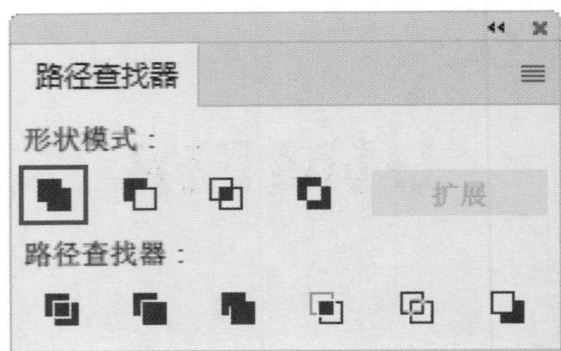

图10-31

图10-32

11 添加文字投影，复制一个"矩形体"，或按快捷键Ctrl+C和Ctrl+F贴在前面，如图10-33所示。删除左侧面和右侧面，只保留上面，用这个面来做投影，如图10-34所示。

图10-33

图10-34

12 选择工具箱中的"直接选择工具"按钮 ▷，选取对应的面，可以先给"矩形体"造型上色，如图10-35所示。为字母添加颜色时，各面用吸管工具吸取长方体对应面颜色即可，目的是为了快速上色，如图10-36所示。

图10-35

图10-36

13 继续选择"文本"对象的投影，给"文本"对象的投影上色，如图10-37所示。执行"窗口"|"透明度"命令，调出"透明度"面板，将数值设置为68%并将素材调整大小，移动至"矩形体"上，效果如图10-38所示。

图10-37

图10-38

14 选择工具箱中的"文字工具"按钮 **T**，输入文字内容，调整位置和大小，最终效果如图10-39所示。

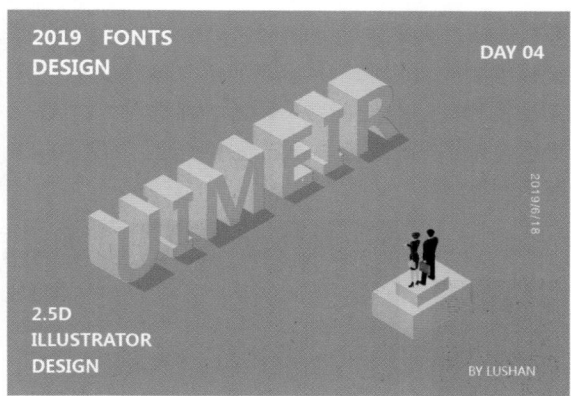

图10-39

10.3 综合案例——绘制游戏场景插图

本案例将用到 "路径查找器" 面板、"钢笔工具" 和 "基本形状工具" 等命令来制作一款游戏场景插图，意在让读者灵活地运用 "路径查找器" 面板中的各项命令，以此来制作更为丰富的图形元素。

01 打开Illustrator CC 2018，执行 "文件" | "新建" 命令，创建一个800px×600px大小的画布。选择工具箱中的 "椭圆工具" 按钮◯，输入一个数值为12px×12px的圆，再画四个8px×8px的小圆，用 "直接选择工具" 按钮▷去掉大圆的左右两个点，如图10-40所示。然后再制作一个更大的矩形，选择两者，执行 "窗口" | "路径查找器" 命令，选择面板中的 "减去顶层" 选项，如图10-41所示。

图10-40

图10-41

02 选择工具箱中的 "矩形工具" 按钮▢，拖动光标绘制一个矩形，并填充颜色，然后使用 "椭圆工具" 按钮◯绘制多个小圆，将绘制好的图形进行复制粘贴，宽度与画布宽度一致，如图10-42所示。

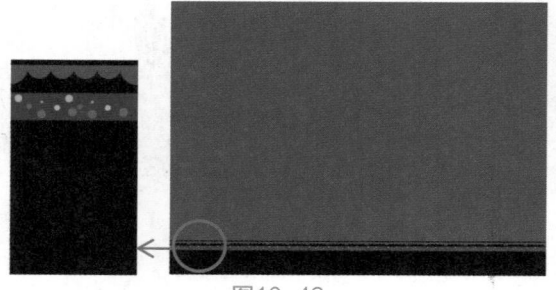

图10-42

03 使用工具箱中的 "钢笔工具" 按钮✒，勾勒出第一层背景，如图10-43所示。继续使用 "钢笔工具" 按钮✒勾勒出第二层背景，如图10-44所示。

图10-43

图10-44

04 使用 "矩形工具" 按钮▢在绘制的第二层背景上增加一些细节内容并进行合并，如图10-45所示。

图10-45

05 使用 "矩形工具" 按钮▢画出两个矩形，再

用"直接选择工具"按钮 ▷ 把两个锚点变成圆角（如图10-46所示步骤1的效果），然后把两个形状叠加，通过"路径查找器"|"减去顶层"选项，得到如图10-46所示步骤2中所示的图形效果。

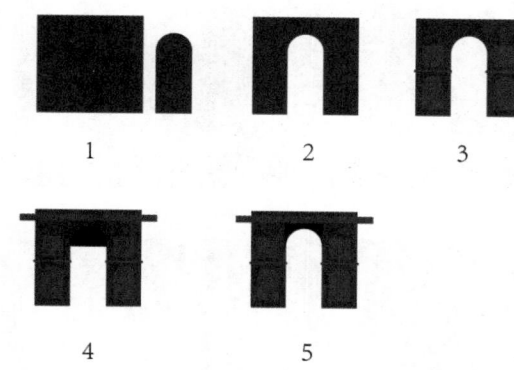

图10-46

06 使用"矩形工具"按钮 ▢，绘制出如图10-46所示步骤3效果中所示的图形效果。继续绘制一个矩形步骤2进行"路径查找器"中的分离操作，把不需要的形状删除，得到如图10-46所示步骤4的效果。

07 在顶部绘制一条矩形，作为房檐，然后将步骤5绘制好的宫殿放置在画布中，效果如图10-47所示。

图10-47

技巧与提示　　所有创建的图形对象尺寸和颜色可以自由调整，在步骤中不做详细的数据提示。

08 参照图10-48所示步骤，逐步绘制"大怪兽"图形。

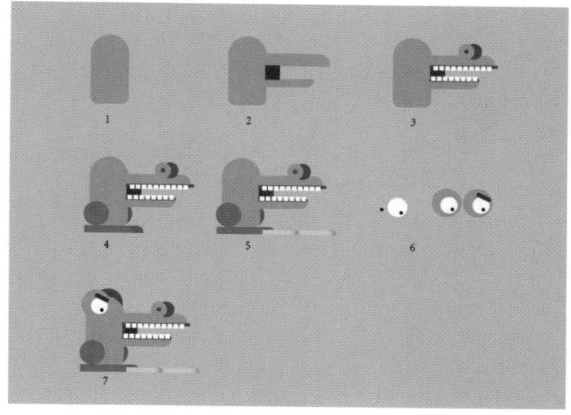

图10-48

09 使用相同的方法来绘制其余卡通人物，效果参照图10-49所示。

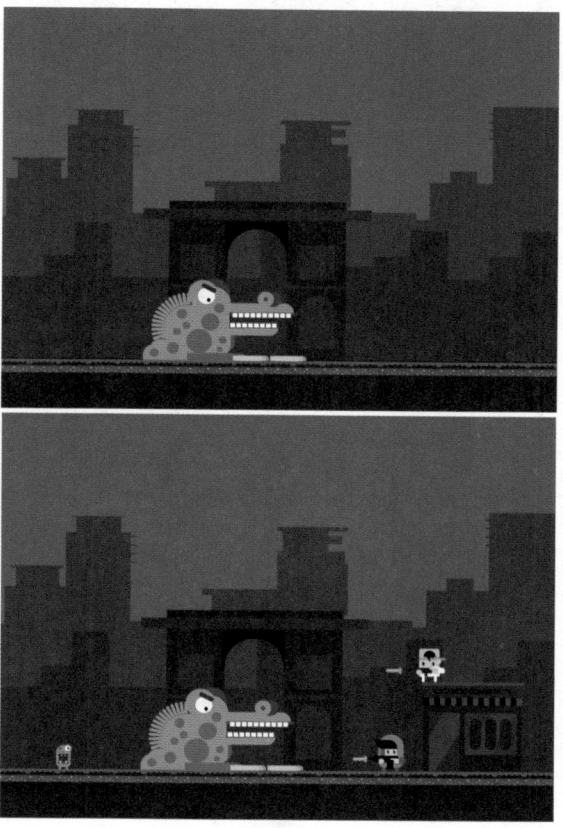

图10-49

10 使用工具箱中的"圆角矩形工具"按钮 ▢ 和"椭圆工具"按钮 ◯，用同样的方法绘制"发射塔""星球"和"装备"图形，效果参照图10-50所示。将制作好的元素放置在画布中，调整大小，如图10-51所示。

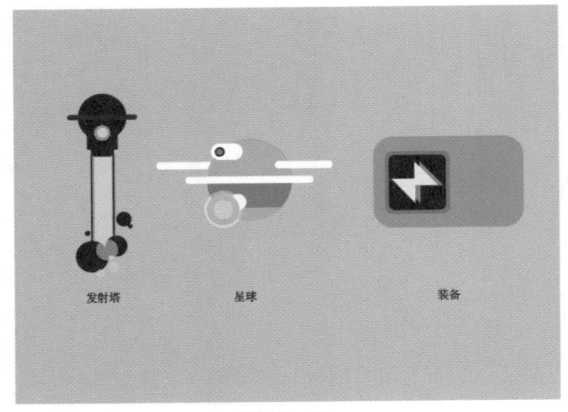

图10-50

图10-53

图10-51

图10-54

11 重复上述制作方法，制作"药箱""发射炮""探测仪"和"小丑鱼"图形，如图10-52所示。将制作好的元素放置在画布中，调整大小，如图10-53所示。

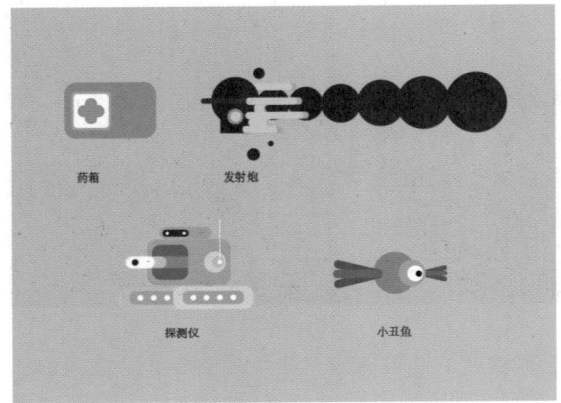

图10-52

12 调整好位置后，制作一些点缀元素装饰画布，最终效果如图10-54所示。

10.4 综合案例——制作飘动扭曲海报

　　本案例将用到"变换""封套扭曲""路径查找器"面板、"剪切蒙版"等命令来制作一款飘动扭曲的海报。"变换"选项中的工具在制作图稿中常常需要用到，此外，"剪切蒙版"的运用在制作图稿中也必不可少。

01 打开Illustrator CC 2018，执行"文件"|"新建"命令，创建一个210mm×297mm大小的画布，选择工具箱中的"矩形工具"按钮 ，绘制一个大小等同画布的矩形，并按快捷键Ctrl+2锁定对象，如图10-55所示。

02 选择工具箱中的"矩形工具"按钮 ，绘制一个矩形长条，并执行"效果"|"扭曲和变换"|"变换"命令，弹出对话框后输入数值，如

图10-56所示，单击"确定"按钮，得到效果如图10-57所示。

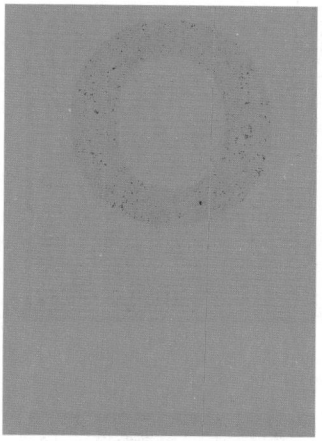

图10-55

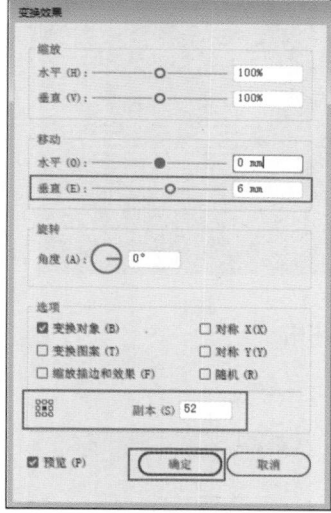

图10-56

图10-57

03 选择"矩形"对象，然后执行"对象"|"扩展外观"命令，如图10-58所示。接着执行"窗口"|"路径查找器"命令，将"路径查找器"面板打开后，单击"联集"命令，如图10-59所示。

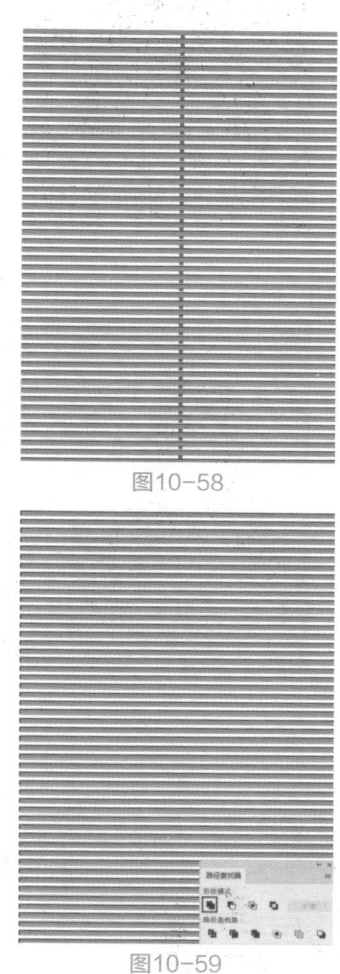

图10-58

图10-59

04 选中目标，按住Alt键拖动复制两份，并将其中一个目标填充为黑色，如图10-60所示。

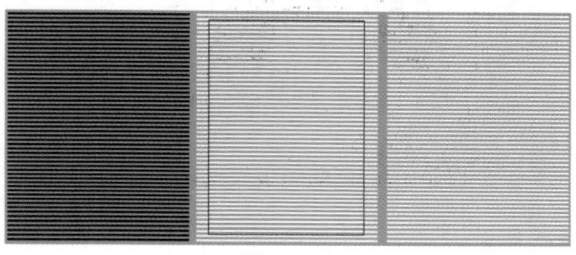

图10-60

05 选择工具箱中的"文字工具"按钮 **T**，创建文本，选择较粗的字体后，按快捷键Ctrl+Shift+O

创建轮廓，调整好大小，分别置于不同对象的上方，如图10-61所示。

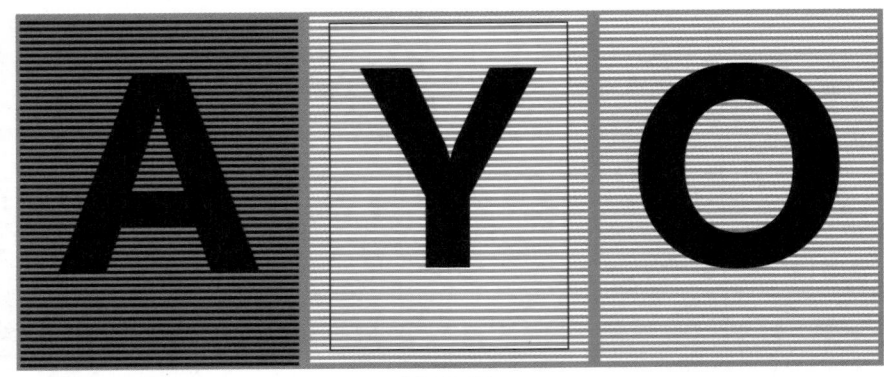

图10-61

06 分别选择三组对象，按快捷键Ctrl+7创建剪切蒙版，如图10-62所示。

图10-62

07 选择创建后的剪切蒙版对象，调整好它们的位置，如图10-63所示。

图10-63

08 选择全部对象，按快捷键Ctrl+G进行编组，然后执行"对象"|"封套扭曲"|"从网格建立"命令，具体参数和效果如图10-64所示。

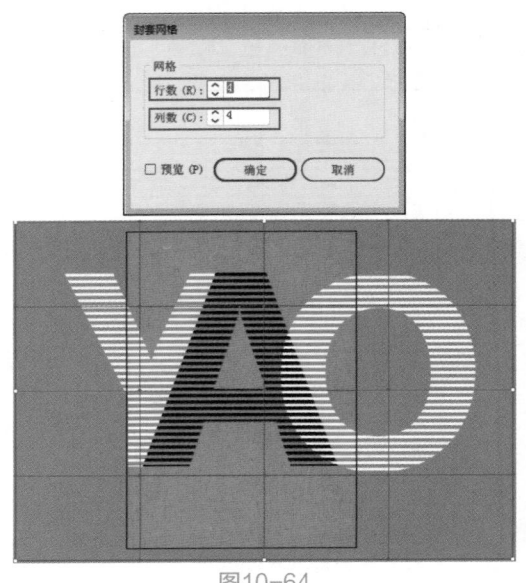

图10-64

09 选择工具箱中的"网格工具"按钮，为了便于调整作图，在图中添加两条竖线，位置如图10-65所示。

图10-65

10 选择工具箱中的"直接选择工具"按钮，不断调整对象的位置和扭曲度，如图10-66所示。

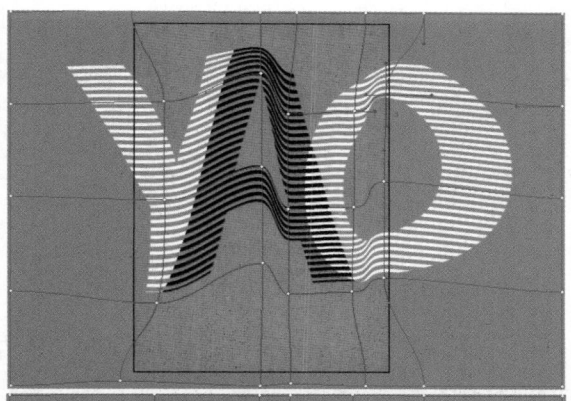

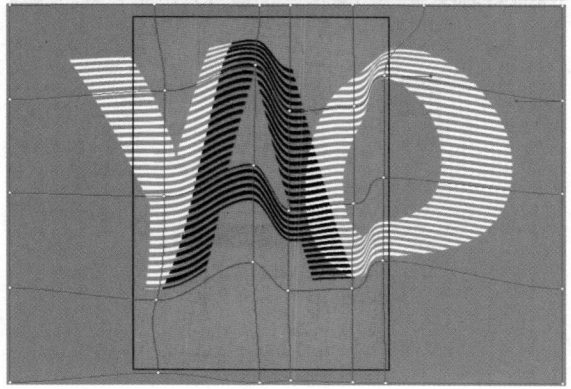

图10-66

11 再次选中对象，执行"对象"|"扩展"命令后，取消编组，将3个文本对象分离开来，如图10-67所示。

图10-67

12 选中工具箱中的"圆角矩形工具"按钮，创建一个圆角矩形，如图10-68所示。

图10-68

13 选择所有对象，将其旋转，如图10-69所示。再将圆角矩形颜色填充为背景色，如图10-70所示。

图10-69

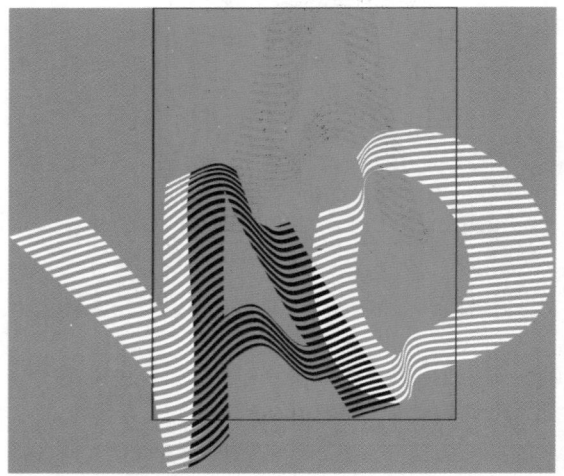

图10-70

14 继续选择工具箱中的"矩形工具"按钮▭，绘制一个跟画布同等大小的矩形，并使用"建立剪切蒙版"命令，如图10-71所示。使用"文字工具"按钮 **T** 装饰点缀画布，最终效果如图10-72所示。

图10-71

图10-72

10.5 综合案例——制作动感水滴文字效果

本案例将运用"矩形工具""路径查找器"面板、"剪切蒙版"等命令来制作一款动感水滴文字效果，此案例的制作方法可以延伸运用到UI设计中来，是一个针对性比较强的实战综合案例。

01 打开Illustrator CC 2018，执行"文件"|"新建"命令，创建一个297mm×210mm大小的画布，使用"矩形工具"按钮▭，绘制一个与画布大小相同的矩形。执行"窗口"|"渐变"命令，或者按快捷键Ctrl+F9打开"渐变"面板，给新建的矩形填充一个径向渐变的渐变色，然后选择矩形，按快捷键Alt+2锁定背景图，如图10-73所示。

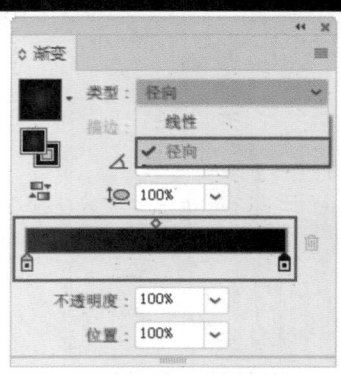

图10-73

02 选择工具箱中的"矩形工具"按钮▭，绘制一个矩形长条，填充颜色，然后使用"直接选择工具"按钮▷将其改为圆角，如图10-74所示。继续使用"椭圆工具"按钮◯画一个圆，置于矩形长条的右边，执行"窗口"|"对齐"命令，打

开"对齐"命令面板,单击"右对齐"命令,如图10-75所示。

图10-74

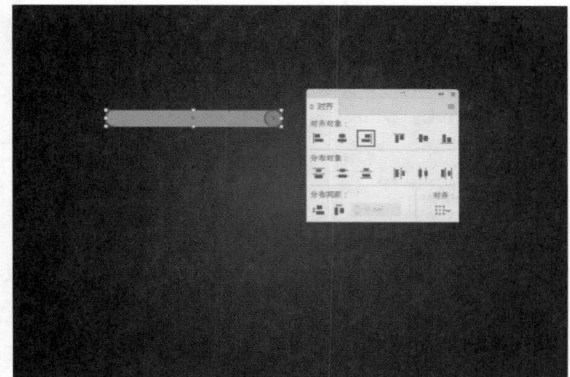

图10-75

03 执行"窗口"|"路径查找器"命令,打开"路径查找器"面板,选择对象,单击面板中的"减去顶层"按钮 ,如图10-76所示。将得到后的图形选中,按住Alt键拖动"复制"多个,并"变换"图形的大小和方向,如图10-77所示。

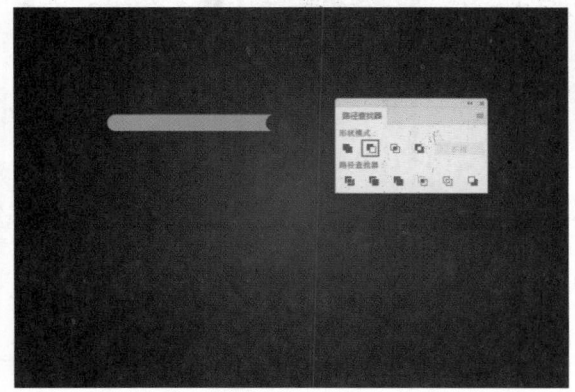

图10-76

图10-77

04 重复上述"复制"和"变换"步骤,并按快捷键Ctrl+G将对象编组,如图10-78所示。

图10-78

05 选择工具箱中的"文字工具"按钮**T**,输入文字"Ai",选中文字,按快捷键Ctrl+Shift+O将文字轮廓化并取消分组,如图10-79所示。将之前编好组的图像复制多份,旋转并调整好位置,如图10-80所示。

图10-79

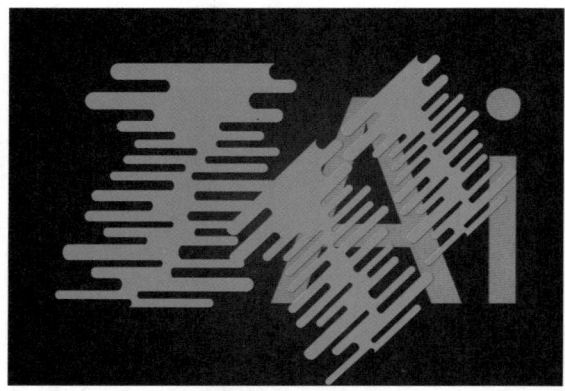

图10-80

06 选中字母A，按快捷键Ctrl+C和Ctrl+F复制并粘贴，执行"窗口"|"图层"命令，打开图层面板，将图层拖动至顶层，如图10-81所示。按住Shift键，单击A图层右侧和先前制作好的图层右侧的小方块，如图10-82所示。

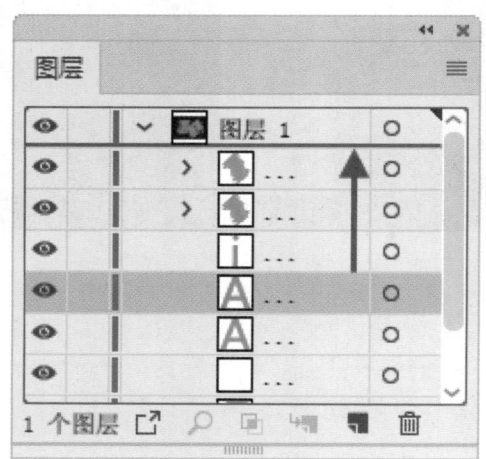

图10-81

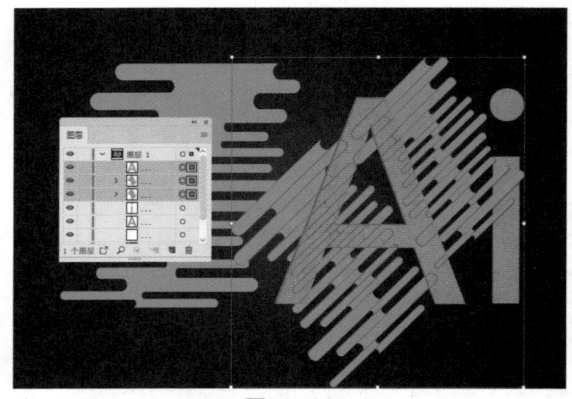

图10-82

07 按快捷键Ctrl+7建立剪切蒙版，如图10-83所示。使用同样的方法将字母i的效果做好，将多余的元素删除，如图10-84所示。

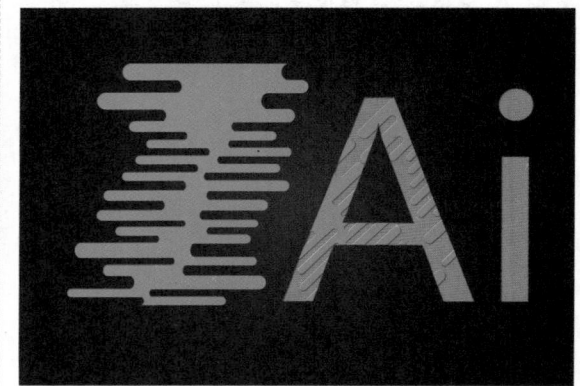

图10-83

图10-84

08 选择工具箱中的"钢笔工具"按钮 ✏️，使用"钢笔工具"选择一个较暗的颜色，将形象补齐，如图10-85所示。

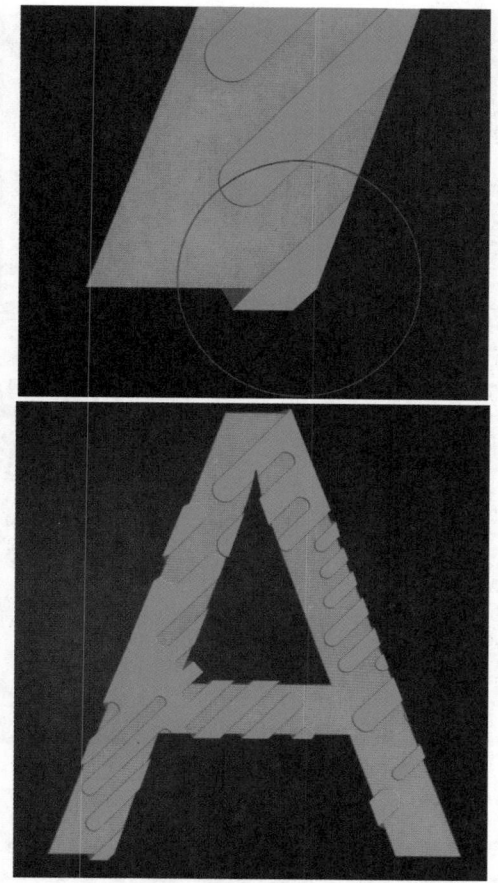

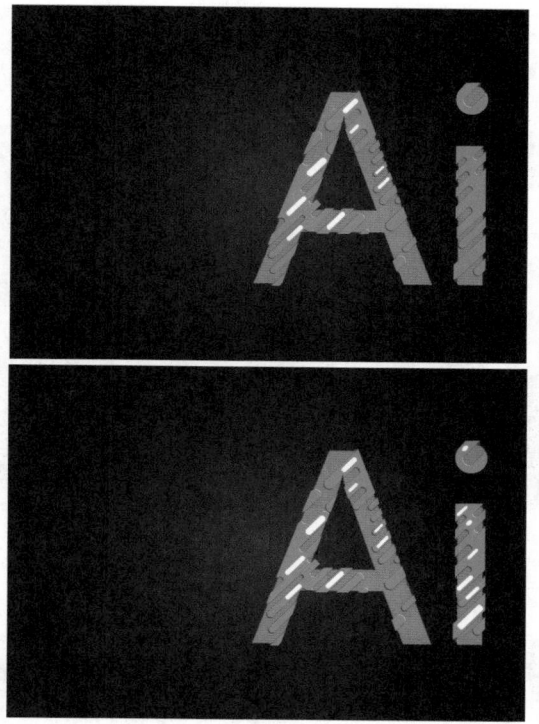

图10-85

09 重复上述步骤，将剩余的部分补齐，如图10-86
所示。

图10-87

11 选择工具箱中的"钢笔工具"按钮，给对象
添加条状元素，如图10-88所示。

图10-86

10 选择工具箱中的"圆角矩形工具"按钮，填
充颜色为白色，为对象添加白色区域，如图10-87
所示。

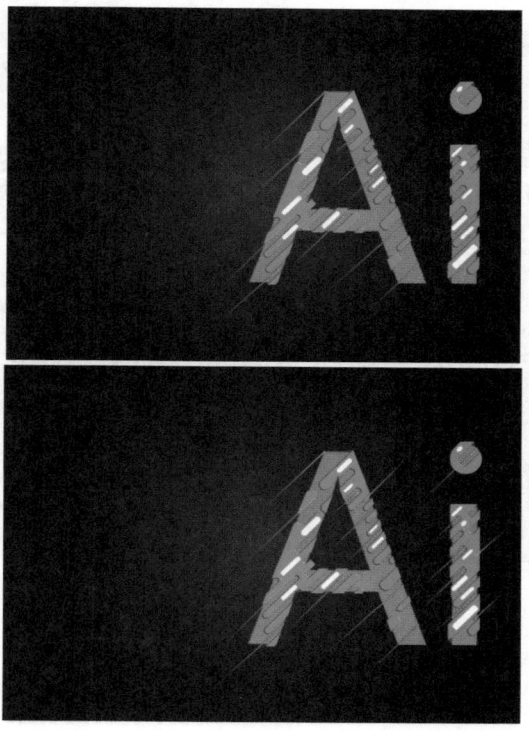

图10-88

12 在图层中选择蓝色部分的图案素材，执行"效果"|"风格化"|"投影"命令，设置参数，如图10-89所示。

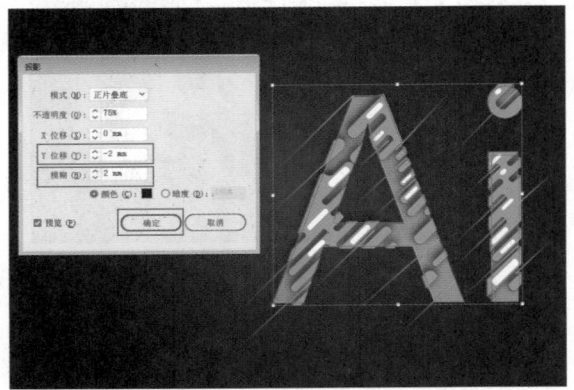

图10-89

13 重复上述步骤，给字母"Ai"加上投影，并调整位置，如图10-90所示。

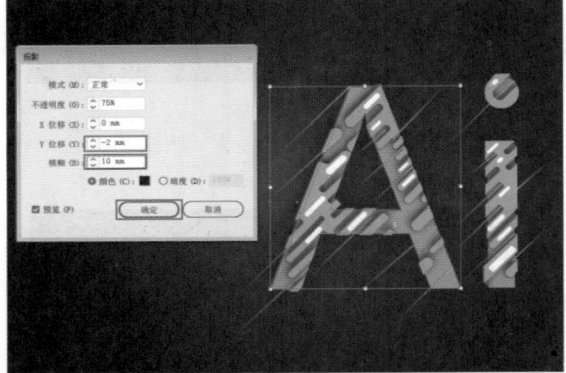

图10-90

14 选择工具箱中的"文字工具"按钮 🅣 ，给画布添加文字元素，如图10-91所示。

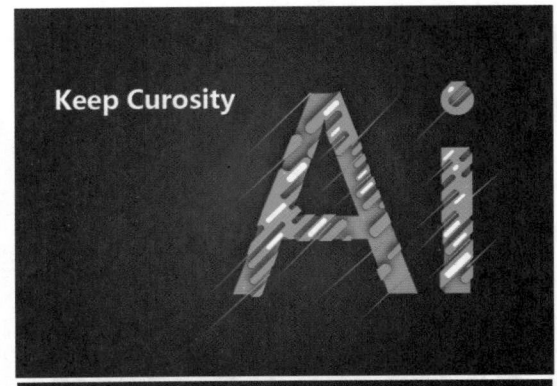

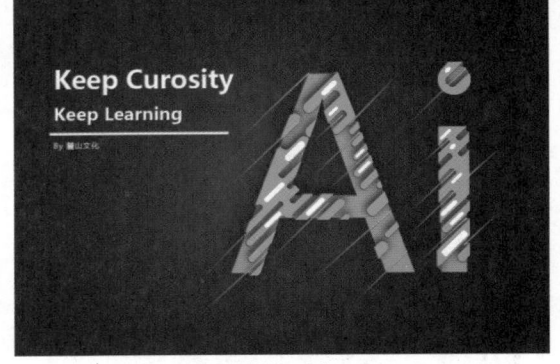

图10-91

15 调整文字的位置和大小，最终效果如图10-92所示。

图10-92

10.6　综合案例——制作简约风格名片

本案例主要使用到Illustrator中的"混合工具"

来制作一款简约风格的名片，制作难度适中，实战案例中的难点是"混合工具"和"剪切蒙版"的使用，以及在设计制作中排版的把控意识。

01 打开Illustrator CC 2018，执行"文件"|"新建"命令，创建一个90mm×55mm大小的画布，画板数量为2，使用"矩形工具"按钮 ▢ 绘制两个与画布大小一致的矩形，作为名片底色，填充黄色，描边为无，如图10-93所示。

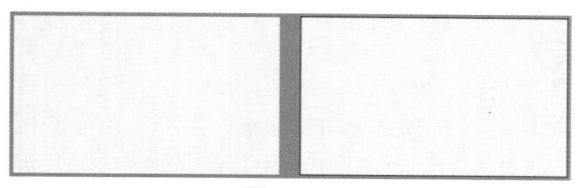

图10-93

02 按快捷键Ctrl+2锁定两个创建的矩形背景，再选择工具箱中的"矩形工具"按钮 ▢ 绘制一个描边大小为1pt的黑色矩形（填色自选颜色，外观面板可随时更改填色颜色和描边颜色），如图10-94所示。

图10-94

03 选中绘制好的矩形，按住Alt键拖动，再复制出两个矩形，单击选择其中一个矩形，当矩形框内出现" ◎ "图标时，单击并拖动鼠标，可以为矩形设置圆角。重复上述步骤，将两个矩形进行圆角设置，如图10-95所示。

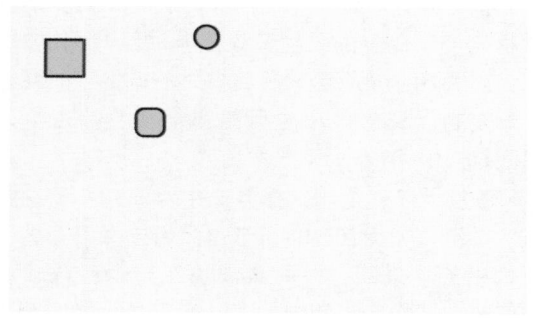

图10-95

04 选择工具箱中的"混合工具"按钮 ▚，双击按钮，弹出"混合选项"对话框，在弹出的对话框中选择"指定的步数"选项，并输入数值"26"，如图10-96所示。然后选择画布中的三个对象，执行"对象"|"混合"|"建立"命令，效果如图10-97所示。

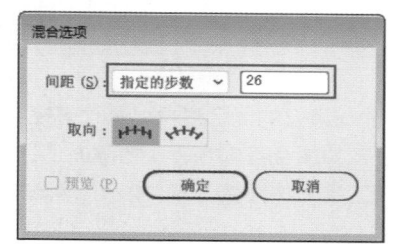

图10-96

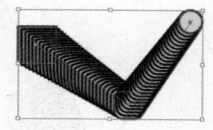

图10-97

05 执行上述命令得到"混合"效果后，将混合对象移动至画布之外，复制并备份多个，调整位置，再选中工具箱中的"矩形工具"按钮 ▢，绘制一个矩形。移动并复制两个，调整其大小和位置，如图10-98所示。

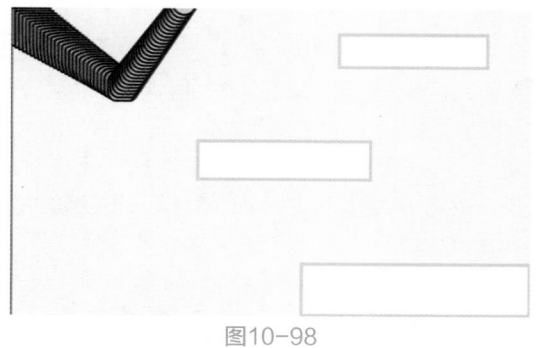

图10-98

06 选择工具箱中的"混合工具"按钮 ▚，双击按钮，弹出"混合选项"对话框，在"指定的步数"选项中输入数值"18"，然后选择画布中的三个对象，执行"对象"|"混合"|"建立"命令，如图10-99所示。

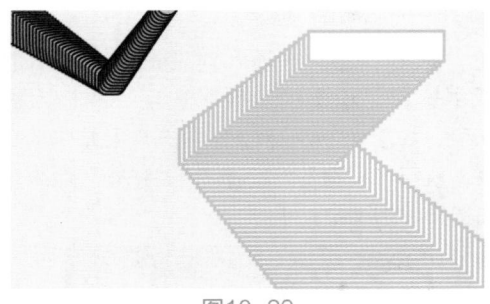

图10-99

07 选择先前建立的混合对象，移动复制并调整其位置关系，如图10-100所示。然后在工具箱中选择"矩形工具"按钮 ▇，绘制一个与画布大小相同的矩形，如图10-101所示。

图10-100

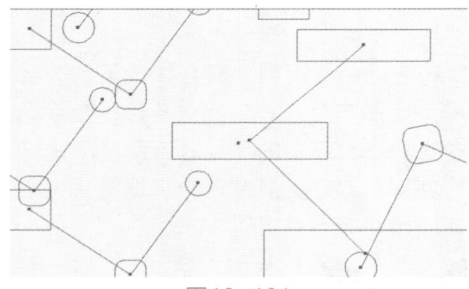

图10-101

08 执行"窗口"|"图层"命令，或按F7键打开"图层"面板，在面板中选择对象，如图10-102所示。然后右击，在弹出的快捷菜单中选择"建立剪切蒙版"命令，或按下快捷键Ctrl+F7，剪切效果如图10-103所示。

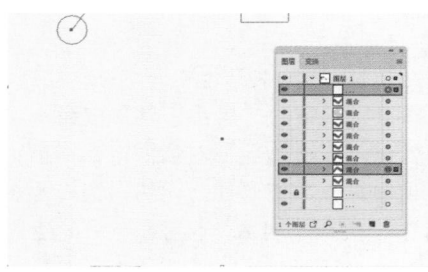

图10-102

图10-103

09 重复上述"绘制矩形并选中对象建立剪切蒙版"步骤，效果如图10-104所示；然后选择工具箱中的"文字工具"按钮 **T**，并在空白处输入"文本对象"，如图10-105所示，此时，名片背面已经制作完毕。

图10-104

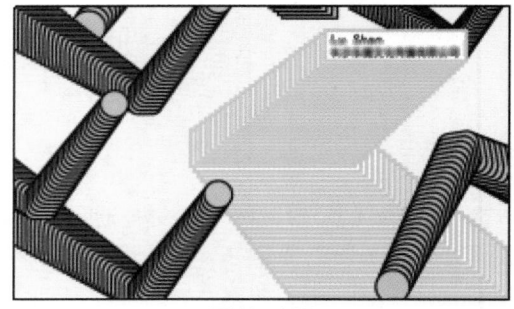

图10-105

10 打开"图层"面板，单击面板中的"新建图层"按钮 ▇，新建一个图层作为名片正面图层，并将先前制作好的名片背景图移动至"图层2"中，如图10-106所示。然后将先前备份好的混合对象复制、调整大小位置并移动至名片正面，如图10-107所示。

11 重复上述"绘制矩形并选中对象建立剪切蒙版"步骤，如图10-108所示；然后选择"图层"面板中的背景图，给背景图填充一个颜色较深的底色，选择工具箱中的"文字工具"按钮 **T**，输入"文本对象",并调整其位置,如图10-109所示。

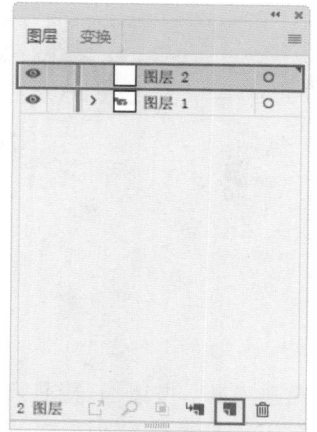

图10-106

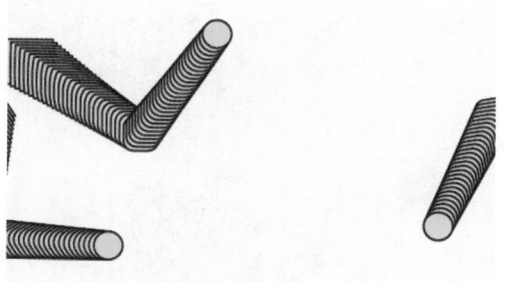

图10-107

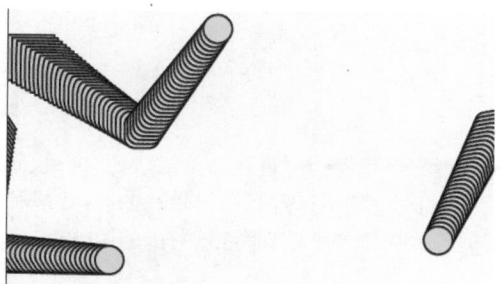

图10-108

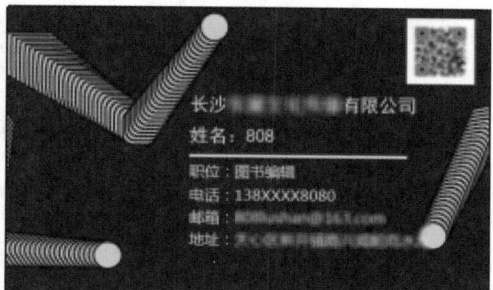

图10-109

12 按快捷键Ctrl+Alt+2解除锁定,在图层面板中选择最先制作的背景底色图层,给图层添加黄色,大小为2pt的描边,单击"描边"文字,弹出复选框,选择"使描边内侧对齐"选项,如图10-110所示。按照同样方法给名片正面的背景底色图层描边,效果如图10-111所示。

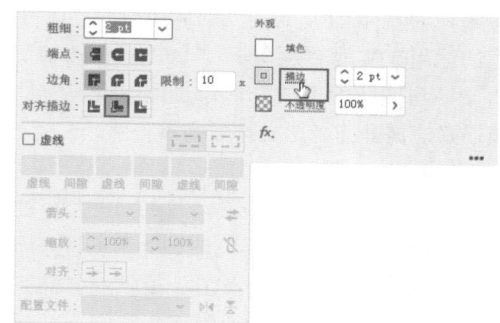

图10-110

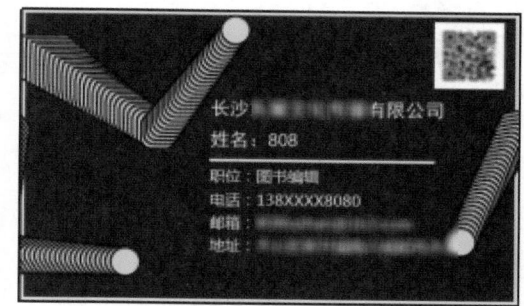

图10-111

13 最终效果如图10-112所示。

图10-112

10.7 综合案例——版式海报设计

本案例学习的主要目的是理解文字与图片结合的排版设计，主要运用到的知识点有"锚点"的编辑，"基本图形工具"的运用以及"文字工具"的运用。实战难点在于"软件操作的细节"和"文字与图片的摆放"，通过此综合案例的学习能很好地提升读者图文排版的审美感。

01 打开Illustrator CC 2018，执行"文件"|"新建"命令，创建一个210mm×297mm大小的画布，按快捷键Ctrl+R打开参考线，并拖出两条参考线，如图10-113所示。选择工具箱中的"椭圆工具"按钮○，按住Shift键绘制两个正圆，并调整好位置，如图10-114所示。

图10-113　　　　　　　图10-114

02 打开相关素材中的"1.jpg"和"2.jpg"文件，调整素材大小和位置并置于圆内，如图10-115所示。

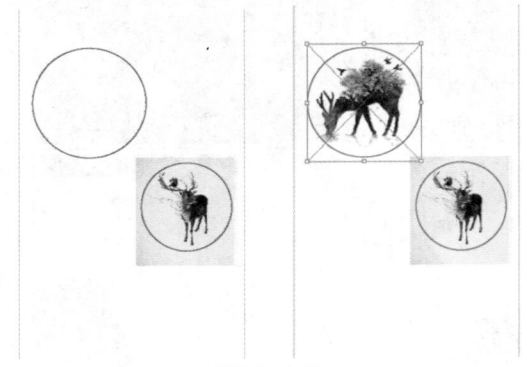

图10-115

03 选中图片与圆，执行右键菜单中的"建立剪切蒙版"命令，或按快捷键Ctrl+7建立剪切蒙版，并将

对象的描边颜色设置为黑色，如图10-116所示。

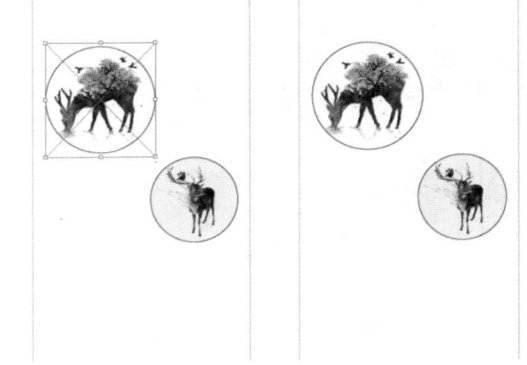

图10-116

04 使用"椭圆工具"按钮○绘制正圆，然后使用工具箱中的"钢笔工具"按钮✎，为对象添加锚点，如图10-117所示。选择工具箱中的"直接选择工具"按钮▷，或按A键对添加的锚点进行删除，如图10-118所示。

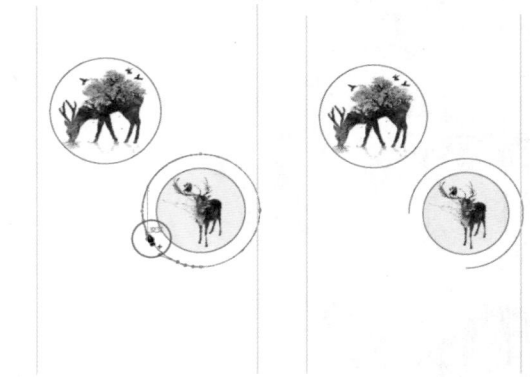

图10-117　　　　　　　图10-118

05 选择工具箱中的"直线工具"按钮╱，绘制两根实线段，如图10-119所示。将绘制的实线段和编辑好的圆的描边大小设置为3pt，如图10-120所示。

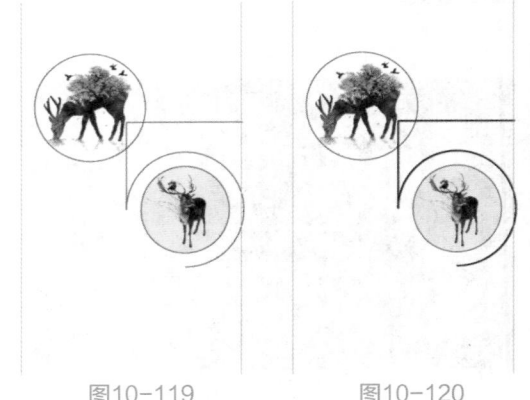

图10-119　　　　　　　图10-120

06　选择工具箱中的"文字工具"按钮 **T**，或按快捷键T，给画布添加"文本"素材，如图10-121所示。

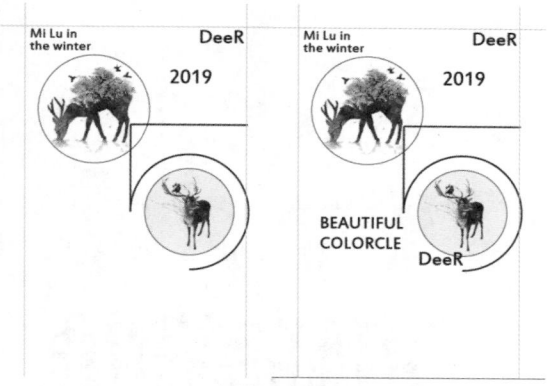

图10-121

07　使用"直线工具"按钮 ／ 和"椭圆工具"按钮 ◯ 绘制创建2019和鹿的艺术变形字，如图10-122所示。

图10-122

最终效果如图10-123所示。

图10-123

10.8　综合案例——字体 "五连绝世"设计

在此案例中，主要用到的制图工具是Illustrator CC 2018和Photoshop CC 2017。Illustrator和Photoshop有许多相似之处，而且两者有某些格式文件能互通使用。综合案例主要是通过对字体的调整和变形，及对素材的灵活应用，来达到最终的效果。

01　打开Illustrator CC 2018，执行"文件"|"新建"命令，创建一个297mm×210mm大小的画布，如图10-124所示。选择工具箱中的"文字工具"按钮 **T**，或按快捷键T，输入"五连绝世"四个字，并调整大小及字形，如图10-125所示。

图10-124

五连绝世

图10-125

02　选择文本对象，执行"文字"|"创建轮廓"命令，将文本对象转换为轮廓，如图10-126所示。执行右键菜单中的"取消编组"命令，将转换为轮廓的对象取消编组，如图10-127所示。

图10-126

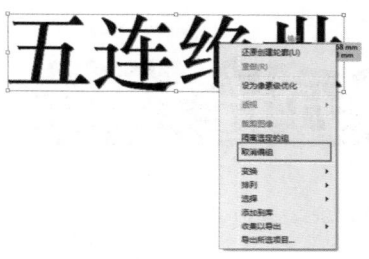

图10-127

03　选择工具箱中的"直接选择工具"按钮 ▷，

对字体的锚点进行加宽，如图10-128所示。

五连绝世

五连绝世

图10-128

04 使用工具箱中的"直接选择工具"按钮 ▷ 和"钢笔工具"按钮 ✐ 对字形进行调整，调整效果如图10-129所示。

五连绝世

五连绝世

图10-129

05 选择对象，按快捷键Ctrl+C和Ctrl+B原位复制粘贴，填充浅黄色，如图10-130所示。再给字体描边为"黑色"，如图10-131所示。

五连绝世

图10-130

五连绝世

图10-131

06 单击"外观"选项字体部分，弹出选项框，选择"使描边外侧对齐"，效果如图10-132所示。

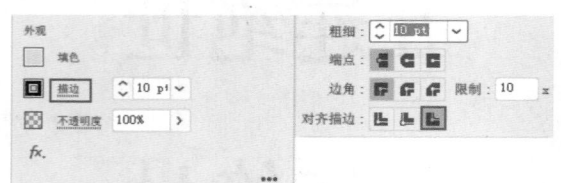

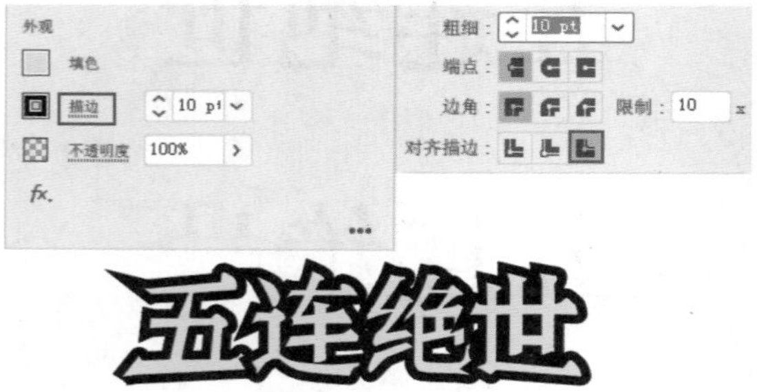

五连绝世

图10-132

07 选择对象，执行"对象"|"扩展外观"将描边转为形状，使用"路径查找器"对其进行联集，将先前复制的底层文字调至最上层，如图10-133

所示。

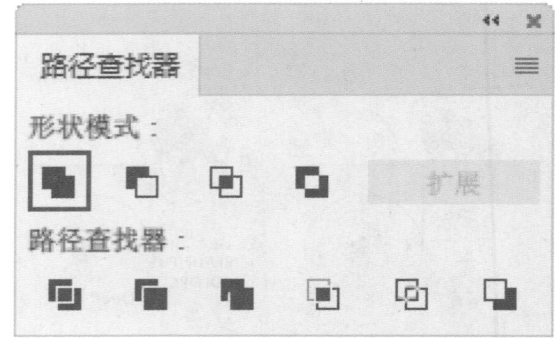

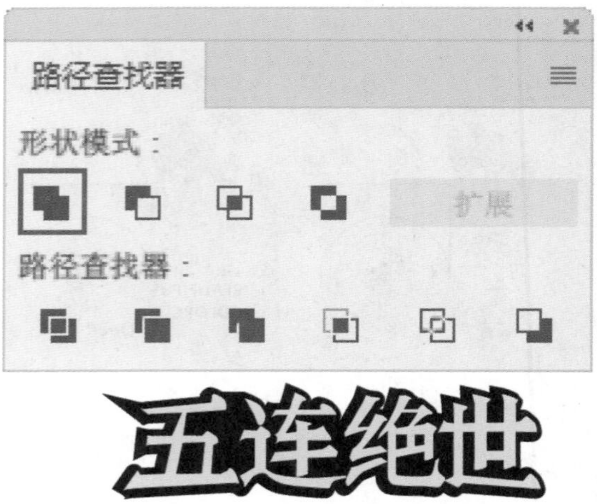

五连绝世

图10-133

08 打开Photoshop，创建一个297mm×210mm大小的画布，绘制一个带光的背景，将Illustrator中制作好的文件复制到Photoshop中，如图10-134所示。

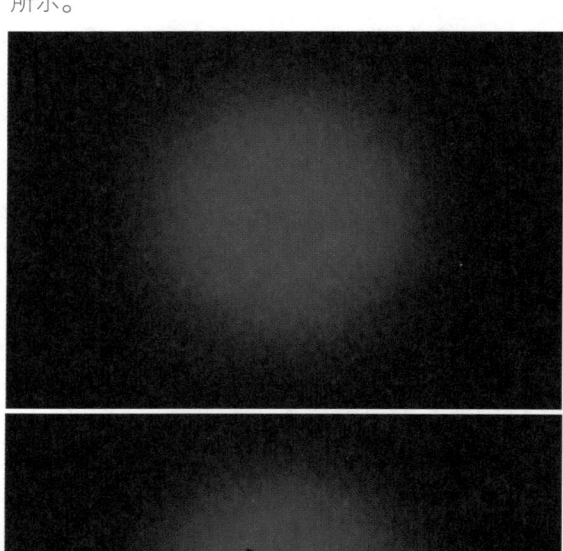

图10-134

09 双击图层，弹出"图层样式"，给图层添加"混合选项"|"斜面和浮雕"效果，设置参数和

效果如图10-135所示。

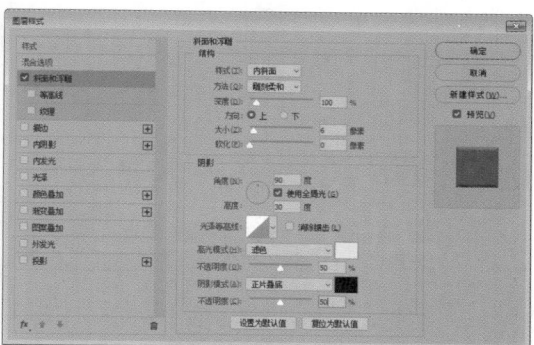

图10-135

10 选中图层，按住快捷键Alt+↓进行复制，产生立体效果，如图10-136所示。

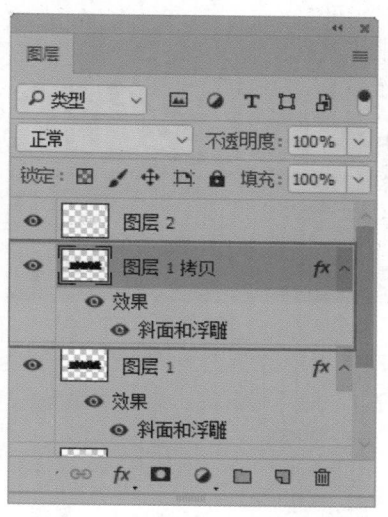

图10-136

11 选中另外图层，使用同样方法制作"斜面和浮雕"效果，如图10-137所示。

12 将相关素材中的"0.jpg"文件拖入Photoshop中，按快捷键Ctrl+U调出"色相/饱和度"面板，调整素材颜色，选择工具箱中的"橡皮擦"按钮 ◆，将多余的素材擦拭掉，如图10-138所示。

图10-137　　　　　　　　　　　　　　　　图10-138

13 按快捷键Ctrl+Shift+N新建图层，选择工具箱中的"画笔工具"绘制白色，调整混合模式为"叠加"，效果如图10-139所示。

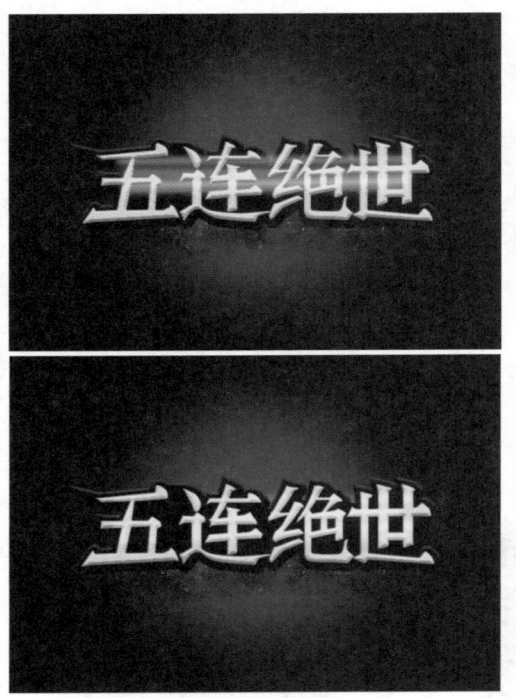

图10-139

14 在黑色投影的图层上方新建一个图层，按住Alt键选中，使用"画笔工具"绘制橙色（流量和不透明度自行调整），当做反光面，如图10-140所示。

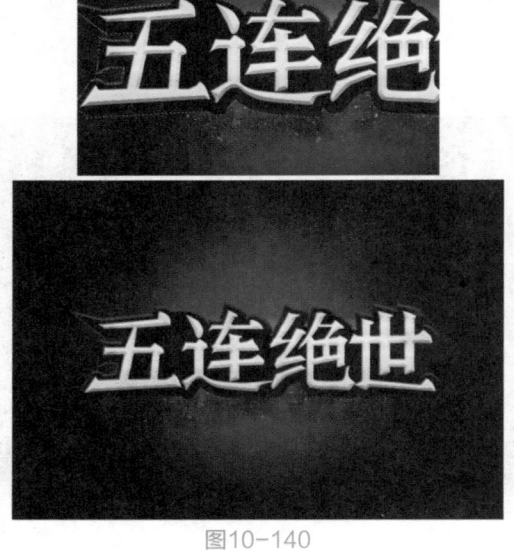

图10-140

15 将相关素材中的"2.jpg"文件拖入画布中，使用"魔棒工具"选择裂纹选区，按快捷键Ctrl+J进行复制。将复制好的图层拖至文字图层上方，将鼠标移动至图层上，右击，在弹出的快捷菜单选择"创建剪切蒙版"命令，对裂纹素材添加"内发光"效果，如图10-141所示。

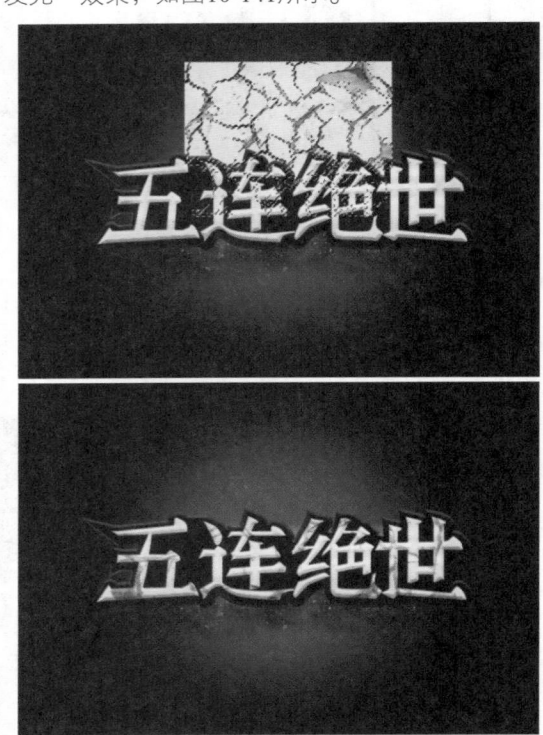

图10-141

16 将相关素材中的"1.jpg"文件拖入画布中，将素材移动至文字图层上方，将鼠标移动至图层上，右击，在弹出的快捷菜单选择"创建剪切蒙版"命令，将混合模式设置为"叠加"，如图10-142所示。

图10-142

17 使用同样方法将"3.jpg"素材拖入画布中，并调整好位置和大小，然后使用上述绘制反光的方法再绘制一层反光图，效果如图10-143所示。

图10-143

使用上述同样的方法制作文字，如图10-144所示。制作完成后调整好文字与文字之间的位置，最终效果如图10-145所示。

图10-144

图10-145

10.9　综合案例——制作圣诞节聚会活动海报

在使用Illustrator执行作图任务时，使用最频繁的工具莫过于"钢笔工具"了，"钢笔工具"的强大之处在于，可以使用它绘制出各种各样的路径，而这些路径，恰巧能通过变换、组合等来制作LOGO、图案等。本案例将通过"钢笔工具"结合"路径查找器"以及图形的组合来制作海报。

01 打开Illustrator CC 2018，执行"文件"|"新建"命令，创建一个210mm×297mm大小的画布。选择工具箱中的"钢笔工具"按钮 ，或者按快捷键P绘制圣诞树的外轮廓，如图10-146所示。

图10-146

02 选择绘制好的轮廓，右击，在弹出的快捷菜单执行"变换"|"对称"命令，弹出"镜像"对话框，如图10-147所示。设置参数后，单击"复制"按钮，得到另外一半圣诞树轮廓，如图10-148所示。

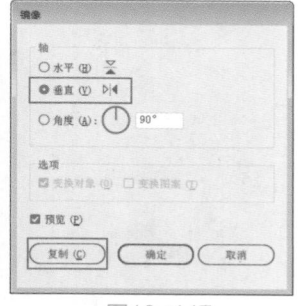

图10-147　　　　图10-148

03 选中轮廓，打开"路径查找器"面板，单击"联集"按钮 ，将两者创建为一个联集，并给对象填充颜色，如图10-149所示。

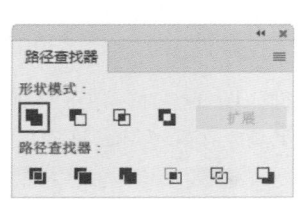

图10-149

04 选择工具箱中的"矩形工具"按钮▭，绘制一个小矩形，当做圣诞树底部，并调整前后位置关系，如图10-150所示。选择工具箱中的"椭圆工具"按钮⬭，绘制一排小圆形，当做圣诞树装饰，如图10-151所示。

图10-150

图10-151

05 选中对象，按快捷键Ctrl+G进行编组，移动并复制对象，调整大小及位置，如图10-152所示。再次执行移动复制命令，调整好位置，如图10-153所示。

图10-152

图10-153

06 选择工具箱中的"矩形工具"按钮▭，拖动鼠标，绘制一个与画布大小一致的矩形，并填充颜色，右击，在弹出的快捷菜单执行"排列"|"置于底层"命令，将矩形图形置于底层后，按快捷键Ctrl+2锁定矩形图像，如图10-154所示。

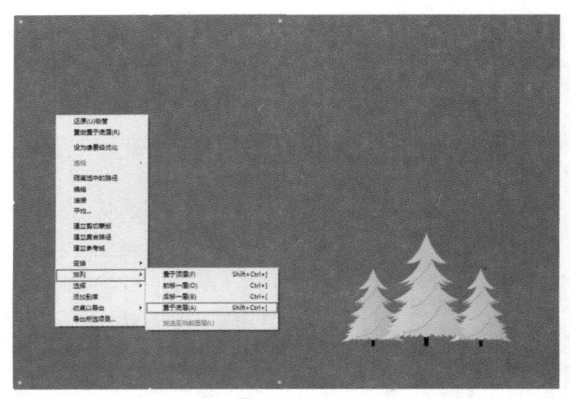
图10-154

07 选择工具箱中的"星形工具"按钮☆，绘制一个五角星。然后选择工具箱中的"直线段工具"按钮╱，绘制多条线段并放置在星星周围，效果如图10-155所示。

图10-155

08 选择工具箱中的"钢笔工具"按钮✐，绘制出"雪花"形状，如图10-156所示。将绘制好的"雪花"复制多个并调整其大小和位置，如图10-157所示。

图10-156

图10-157

09 继续选择"钢笔工具"按钮✐和"椭圆工具"按钮◯绘制"树叶"装饰素材，如图10-158所示。将绘制好的"树叶"素材复制多个并调整其大小和位置，如图10-159所示。

图10-158

图10-159

10 选择工具箱中的"矩形工具"按钮▢，绘制一个无填充色，描边大小为**3pt**的矩形，调整大小，排列至画布合适的位置，如图10-160所示。

图10-160

11 选择工具箱中的"圆角矩形工具"按钮▢，绘制一个"圆角矩形"，输入文字，调整大小，并将其摆放到合适位置，如图10-161所示。

图10-161

12 选择工具箱中的"文字工具"按钮**T**，给画布

239

添加"文字"素材，如图10-162所示。

图10-162

13 将相关素材中的"素材-肌理.png"文件拖动至画布，尺寸调整至画布大小，在"透明度"面板中选择"颜色加深"选项，并调整图层顺序，效果如图10-163所示。

图10-163

14 将相关素材中的"素材-褶皱.png"文件拖

动至画布，将其尺寸调整至画布大小，在"透明度"面板中选择"叠加"选项，不透明度调整至20%，调整图层顺序，最终效果如图10-164所示。

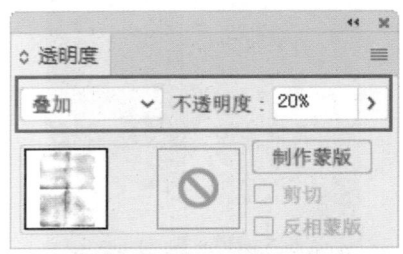

图10-164

10.10 综合案例——制作电台手机双十二启动页

在高速发展的互联网行业领域，手机成了人们必不可少的社交工具。购物、导航等一系列便捷的操作，这使得人们与互联网联系越来越紧密。在下列案例中，主要讲解了手机APP启动页的制作；因此，学会制作手机端的界面显得尤为重要。

01 打开Illustrator CC 2018，执行"文件"|"新建"命令，创建一个1080px×1920px大小的画布。选择工具箱中的"矩形工具"按钮 ■，绘制一个矩形，如图10-165所示。选择工具箱中的"渐变工具"按钮 ■，并填充渐变色，如图10-166所示。

图10-165　　　　　　　图10-166

02 选择工具箱中的"椭圆工具"按钮 ◯ ，绘制一个椭圆，并填充渐变色，如图10-167所示。

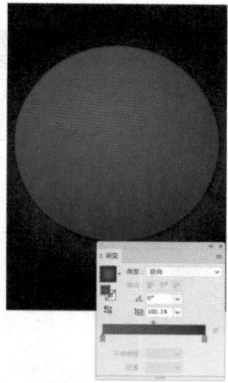

图10-167

03 选择椭圆，执行"变换" | "分别变换"命令，弹出"分别变换"对话框，设置参数，单击"复制"按钮，如图10-168所示，然后按快捷键Ctrl+D复制多个，如图10-169所示。

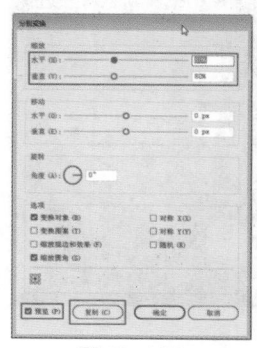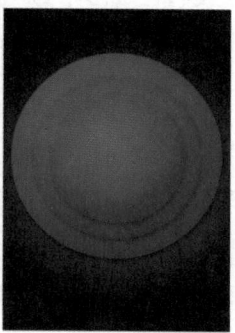

图10-168　　　　　　　图10-169

04 选择复制好的圆，并调整其颜色，效果如图10-170所示。选择"椭圆工具"按钮 ◯ 绘制一个圆形，并填充颜色，无描边，如图10-171所示。

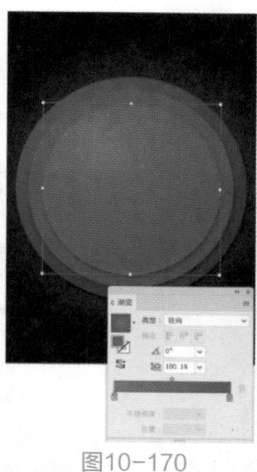

图10-170　　　　　　　图10-171

05 选择工具箱中的"网格工具"按钮 ，给圆添加网格，如图10-172所示。双击添加完网格的圆，进入"隔离模式"，再选择工具箱中的"套索工具"按钮 ，选择圆的局部，并填充颜色，如图10-173所示。

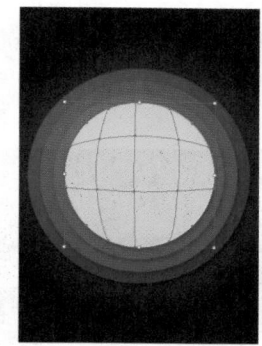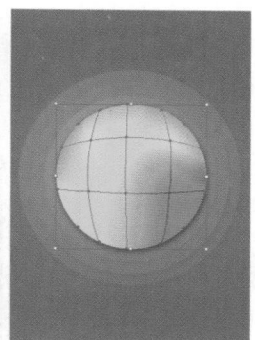

图10-172　　　　　　　图10-173

06 单击左上角的 ◀ 按钮，退出隔离模式，选择复制的圆形组，按快捷键Ctrl+G进行编组，执行"效果" | "风格化" | "投影"命令，弹出"投影"对话框，设置参数，效果如图10-174所示。

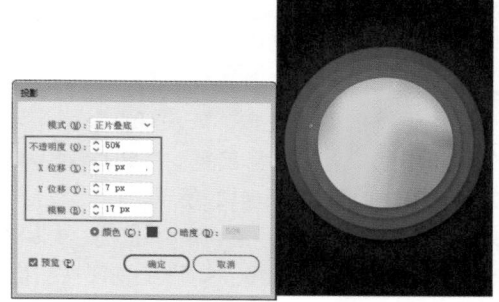

图10-174

07 选择工具箱中的"圆角矩形工具"按钮 ▢ 和 "椭圆工具"按钮 ⬭，绘制"天线"，绘制完毕后选择椭圆并调整角度，然后"镜像"复制一层，如图10-175所示。

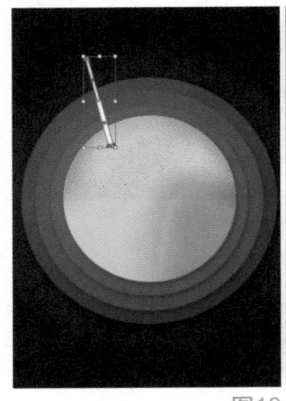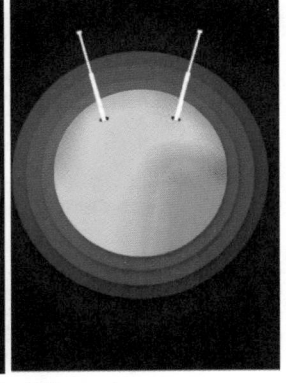

图10-175

08 选择工具箱中的"矩形工具"按钮 ▢，绘制"声波"，并执行"对象"|"变换"|"分别变换"命令，弹出"分别变换"对话框，设置参数，单击"复制"按钮，如图10-176所示；按快捷键 Ctrl+D 复制多个，并"镜像"复制，如图10-177所示。

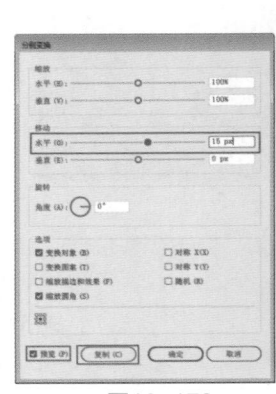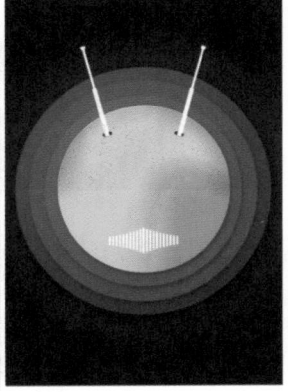

图10-176　　　　　图10-177

09 选择工具箱中的"文字工具"按钮 T，输入文本，选择合适的字体，并选中字体右击，在弹出的快捷菜单中选择"创建轮廓"命令，使文本转成可以调整的曲线文本，如图10-178所示。选择工具箱中的"直接选择工具"按钮 ▷ 对字体进行变形调整，效果如图10-179所示。

10 打开相关素材中的"人物素材.ai"文件，将素材文件拖入画布中，选择"矩形工具"按钮 ▢ 绘制一个同画布大小的矩形，如图10-180所示。选

中矩形和"人物素材"，右击，在弹出的快捷菜单中选择"建立剪切蒙版"命令，效果如图10-181所示。

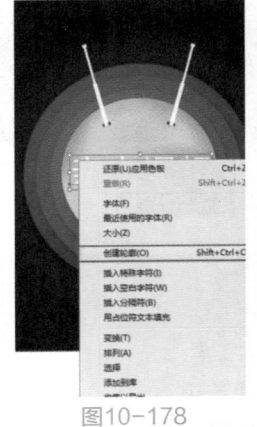

图10-178　　　　　图10-179

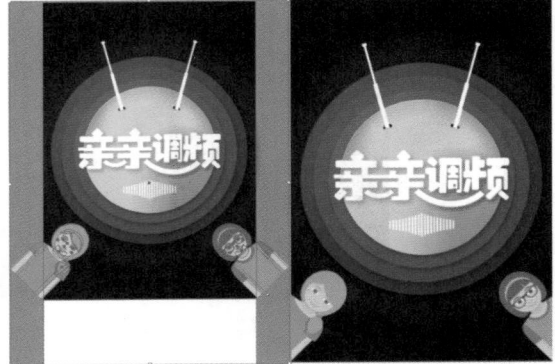

图10-180　　　　　图10-181

11 选择工具箱中的"文本工具"，继续为画布填充文本，效果如图10-182所示。

图10-182

12 打开相关素材中的"装饰素材.ai"文件，将素材一一拖入至画布中，并调整其大小、位置和图层顺序关系，效果如图10-183所示。

图10-183

13 选择工具箱中的"矩形工具"按钮□，绘制"搜索栏"，如图10-184所示。选择工具箱中的"椭圆工具"按钮〇和"直线段工具"按钮╱绘制一个"放大镜"，再选择"文字工具"按钮 **T** 输入文本，如图10-185所示。

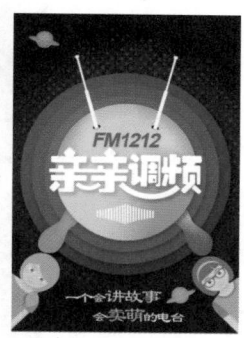

图10-184 图10-185

14 打开相关素材中的"淘宝.jpg"文件，拖入至画布中，调整素材大小和位置关系，用Illustrator做出最终效果如图10-186所示。

图10-186

15 将文件导出为".jpg"格式的文档，打开相关素材中的"手机素材.psd"文件，将导出的图片拖入PSD文档中，调整大小，并双击图片图层，弹出"图层样式"对话框，在"图层样式"对话框中选择"描边"选项，设置参数如图10-187所示，并单击"确定"按钮，效果如图10-188所示。

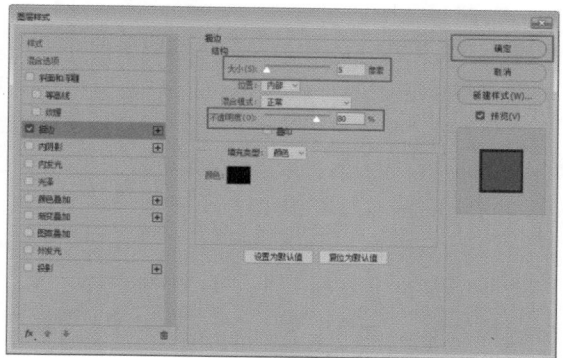

图10-187

图10-188

16 在Photoshop中，按快捷键Ctrl+Shift+N新建图层，选择工具箱中的"钢笔工具"按钮◢，绘制一段闭合路径，并按快捷键Ctrl+Enter激活路径，如图10-189所示；给激活的路径填充白色，并调整不透明度，最终效果如图10-190所示。

图10-189 图10-190

10.11 综合案例——音乐播放器界面设计

随着互联网的飞速发展，UI设计风潮越来越流行，而Illustrator作为一款矢量制图软件，在制作UI界面设计时非常方便。下列案例中，主要运用一些"基本工具"的操作、以及后期使用Photoshop来设计一款音乐播放器界面。

01 打开Illustrator CC 2018，执行"文件"|"新建"命令，创建一个画板数量为2，画板大小为1080px×1920px的画布。如图10-191所示。

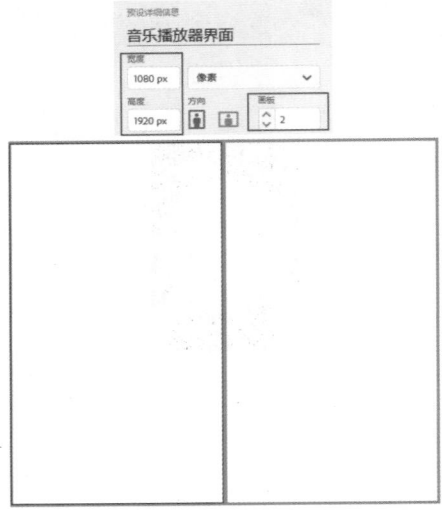

图10-191

02 选择工具箱中的"矩形工具"按钮▭，绘制两个与画布大小相同的矩形，并填充白色，无描边；按快捷键Ctrl+R打开"参考线"，拖动光标，将参考线拉出便于定位，如图10-192所示。

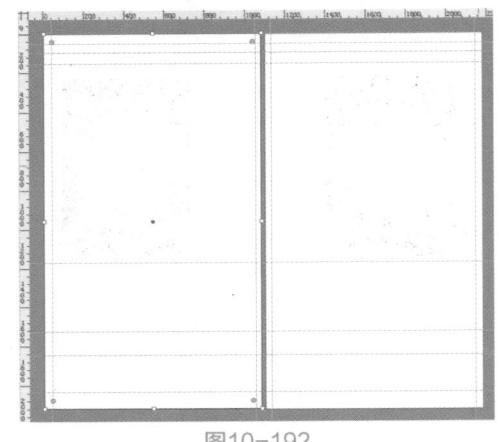

图10-192

03 选择工具箱中的"椭圆工具"按钮◯，绘制顶部"信号格"部分，选择"文字工具"按钮T制作顶部的文字部分，如图10-193所示。使用"弧形工具"按钮⌒和"钢笔工具"按钮✏绘制"WiFi"和电量图标，然后复制到"画板2"，如图10-194所示。

图10-193

图10-194

04 选择工具箱中的"钢笔工具"按钮✏、"椭圆工具"按钮◯和"矩形工具"按钮▭绘制界面的按钮图标，如图10-195所示。执行"视图"|"参考线"|"隐藏参考线"命令，效果如图10-196所示。

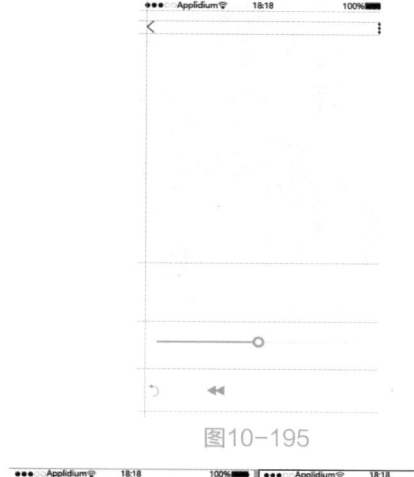

图10-195

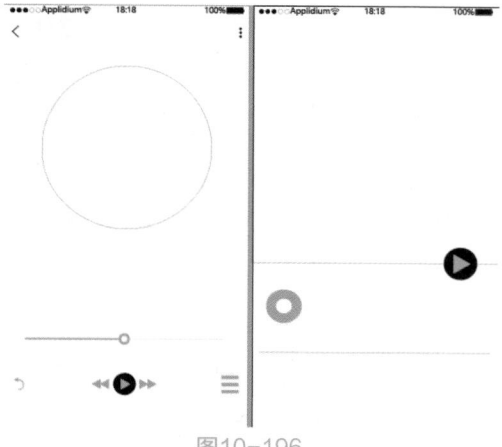

图10-196

05 打开相关素材中的"人物素材.jpg"文件，将文件拖入画布中，并复制多个，选择上一步绘制的圆和矩形，调整好位置关系，如图10-197所示。选择图形和图片，右击，在弹出的快捷菜单中选择"建立剪切蒙版"命令，一次对两组物体进行"建立剪切蒙版"设置，效果如图10-198所示。

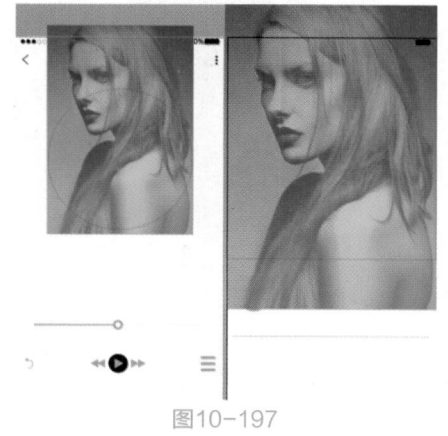

图10-197

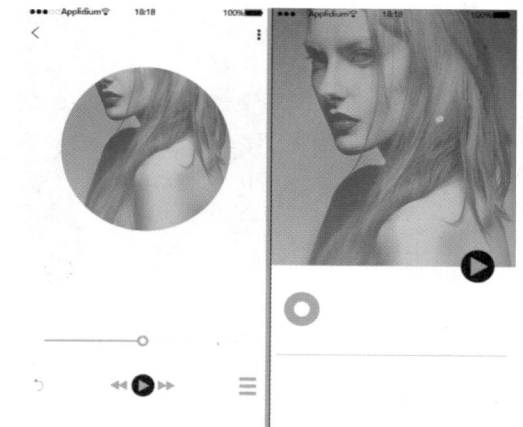

图10-198

06 选择工具箱中的"文字工具"按钮 **T**，在画布上创建文字，如图10-199和图10-200所示。

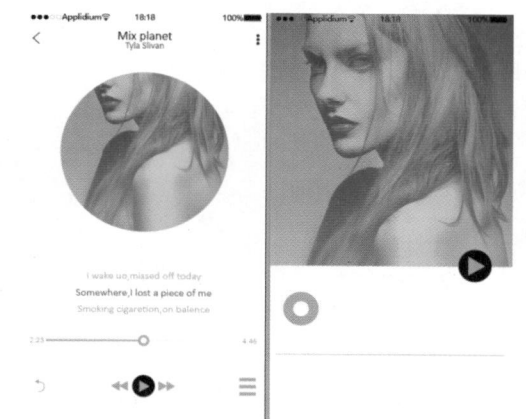

图10-199

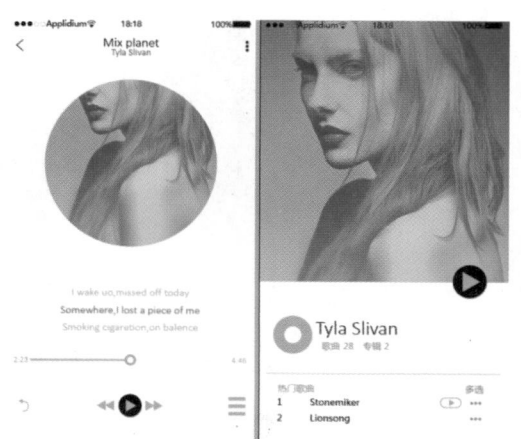

图10-200

07 继续选择工具箱中的"矩形工具"按钮、"钢笔工具"按钮和"椭圆工具"按钮完善界面，效果如图10-201所示。

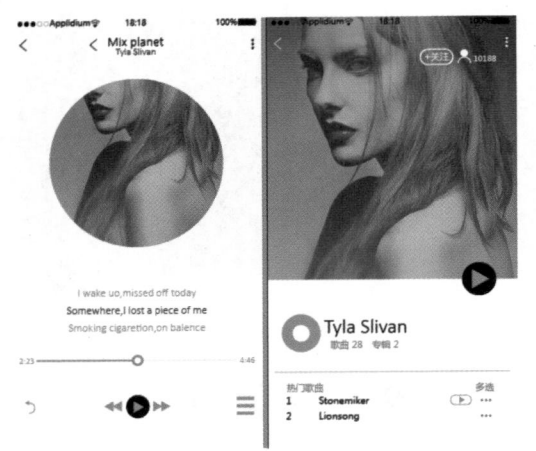

图10-201

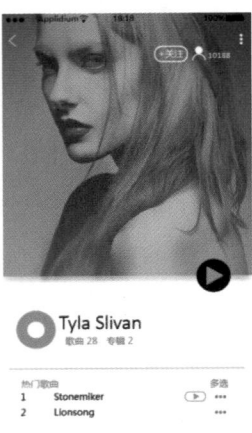

图10-204

08 选择画布中的蒙版对象部分，复制一层，执行"效果"|"风格化"|"羽化"命令，弹出"羽化"对话框，设置羽化半径和透明度参数，如图10-202所示。调整图层顺序和大小，效果如图10-203所示。

10 选择界面中的按钮底纹部分，将按钮底纹填充白色，无描边，执行"效果"|"风格化"|"投影"命令，弹出"投影"对话框，设置参数，如图10-205所示，给按钮底纹添加一个投影，使界面看起来更有立体层次感，如图10-206所示。

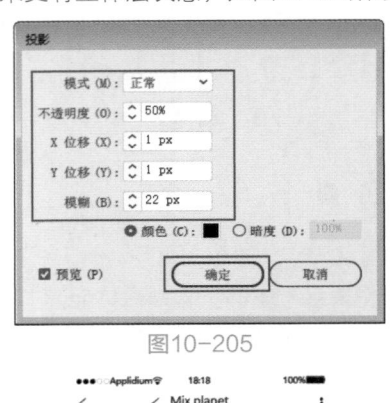

图10-202

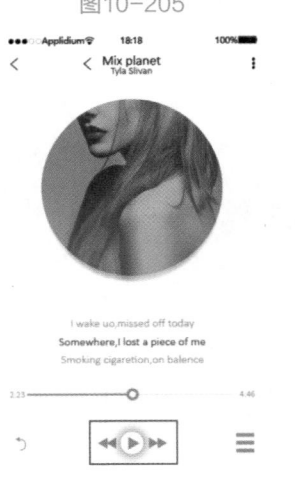

图10-205

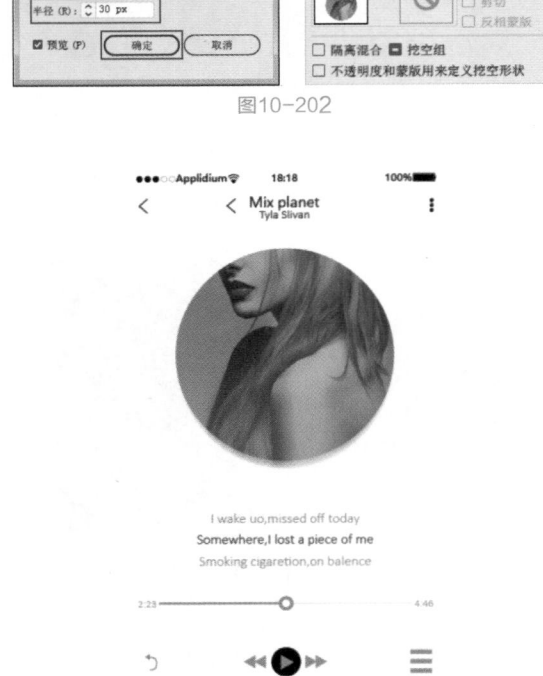

图10-203

图10-206

09 使用同样的方法，制作另外一个界面的效果，制作完效果如图10-204所示。

11 使用同样的方法，制作另外一个界面的投影效果，制作完效果如图10-207所示。

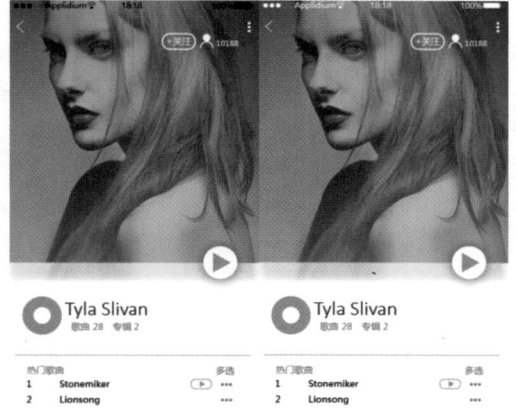

图10-207

12 执行"文件"|"导出"|"导出为"命令，弹出"导出"对话框，在对话框中单击"使用画板"|"全部"复选框，然后单击"导出"选项，如图10-208所示，导出图片。

图10-208

13 打开相关素材中的"音乐播放器手机.psd"文件，打开Photoshop CC 2018，将上一步导出来的两张图片拖入Photoshop画布中，设置大小，如图10-209所示。

图10-209

14 双击图片图层，弹出"图层样式"对话框，在"图层样式"对话框中选择"描边"选项，设置参数如图10-210所示，并单击"确定"按钮，效果如图10-211所示。

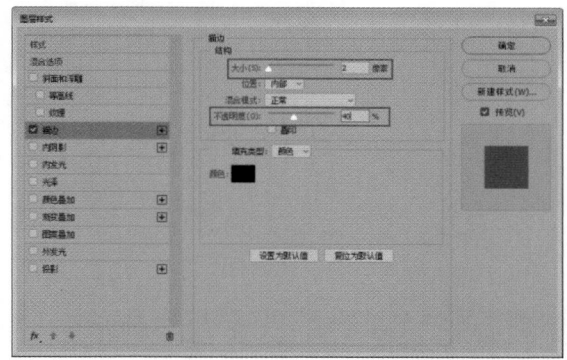

图10-210

图10-211

15 在Photoshop中，按快捷键Ctrl+Shift+N新建图层，选择工具箱中的"钢笔工具"按钮，绘制一段闭合路径，并按快捷键Ctrl+Enter激活路径，如图10-212所示；给激活的路径填充白色，并调整不透明度，最终效果如图10-213所示。

图10-212

图10-213

10.12 综合案例——黄桃果干零食包装设计

食品类平面设计包装注重色彩的运用，色彩能影响人们的情绪，有些色彩还会给人以酸、甜、苦、辣的味觉感受。下列综合案例中，主要讲解了如何制作食品包装，操作难度较大。

01 打开Illustrator CC 2018，执行"文件"|"新建"命令，创建一个画板数量为2，画板大小为150mm×190mm的画布，如图10-214所示。

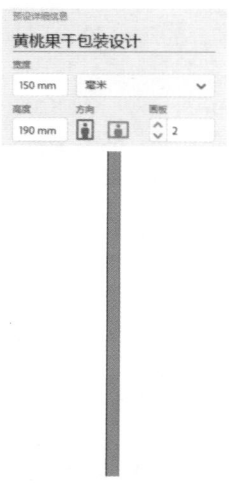

图10-214

02 选择工具箱中的"钢笔工具"按钮，勾勒出包装正面外观的大体形状，如图10-215所示。填充红色，无描边，如图10-216所示。

03 打开相关素材中的"内容.txt"文件，将文案内容复制到画布中，进行大体的分排摆放，

如图10-217所示。

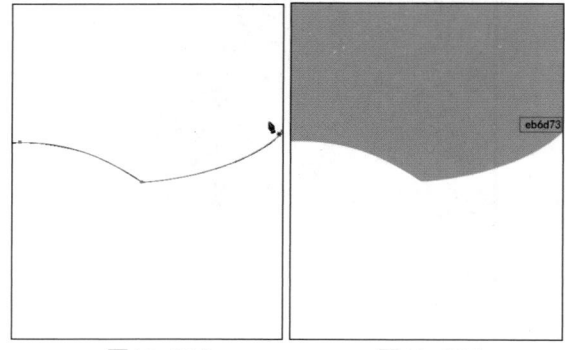

图10-215   图10-216

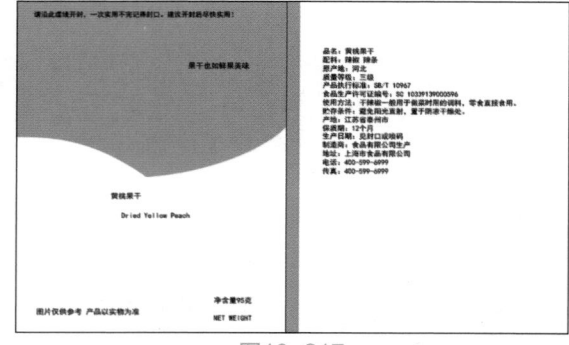

图10-217

04 打开相关素材中的"LOGO.ai"文件，将"LOGO"拖至画布中，调整颜色位置和大小，如图10-218所示。打开相关素材中的"桃.png"文件，将"桃"拖至画布中，调整位置和大小，如图10-219所示。

图10-218

图10-219

05 调整画布中的文本字体，效果如图10-220所示。

图10-220

06 选择画布中的"黄桃果干"，右击，在弹出的快捷菜单中选择"创建轮廓"命令，将文字转换成曲线，如图10-221所示。继续右击，在弹出的快捷菜单中选择"取消编组"命令，将文字变成可编辑的单个元素，如图10-222所示。

图10-221

图10-222

07 选择工具箱中的"直接选择工具"按钮▷，对单个元素进行微调，如图10-223所示。重复上述调整方法，调整好效果如图10-224所示。

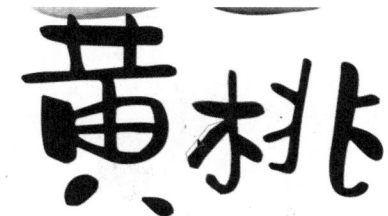

图10-223

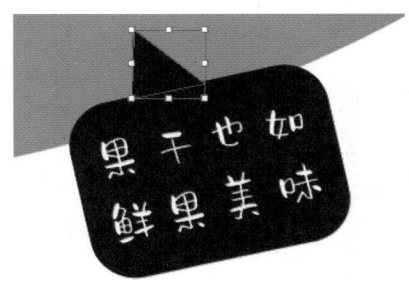

图10-224

08 选择工具箱中的"圆角矩形工具"按钮▢和"钢笔工具"按钮✎，绘制装饰元素，如图10-225所示。绘制好大体形状后，执行"窗口"|"路径查找器"|"联集"命令，将"圆角矩形"和"钢笔工具"绘制的路径进行联集，效果如图10-226所示。

图10-225

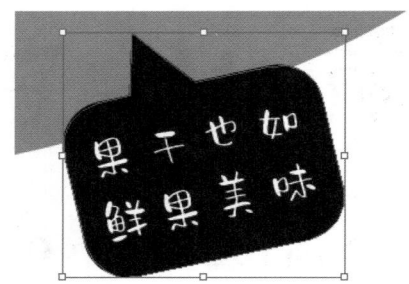

图10-226

09 调整好各个元素在画面中的位置、大小关系，如图10-227所示。

图10-227

10 将调整好的"黄桃果干"和"食味"元素复制到包装反面画布中，如图10-228所示。调整元素在画布中的大小、颜色、位置关系，效果如图10-229所示。

图10-228

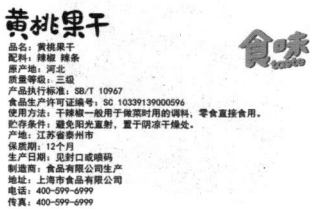

图10-229

11 调整好包装反面的文案，如图10-230所示。打开相关素材中的"文字素材.ai"文件，将文件拖入至画布中，并调整位置关系，效果如图10-231所示。

黄桃果干
食味 taste

品名：黄桃果干
配料：辣椒 辣条
原产地：河北
质量等级：三级
产品执行标准：SB/T 10967
食品生产许可证编号：SC 10339139000596
使用方法：干辣椒一般用于做菜时用的调料，零食直接食用。
贮存条件：避免阳光直射，置于阴凉干燥处。
产地：江苏省泰州市
保质期：12个月
生产日期：见封口或喷码
制造商：食品有限公司生产
地址：上海市食品有限公司
电话：400-599-6999
传真：400-599-6999

图10-230

黄桃果干
食味 taste

品名：黄桃果干
配料：辣椒 辣条
原产地：河北
质量等级：三级
产品执行标准：SB/T 10967
食品生产许可证编号：SC 10339139000596
使用方法：干辣椒一般用于做菜时用的调料，零食直接食用。
贮存条件：避免阳光直射，置于阴凉干燥处。
产地：江苏省泰州市
保质期：12个月
生产日期：见封口或喷码
制造商：食品有限公司生产
地址：上海市食品有限公司
电话：400-599-6999
传真：400-599-6999

生产许可

营养成分表

项目	每100克（g）	营养素参考值%（NRV%）
能量	1458.18千焦（Kj）	17%
蛋白质	9.2克（g）	15%
脂肪	0.54克（g）	1%
碳水化合物	75.4克（g）	25%
钠	0毫克（mg）	0%

图10-231

12 将相关素材中的"timg.jpg"和"条码.jpg"文件依次拖入画布中，调整好位置，最终效果如图10-232所示。

图10-232

13 执行"文件"|"导出"|"导出为"命令，弹出"导出"对话框，在对话框中单击"使用画板"|"全部"复选框，然后单击"导出"选项，如图10-233所示，导出图片。

图10-233

14 打开相关素材中的"零食纸袋包装效果图.psd"文件，运行Photoshop CC 2018，将上一步导出来的两张图片拖入Photoshop画布中，效果如图10-234所示。

图10-234

10.13　本章小结

本章提供了12个不同类型的实例操作，为大家呈现了一份Illustrator的视觉盛宴。这些案例既突出了多种功能命令协作的特点，也是对Illustrator发出的"总动员令"。希望我们在今后的制图过程中，要把控好全局，灵活地驾驭各种快捷键和命令，才能向Illustrator的顶端发起冲刺。